国 家 自 然 科 学 基 金 资 助 课 题
广 东 省 自 然 科 学 基 金 资 助 课 题

# 珍珠与贝类的晶体结构和应用探索

陈俊豪　陈贵卿◎著

暨南大学出版社
JINAN UNIVERSITY PRESS

中国·广州

**图书在版编目（CIP）数据**

珍珠与贝类的晶体结构和应用探索/陈俊豪，陈贵卿著. —广州：暨南大学出版社，2018. 12

ISBN 978 – 7 – 5668 – 2277 – 2

Ⅰ. ①珍… Ⅱ. ①陈…②陈… Ⅲ. ①珍珠贝科—晶体结构测定 Ⅳ. ①Q959. 215. 07

中国版本图书馆 CIP 数据核字(2017)第 299433 号

**珍珠与贝类的晶体结构和应用探索**
ZHENZHU YU BEILEI DE JINGTI JIEGOU HE YINGYONG TANSUO
**著　者：陈俊豪　陈贵卿**

---

**出 版 人**：徐义雄
**责任编辑**：姚晓莉
**责任校对**：苏　洁
**责任印制**：汤慧君　周一丹

**出版发行**：暨南大学出版社（510630）
**电　　话**：总编室（8620）85221601
营销部（8620）85225284　85228291　85228292（邮购）
**传　　真**：（8620）85221583（办公室）　85223774（营销部）
**网　　址**：http://www.jnupress.com
**排　　版**：广州市科普电脑印务部
**印　　刷**：佛山市浩文彩色印刷有限公司
**开　　本**：787mm × 1092mm　1/16
**印　　张**：10. 5
**字　　数**：276 千
**版　　次**：2018 年 12 月第 1 版
**印　　次**：2018 年 12 月第 1 次
**定　　价**：38. 00 元

# 序　一

我国现代的贝类科学研究是从20世纪贝类学的创始者和奠基人张玺教授（1897—1967年）开始的，至今已有80多年的历史了。可是在长期的工作中，缺少贝壳结晶学（Crystallography）的实验研究，只能引用外国学者的论述。到了20世纪80年代，才有陈俊豪、陈贵卿两位同志开始在珍珠贝类的研究中填补这一科学空白。

贝壳是由贝类的外套膜分泌生成的，一般由壳皮（角质层）、棱柱层和珍珠层构成，但因种类不同和器官差异而不完全相同。陈俊豪、陈贵卿两位同志的研究成果主要有：

（1）国内权威教科书《贝类学纲要》和所有资料，均认为贝类贝壳的珍珠层是霰石（aragonite）结构，棱柱层为方解石（calcite）结构，角质层仅由贝壳素（conchiolin）构成。但陈俊豪、陈贵卿的研究证明贝壳珍珠层绝大部分是霰石结构；棱柱层大部分不是方解石结构，而是霰石结构；角质层不仅含贝壳素，还含有许多方解石结构或霰石结构。

（2）否定了日本小林新二郎、渡部哲光1959年《珍珠の研究》中关于棱柱层珍珠（无光泽海水珍珠）是方解石结构的结论。

（3）发现牡蛎珍珠和牡蛎壳不具有霰石晶体结构，而是方解石结构和稀少的方解石-Ⅲ结构。发现珊瑚完全是霰石结构，这一点至今未见有前人报道。

（4）发现在深水高压下，深海团结贝壳仍然大部分是霰石晶体结构，深水生活的鹦鹉螺壳从里到外全部是霰石结构，说明霰石结构在高压下是稳定的；并发现古贝壳绝大部分是霰石结构，很小部分是方解石结构。这些都否定了地质结晶学认为霰石晶体结构不稳定，终将变成方解石结构的结论。

因此，我认为这本著作具有一定的科学创新性，愿与大家共同分享！

谢玉坎
中国科学院南海海洋研究所
2017年11月

# 序　二

由不同学科相结合所形成的边沿科学历来是研究工作的新生长点，物理学与生物学的结合便是这样的领域之一。陈俊豪和陈贵卿两位同志应用物理化学的方法，特别是采用 X－射线粉末衍射的晶体结构分析方法研究珍珠和贝类，获得了一些有意义的新成果：

（1）发现国家药典关于药用珍珠的鉴别方法是错误的。药典鉴别珍珠的方法是向珍珠粉末中加稀盐酸，产生大量气泡，滤过，滤液显钙盐的鉴别反应。这种方法无法将珍珠与其他物质如石灰、大理石、蛋壳等区别开。作者采用 X－射线粉末衍射的晶体结构分析方法来鉴别珍珠和珍珠层粉，通过呈现的强烈的霰石标识谱线来判断。

（2）否定了地质结晶学认为霰石晶体结构不稳定，终将变成方解石结构的结论。

①在深水高压下，深海团结贝壳大部分依然是霰石晶体结构，鹦鹉螺壳从里到外全部是霰石结构，说明霰石结构在高压下是稳定的。

②从古贝壳的 X－射线粉末衍射结果看，古贝壳绝大部分是碳酸钙的霰石结构，晶格常数和晶胞体积与现代贝壳并没有什么差异，方解石结构含量极少，霰石结构并不因为年代久远而变成方解石结构。

③我国西藏、台湾省的澎湖群岛和意大利的西西里岛出产的文石宝石（主要是霰石结构）经历亿万年至今依然存在，就是霰石结构稳定的明证。

（3）指出现有的“酸水解”理论的缺陷，并建立新的酸水解公式，从而解决了水解方法的关键问题——用酸量的计算。

（4）发现了采用柠檬酸和草酸水解的明显优势。

（5）探讨并解决了调味品和氨基酸产品的沉淀机理问题；解决了盐酸水解生产氨基酸存在的所有问题，提供了氨基酸生产新技术！

（6）发现了海产品去除腥味的方法：将产品 pH 值调节到 4.2～4.6 的偏酸状态即可消除腥味。

我认为这本著作有创新内容，值得与读者共同分享！

王佩璇
北京科技大学
2017 年 11 月

# 前　言

1978 年我们从下放的工厂调入中科院南海海洋研究所，有幸拜访了国内外闻名的珍珠专家——谢玉坎、林碧萍伉俪。言及他的老师，我国生物学界泰斗童第周教授曾说：“只要将普通的物理学或化学知识运用到生物学研究，就是一流的成绩。”这句话留给我们很深刻的印象，令我们久久难以忘怀，指导了我们后半生的研究道路。

1980 年，我的大学授课老师——国内外著名的结晶学家余瑞璜院士到暨南大学当校长顾问，指名调我们当助手。三年后余教授已近八旬，不再到暨南大学兼职，我们只能自立门户。

此时想起谢玉坎研究员的话，决心运用结晶学研究珍珠及有关课题。恰好国家成立了自然科学基金委员会，扶持自然科学研究。陈贵卿回访母校南京大学物理系，承蒙老师魏荣爵院士和冯端院士的指教。1984 年我们向国家自然科学基金委员会申报项目“文石晶体的人工生长和珍珠的人工研制”，1985 年获准资助 4 万元（批准号 85084）。1987 年我们向广东省自然科学基金委员会申报项目“碳酸钙同质异构体的相变及冰洲石的人工生长”，1988 年获准资助 1 万元。1988 年我们向国家自然科学基金委员会申报项目“人造珠核和艺术形像珍珠的结构和成像机理研究”，1989 年获准资助 5 万元（批准号 890xx）。这一下既解决了研究课题问题，又解决了科研经费问题，能够完成这一系列的研究，完全受惠于国家自然科学基金委员会！

我国现代贝类科学研究是从 20 世纪贝类学的创始者和奠基人张玺教授（1897—1967 年）开始的，至今已有 80 多年的历史了。可是从前长期的工作中缺少贝壳结晶学（Crystallography）的实验研究，只能引用外国学者的论述，因为从事珍珠和贝类研究的只有生物和养殖专业的人员。到了 20 世纪 80 年代，从事物理结晶学专业的我们，才开始在珍珠贝类的研究中填补这一科学空白，获得一些新的成果：

（1）发现国家药典关于药用珍珠的鉴别方法是错误的。药典鉴别珍珠的方法是取珍珠粉末，加稀盐酸，即产生大量气泡，滤过，滤液显钙盐的鉴别反应。但是石灰、大理石和蛋壳等加稀盐酸后都会产生二氧化碳气泡，滤液都显钙盐的鉴别反应。我们认为鉴别珍珠和珍珠层粉只能采用 X－射线粉末衍射的方法。如果呈现强烈的霰石标识谱线 $d=0.340$nm，0.270nm，0.198nm，那就是“珍珠粉”；不出现这些谱线，就不是珍珠粉或珍珠层粉；如果同时还出现方解石谱线 $d=0.3036$nm，那就是珍珠层粉。该谱线越强珍珠质量越差。

（2）国内权威教科书《贝类学纲要》和所有资料，均认为贝类贝壳的珍珠层是霰石结构，棱柱层为方解石结构，角质层仅由贝壳素构成。这成为国内外生物学界的共识。但我们的研究证明贝壳珍珠层绝大部分是霰石结构；棱柱层绝大部分不是方解石结构，而是霰石结构；角质层不仅含贝壳素，还含有许多方解石结构或霰石结构。

（3）日本小林新二郎、渡部哲光于 1959 年在《珍珠の研究》中提出棱柱层珍珠（无光泽海水珍珠）是方解石结构，国内外学者从无异议。我们近日将有核棱柱层珍珠作 X－射线粉末衍射，结果全部是霰石谱线，毫无方解石谱线，再次证明了日本和我国生物学界关于棱柱层珍珠的晶体结构理论是错误的。

（4）发现牡蛎珍珠和牡蛎壳不具有霰石晶体结构，而是方解石结构和稀少的方解石－Ⅲ结构。发现了珊瑚完全是霰石结构。

（5）否定了地质结晶学认为霰石晶体结构不稳定，终将变成方解石结构的结论。

①在深水高压下，深海团结贝壳大部分依然是霰石晶体结构，鹦鹉螺壳从里到外全部是霰石结构，说明霰石结构在高压下是稳定的。

②从古贝壳的 X－射线粉末衍射结果来看，绝大部分是碳酸钙的霰石结构，晶格常数和晶胞体积与现代贝壳并没有什么差异，方解石结构含量极少，霰石结构并不因为年代久远而变成方解石结构。

③我国西藏、台湾省的澎湖群岛和意大利的西西里岛出产的文石宝石（主要是霰石结构）历经亿万年至今依然存在，就是霰石结构稳定的明证。

④大蚬壳珍珠层和棱柱层在地里埋藏千百年后霰石结构向更高的结晶程度——“单晶化”发展，使得谱线变强、变少、变窄。其他古贝壳绝大部分谱线完全符合卡片 041－1475，甚至比现代贝壳还更少杂质，说明霰石晶粒是越久、越稳定。这进一步推翻了地质结晶学关于霰石晶体结构不稳定，终将变成方解石结构的结论。古贝壳方解石谱线比现代贝壳少，很可能是因为方解石结构不稳定，最终变成了霰石结构。

（6）破除了“缺乏光泽的物体”就不是霰石结构的概念。例如，贝壳棱柱层和棱柱层珍珠都缺乏光泽，但都是霰石结构，只是因为不具良好的层状结构或层数太少使得它们缺乏珍珠光泽。

（7）发现现有“酸水解”理论的缺陷，并为此建立新的酸水解公式，从而解决了水解方法的关键问题——用酸量的计算，水解酸重量＝（水解酸分子量/14.0067）×原料蛋白质含量×16%×$CC$÷$Y$……（Ⅰ），$CC$ 为“双陈水解强化系数”，它与所用水解酸的催化系数有关，与水解对象所含蛋白质数量和类型有关，还与水解温度、时间有关。

（8）发现采用柠檬酸和草酸水解的巨大优势，探讨并解决了调味液和氨基酸液的沉淀机理以及盐酸水解生产氨基酸存在的所有问题，提供用柠檬酸和草酸水解生产氨基酸的新技术。

（9）发现海产品去除腥味的方法：将产品 pH 值调节到 4.4～4.6 的偏酸状态即可消除腥味。

（10）发现“双陈风化洞 $CC$”。我们用电子探针探测了 4 种古贝壳样品，结果发现了许多空洞——“双陈风化洞 $CC$”。我们希望它能够成为古文物检测年代的一点补充技术。

我们如今年逾八旬，愿将几十年的研究成果和资料，无条件、无保留写出来。我们相信，许多老年科技工作者，也有此心愿。这些成果和资料是人民的财富，如果随我们这一代人而去，实在可惜！贡献出来，利国利民！

# 目　录

# 第一章 珍 珠

珍珠是由外套膜的一部分细胞（上皮细胞）在结缔组织内形成珍珠囊、分泌珍珠质而产生的。在自然条件下，沙粒等外来物质的偶然侵入，给珍珠质分泌组织以有效的刺激，引起该组织的畸形增殖，并在结缔组织内形成珍珠，一天可能涂上好几层珍珠质——霰石结构，因此珍珠具层状结构。

我国权威的教科书《贝类学纲要》认为贝壳的构造一般可以分为3层：外层为角质层，中层为棱柱层，里层为珍珠质层，简称珍珠层，珍珠便是由珍珠层形成的。因此，研究诊珠必须研究珍珠层，研究珍珠层必须研究贝壳。所以，我们将珍珠和贝壳放在一起，仿照上面将贝壳分为三层进行探讨。每年全国剖贝（蚌）取珠后留下数十万吨的贝（蚌）肉，它们含更多的珍珠有效成分，是一笔巨大的财富。因此，我们也对贝体的提取进行了研究。

国内研究珍珠和贝壳的几乎都是生物学者或水产学者，不熟悉结晶学，对珍珠和贝壳晶体结构的研究是空白的，而日本和西方国家也未深入研究。业内一直认为贝壳中层（棱柱层）是方解石结构。笔者是物理专业的，1985年以后陆续发表文章，证明贝壳的晶体结构要复杂得多，绝大部分贝壳的棱柱层是霰石结构，而非方解石结构。可至今已30年，新近出版的书籍和网上的解释依然坚持错误说法。在此我们要大声疾呼：改正吧，不要让错误的理论流传及下一代！

## 第一节 珍珠的古今

### 一、珍珠史话

在中国历史上珍珠还曾被称为真朱、真珠、蚌珠、珠子和蠊珠。珍珠的英文名称为pearl，是由拉丁文pernulo演化而来的。它的另一个名字margarite，则由古代波斯梵语衍生而来，意为“大海之子”。

珍珠晶莹凝重，圆润多彩，高雅纯洁，被誉为“宝石皇后”，自古以来为人们所喜爱。国际宝石界还将珍珠列为六月生辰的幸运石。具有瑰丽色彩和高雅气质的珍珠，象征着健康、纯洁、富有和幸福！

在西方的传说中，美神维纳斯出生于贝壳中，当贝壳打开的时候，从她身上滴下来的露水就变成了一粒粒晶莹剔透的珍珠。文艺复兴时期，著名画家波提切利在《维纳斯的诞生》一画中，将女神置于一扇巨大的贝叶之上，从水底缓缓而出，女神抖落的水珠形成粒粒珍珠，洁白无瑕，晶莹夺目。丹麦人将珍珠与美人鱼联系在一起，美人鱼思念王子而不得，泪洒相思地，被守护在身边的贝母蚌珍藏起来，时间长了，眼泪就变成颗颗珍珠。中国民间也有“千年蚌精，感月生珠”“露滴成珠”等说法。

珍珠一直被认为是神送给大地的礼物。现代科学研究表明，珍珠产于某些软体动物如马氏贝、珠母贝等珠贝(蚌)类(pearl oyster)中，因异物渗入壳内成为“珠胚”而形成珠状颗粒。这种珠状颗粒随着岁月流逝，就会因贝(蚌)分泌物的包裹而成为越来越大的珍珠。因此，一般而言，珠贝(蚌)越老，珍珠也越大，所以历来有“老蚌生珠”之说。

地质学和考古学的研究证明，在两亿年前，地球上就已经有了珍珠。我国是世界上利用珍珠最早的国家之一，是当之无愧的“珍珠之邦”。中国的珍珠史始于六千年前的大禹时代。据《海史・后记》记载，中国传说中五帝之一的大禹定“南海鱼草、珠玑大贝”为贡品。根据大禹的生活区域分析，当时的南海应该在今天的江南地区，珠玑与诸暨谐音，今天的珍珠之乡诸暨，或许就可能是文字记载中最早的产珠区。早在四千多年前，孔子的《书经(尚书)・禹贡》，就记载了约公元前2200年的夏禹时代，在淮河出产的淡水珍珠被称为“淮夷蠙珠”，并且已被列为“贡品”。在春秋时代，《韩非子・解老》记载：“和氏之璧，不饰以五采；隋侯之珠，不饰以银黄；其质至美，物不足以饰之。因此“和璧隋珠”成了我国古代最名贵的珍宝。到了秦汉时期，珍珠作为贵重贡物被献给朝廷。西汉元封元年(公元110年)在海南岛上设置了“珠崖郡”，《后汉书・孟尝传》记载了“合浦珠还”的故事。自秦汉以来，珍珠饰品更是迅速普及，帝王将相、达官贵人无不以珍珠装饰为荣。汉朝开始区分采珠区，将珍珠产区分为南北两地。北地以东北的牡丹江、混同江、镜泊湖等地的淡水珠为代表，史称北珠；南地以广西合浦地区北部湾海域所产的海水珠为代表，史称南珠。

珍珠有天然珍珠和人工珍珠之分，关于人工养殖的珍珠，我国宋代的庞元英所著的《文昌杂录》就曾记载：“谢景温云：有一养珠法，以今所作假珠(即珠核)，择光莹圆润者，取稍大蚌蛤，以清水浸之，伺其口开，急以珠投之。频换清水，夜置月中……经两秋即成真珠矣。”这说明我国古代就已出现人工养殖珍珠的技术，南宋时还掌握了人工养殖像形珍珠的技术。然而，由于长期的内忧外患，我国人工养殖珍珠的技术最终失传并淹没在历史的长河中。

## 二、现代珍珠养殖

就在人工育珠技术在中国失传时，20世纪初这项技术却在日本兴起。据悉，1890年，日本人御木本幸吉根据类似我国古代养殖佛像珍珠的方法，将圆珠状珠粒粘在马氏珍珠贝的壳内，成功养殖出有核珍珠来，成为近代人工珍珠养殖业的开创者。随后，日本的珍珠养殖业迅速发展，至20世纪20年代末已独霸世界珍珠市场。

1962年春，由熊大仁、吴教东等人组成河蚌养珍珠小组，熊大仁为技术指导，开展淡水珍珠养殖的研究。经过不断的努力和反复试验，熊大仁等人发明了“异种移植”培育淡水无核珍珠技术，培育出了我国第一批无核淡水珍珠，使我国淡水珍珠养殖业迅速发展，年产量大大超过被誉为“珍珠王国”的日本，揭开了我国人工养殖珍珠的新篇章，熊大仁被誉为“中国现代珍珠之父”。

另外，熊大仁等人还发现珍珠的色彩与细胞小片采取的位置有密切关系，根据他们的这一发现，江苏省一养殖场于1966年成功试验养殖了彩色珍珠。他还成功缩短了育珠周期，大大加快了珍珠的生产速度。

谢玉坎研究员担任过三亚珍珠研究所所长、中科院海南热带海洋生物实验站主任等职务。他负责的“合浦珠母贝人工育苗及其养殖珍珠研究”开创了国内外贝类人工育苗产业化的先例，获1978年第一次全国科学大会及中国科学院的重大科技奖；“大珠母贝的游离有核养殖珍珠和人工育苗”养成第一批大型珍珠，达到国际水平，获1986年广东省科技进步二等奖。他主编的《南海海洋药用生物》获 1984 年中国科学院科技成果二等奖。他先后被评为“中国科学院野外台站先进个人”“海南省突出贡献的优秀专家”“中国科学院优秀研究生导师”。

还有许多研究单位和高校的学者为我国的珍珠养殖科学做出了巨大的贡献，我们也怀念他们。

## 第二节 珍珠和珍珠光泽的成因

### 一、珍珠成因

珍珠是一种古老的有机宝石，主要产在珍珠贝类软体动物体内，是由于内分泌作用而形成的。18 世纪末以来，科学工作者经过大量的研究，给出了科学的定义：珍珠是贝类外套膜的一部分细胞由于某种原因，在贝类体内形成珍珠囊并分泌类似贝壳的物质，围绕一个共同的核心沉积而成的圆球形或其他形状的物体。

给出这个定义的过程也是较为复杂和艰难的。首先是 100 多年前的科学家将珍珠切开，发现其中的核是吸虫、绦虫的幼虫头部和卵球，甚至是沙粒，这样就有了寄生虫形成珍珠的说法。之后，有人通过研究认为，珍珠是以寄生虫的残体为核，在周围形成所谓的珍珠囊，珍珠囊分泌珍珠质，附在核上，形成珍珠，这就是珍珠囊形成珍珠的说法。1913 年，尔维德司把切开的外套膜表皮细胞插入另一个贝（蚌）类外套膜表皮细胞内，使之形成珍珠囊，取得了人工培育无核珍珠的成功。1947 年，日本的松井佳一等发现外套膜上皮细胞发生病理变化时，会出现异常增殖，产生皱褶并凹陷形成珍珠囊，产生珍珠。日本学者根据中国宋代人工培育佛像珍珠的原理，用贝壳球状核包被外套膜片，插进外套膜内（其实是贴上另一幼龄蚌的外套膜小片），养成游离的正圆有核珍珠。通过这一系列研究，人们对珍珠的形成有了科学的认识。

（一）天然珍珠的成因

关于天然珍珠的成因，近百年来有许多科学家进行过研究，并提出了各种不同的见解。归纳起来，大致有三种。

（1）无核珍珠的内因说。由于外套膜的病变，一部分上皮细胞，从外套膜上脱落下来，陷入结缔组织之间，其增殖结果形成珍珠囊而产生无核珍珠。

（2）有核珍珠的外因说。由于外来物质如沙粒、寄生虫或其他物质，偶然落入贝壳与外套膜之间，外来物带着一部分外套膜上皮细胞陷入结缔组织中，形成珍珠囊，分泌珍珠质包被着外来物而成珍珠。这种珍珠都有一个核心，称为有核珍珠。

（3）畸形增殖说。珍珠质分泌组织由于受到外来刺激如机械的或化学的损伤之后，细胞发生变化，引起这一部分细胞的畸形增殖，并不需要外来物也能形成珍珠囊、分泌珍珠质，从而产生珍珠。

从以上三种说法，可以得出一个共同的结论，即珍珠是由外套膜的一部分细胞（上皮细胞），在结缔组织内形成珍珠囊、分泌珍珠质而产生的。在自然条件下，沙粒等外来物质偶然侵入，给珍珠质分泌组织以有效的刺激，引起该组织的畸形增殖，并在结缔组织内形成珍珠。

我们现在也从马氏贝天然珍珠的内核中发现了石英和三氧化二铝，证明它是由沙粒入侵形成的。

（二）人工养殖珍珠的成因

根据天然珍珠的成因理论，用人工的方法将幼龄贝（蚌）类的外套膜切成小片，移植到另一贝（蚌）类的组织中，被移植的外套膜小片经过一系列的变化之后，形成珍珠囊，分泌珍珠质而形成无核珍珠。此外，在移植外套膜小片的同时植入用蚌壳或其他原料制成的珠核，经过一系列变化，包围珠核形成珍珠囊，再分泌珍珠质，沉积在珠核的周围而形成人工有核珍珠。

1. 珍珠囊的形成

被移植的外套膜小片经过一段时间之后，其四周边缘与育珠贝的组织愈合（无核），或外套膜小片沿着珠核的表面裂殖逐渐将珠核包围，最后形成珍珠。珍珠囊形成之后，其表皮细胞的形态逐渐由高柱状变成扁平状，并开始分泌珍珠质。

从外套膜小片植入至珍珠囊形成所需时间与育珠贝的年龄、生理状况和环境因素（主要是温度）有着密切的关系。在适温范围内，温度愈高，珍珠囊形成愈快；反之，温度愈低，珍珠囊形成愈慢。一般水温在 15℃时约需 15 天形成珍珠囊，20℃时约需 12 天，25℃时约需 8 天，30℃时约需 6 天。

冬季珍珠生长缓慢，珍珠质较密致，质量好。珍珠养殖时间长了容易形成拖尾巴珍珠，养殖时间短了容易形成薄皮珍珠，价值都不高。

2. 珍珠质的分泌

珍珠囊形成后开始分泌珍珠质。初期珍珠囊内分泌的是有机质（角壳蛋白），呈酸性；接着分泌珍珠质，构成棱柱层和珍珠层，呈中性。

3. 珍珠的形成

珍珠质分泌细胞所分泌出来的黏液基质经过一系列生化作用后，转变为具有一定硬度的角壳蛋白。

珍珠囊的表皮细胞含有核糖核酸（RNA）、碳酸脱水酶、多糖类和活性钙。其排出的钙，经过碳酸脱水酶的作用与来自贝体的二氧化碳结合，沉淀为碳酸钙，角壳蛋白再和碳酸钙结合而成为含霰石结晶的珍珠。

4. 珍珠的成长

珍珠初步形成后，随着时间的推移，珍珠囊的表皮细胞分泌的珍珠质渐多，珍珠质结晶范围扩大，在其外围渐次一层层地被珍珠层包围起来，珍珠层不断增厚，珠体直径也随之增大。珍珠的成长与珍珠囊分泌珍珠质的速度有关，而珍珠囊分泌珍珠质的量是受贝（蚌）体的生理状况和一系列环境因素影响的，其中主要因素是温度。在适温范围内，珍珠的成长速度，即珍珠质的沉积量，与水温的关系基本上成正比。水温愈高，珍珠质分泌的速度愈快，沉积愈多，珍珠生成就愈快；反之，则慢而少。

有人将无核珍珠的形成分为七个时期，即伤口愈合期、囊袋形成期、珠胚形成期、珍珠形成期、珍珠增厚期、珍珠成圆期和珍珠衰老期。珍珠衰老，是指养殖的珍珠若不及时采收，除了珍珠过大破膜脱落外，还可能由于育珠蚌的变化，分泌机能衰退，珠光也逐渐变成粉状白色、锈斑状黄色，暗淡无光。因此，褶纹冠蚌育珠 2 年左右，三角帆蚌育珠 3 年左右，就要及时采收珍珠，以保证珍珠的质量。

珍珠的形成过程是很复杂的，有的机制尚不十分清楚。

### 二、珍珠光泽成因

珍珠为什么这么漂亮？矿物学书籍指出，由薄片(层)集成的矿物概呈珍珠光泽，如滑石、云母、石膏和珍珠等。书上又指出，霰石(珍珠质的主体，占珍珠成分的百分之九十以上)无色透明，呈玻璃光泽，断口呈油脂光泽。受光激发能发出磷光，是双光轴晶体。由于霰石双折射效应，一束入射光，折射成寻常光和非寻常光两束光，对每一层都有反射和双折射。珍珠是由多重薄层组成的，因而就变成许多光束；从珠核和各层反射出来的光，又产生双折射效应，变成无数束光束，这些光束发生干涉形成美丽的珍珠彩虹，加上它的玻璃光泽、油脂光泽和光磷光效应，所含水分和具旋光性的多种氨基酸更增添了珍珠光泽，于是珍珠就显得光彩四射、晶莹夺目。

牡蛎珍珠是方解石珍珠，方解石也是无色透明的双光轴晶体，呈双折射效应，其层状结构也有珍珠光泽。有一些牡蛎珍珠比较小，光泽和一般的小米粒霰石珍珠无异。没见过大和圆的牡蛎珍珠。一般认为牡蛎珍珠没有价值大概源于此吧！

## 第三节　珍珠的价值和用途

### 一、珍珠质量评价

(一)大小

所谓“七分为珠，八分为宝”，一般直径在6mm以下的珍珠不被列入珠宝级珍珠的范畴，7～9mm的为消费者普遍喜爱，10mm的已经难得，11mm以上的则只有南洋珍珠、黑珍珠和白蝶贝珍珠。直径越大，数量越稀少，价值也往往成倍增长。

1985年谢玉坎、林碧萍、胡亚平在三亚养出一颗长径达26mm、短径为15mm的白蝶贝珍珠。

(二)光泽

光线进入珍珠的层状结构后，由于双折射效应、玻璃光泽、油脂光泽和光磷光效应，珍珠就产生了光泽。珍珠层越厚、层数越多，出射光束也越多，珍珠光泽越好。

所谓“珠光宝气”，光泽是珍珠的灵魂。无光、少光的珍珠就缺少了灵气。将珍珠平放在洁白的软布上，能看到珍珠流溢出的温润的光泽；而迎着光线看，好的珍珠可以看到发出七彩的虹光，层次丰富变幻，甚至可以映照出人的瞳孔，特别明亮的可列入A级；反射光明亮、锐利、均匀、映像很清晰的为B级；反射光明亮，表面能见物体影像的为C级；反射光较弱，表面能照见物体，但影像较模糊的为D级。

(三)形状

看圆度，“一分圆一分钱”，珍珠越圆价值就越高。以珍珠最长直径和最短直径差的百分比≤1%为正圆标准，1%≤直径差比≤5%为圆的标准，在5%≤直径差比≤10%之间的为近圆。品质由高到低依次是圆，椭圆，扁平，异形等。异形珠另当论价。

(四)颜色

不同民族对颜色有不同的爱好。按照中国人的习惯，颜色最好的是银白、粉红和紫色等。每人都可根据自己的爱好来选择。

（五）瑕疵

表面痘、斑、印、坑、点越少越好，一般在 0.5m 远外看不到瑕疵为可以接受的标准。A 级的标准为 100% 表面光滑，肉眼近看看不出瑕疵。

（六）加工

无论是串成珍珠项链，还是与金、银、钻石等宝石搭配镶嵌，都要讲求色泽、形状、意境等的和谐美。

关于珍珠的评价有一整套的质量标准，相当麻烦。我们只要记得：大、光、圆，还有自己喜欢的颜色就行了！

## 二、珍珠的用途

（一）珍宝、装饰品、工艺品、高档服装和戏服的原料

1. 珍珠的使用情况

清朝统治者把黑龙江产的淡水珍珠——北珠（满语为“塔娜”）看作珍宝，用以镶嵌在代表权力和尊荣的冠服饰物上。皇后、皇太后的冬朝冠，缀饰的北珠与其他珍珠约 300 颗，冠顶北珠 13 颗，其他珍珠 51 颗。余如耳饰、朝珠等，也用北珠镶嵌，以表示身份并显现皇家的权威。

珍珠可加工成各种工艺品，琳琅满目，璀璨夺目！用珍珠装饰的高档服装和戏服，典雅美丽，令人难忘。

珍珠是一种含有丰富高级脂肪醇的有机彩色宝石，能促进人体血液循环。若在手腕部位佩戴一款珍珠手链，在不断的推磨之下，能有效地促进手腕部位的血液循环，这种物理作用也是人们喜爱佩戴手链的一个重要原因。天然的珍珠有着五彩缤纷的颜色，在炎热的夏季佩戴，能带给人们一种清凉的感受，在腕间佩戴一款美丽精致的珍珠手链，人的心情也会变得轻松、舒畅。

珍珠项链、手链、胸针、头饰、耳环等，历来为妇女们所喜爱。在盛大的场合，贵妇和女明星们大多是佩戴珍珠项链或钻石，而非穿金戴银！女士们戴上珍珠项链，典雅高贵，风度优雅。

2. 珍珠的保存

珍珠含 4% 左右的水分，化学稳定性差。珍珠就是靠这水分使其闪亮生辉的，长期不使用的珍珠容易流失水分，经过六七十年或一百年后就变成黄色了。珍珠饰品用久了为何会发黄呢？这是因为空气中的氧气会氧化腐蚀珍珠表层，损坏珍珠完美的层状结构，降低其反射光的能力，加以珍珠内部水分和氨基酸的流失，使得珍珠失去光泽。在日常生活中，珍珠不适宜接触酸（醋）、碱、食盐、油烟、香水和有机溶剂。夏天人体流汗多，也不宜佩戴珍珠项链。每次佩戴珍珠后，用羊皮或细腻的绒布擦拭，勿用面纸，因为面纸的摩擦会磨损珍珠。珍珠长期不佩戴时要用高级中性肥皂或洗洁精轻轻洗涤清洁，然后晾干，不可在太阳下暴晒或烘烤，以免珍珠脱水。收藏时不能将珍珠与樟脑丸放在一起。不可长期将珍珠放在保险箱内，也不要用胶袋密封。珍珠需要新鲜空气，每隔数月便要拿出来佩戴，让它们呼吸。珍珠若长期放在密闭空间中则容易变黄。

保存珍珠的盒里需保持一定湿度，这是珠宝商店常用的做法。要定期检查穿珍珠的丝线是否松脱，最好每 3 年重新穿一次，当然也要根据佩戴的次数而定。最可惜的是穿项链的尼龙线断了，珍珠项链就废了，找到尼龙线也无法再穿珍珠，因为珍珠的孔不到 1mm，很难

找到穿珍珠的针，即使用9号衣针也无法穿过。建议将尼龙线剪齐，沾些502胶，就可穿过珍珠孔，穿好后将线拉紧打两个死结，以保证其美观。

3．珍珠变黄的处理方法

（1）稀盐酸或双氧水处理。由于珍珠具层状结构，珍珠变黄以后，可用1%～5%的稀盐酸或双氧水浸泡，便可溶掉变黄的外层。然后立即将珍珠放在水中洗净，涂上珠宝磨光油，便可使珍珠重现晶莹绚丽、光彩迷人的色泽。但要特别注意的是，切勿将珍珠放在稀盐酸或双氧水中浸泡过久，以防珍珠遭受破坏。当然如果珍珠颜色已变到深层，就难以逆转了。

（2）珍珠抛光。将珍珠置于木屑和石蜡碎中进行旋转抛光。也可用窄口塑料药瓶，置入珍珠、石蜡碎和木屑，固定在电风扇轴上，慢档旋转抛光。

（二）珍珠的医疗效果

珍珠作为药物应用，在许多医药著作中都有详细论述，如《海药本草》《开宝本草》《本草纲目》《本草品汇精要》《本草从新》《中华人民共和国药典》《中药大辞典》等。

珍珠自古以来就是名贵中药，具有安神镇惊、强身健魄的作用，能够清热解毒、去翳明目。对于治疗神经衰弱、十二指肠溃疡、心脏病、小儿发热惊风、妇女血崩等有较好的疗效，是中医各科较为重要的良药。现代ESR技术已证明珍珠具有清除超氧阴离子自由基和羟基自由基的能力，确实具有延缓衰老的作用。

中医认为，珍珠味甘、咸，性寒，入心、肝经，有平肝潜阳、镇心安神、清热化痰、去翳明目、解毒生肌等作用。主治惊悸、癫痫、惊风、失眠、头痛等症，对上呼吸道充血、口腔炎症、肺病咯血等症也有效。一些常用中成药如六神丸、安宫牛黄丸中都含有珍珠成分。久负盛名的藏药——珍珠七十就是以珍珠为主药的。珍珠外用滴眼可治疗角膜薄翳，外敷可治疗烧伤、创伤、疮疡等，涂面部有润泽皮肤、除汗斑的作用。珍珠也是一种护肤佳品，中国明代名医李时珍写道："涂面，令人润泽好颜色。涂手足，去皮肤逆胪。除面䵟、止泄。"珍珠粉通过人体表皮细胞被吸收，能防止皮肤衰老。在现代珍珠被广泛使用在高级化妆品中，如珍珠霜、珍珠膏、珍珠面膜等。

珍珠为什么具有这么神奇的功效？珍珠的主要成分是碳酸钙，其化学成分大约为：$CaCO_3$（91.6%），水（4%），有机质（3.8%），铁、锌、镍、硒、锗等多种微量元素0.6%，其中的硒、锗等被认为具有防癌、抗衰老作用。根据现代科学研究，珍珠不仅含有18种蛋白质氨基酸，还含有较多的牛磺酸和鸟氨酸，牛磺酸是人体不可或缺的一种非蛋白质特殊氨基酸，是新生儿大脑发育的必需物质，在人体心脏中含量最高，在眼睛视网膜中含量也很多。牛磺酸可通过保护心肌而增强心脏功能，其与心脏的关系已成为全世界重点研究的课题之一。此外，牛磺酸对肺、肝脏、胃肠和眼睛等都有保护作用，还能提高人体免疫力，消除疲劳。眼药中大都含有牛磺酸，这就是以珍珠为眼药成分的部分原因。

钙是人体最重要的元素之一，也是最丰富的阳离子。我们曾将十几麻袋磨光的马氏珍珠贝壳放在潮湿的平房，三年后麻袋全烂掉，而珍珠贝壳连一个霉点也没有。换麻袋后三年，麻袋又全烂掉，而珍珠贝壳还是一个霉点也没有。

然而，珍珠最重要的药效还在于它的整体作用，包括以上多种有效成分及其综合功效，以及若干目前尚未查明的生理活性物质的药效，这才是任何其他药材所无法取代的。

珍珠层粉：将珍珠贝（蚌）壳（马氏珍珠贝壳、珠母贝壳、褶纹冠蚌壳、三角帆蚌壳等），磨去有色表层——角质层，余下珍珠层和棱柱层，水洗，烘干，粉碎成360目粉末，称为珍珠层粉，就是珍珠质碳酸钙。它广泛代替珍珠使用在医疗和化妆品等各领域。

（三）珍珠化妆品、面膜和饮料

1．珍珠化妆品

珍珠能使皮肤格外光洁、细腻，早晚用珍珠轻轻按摩皮肤，有护肤、美容和去斑消皱的作用，还可以提高人体免疫力。下面介绍几种配方。

（1）珍珠冷霜配方（据陈道章，1987）。

甲：蜂蜜7.5g，白油（用液状石蜡代替）23g；

乙：过硼酸钠0.5g，水19g；

丙：珍珠层粉0.4g；

丁：防腐剂微量（约0.05g水溶），香精适量。

制法：甲、乙分别加热至80℃，慢慢混合，充分搅拌，让其乳化，同时加入丙。搅匀后冷却至45℃以下，加入丁，搅匀，包装。

（2）珍珠雪花膏（据陈道章，1987）。

甲：硬脂酸14g；

乙：氢氧化钾4g，蒸馏水60g；

丙：珍珠层粉0.7g，蒸馏水3g；

丁：甘油18g，香水适量。

制法：将甲加热熔化，同时将乙合并加热至60℃左右，一滴一滴加入熔融的甲中，使其起皂化反应。不断搅拌，加入丙（调水了的珍珠层粉），搅匀。冷却至45℃以下时，加入丁搅匀即成。

（3）珍珠护肤霜（据陈道章，1987）。

甲：硬脂酸28g，单硬脂酸甘油酯2g，蜂蜡3g；

乙：氢氧化钾1.2g，蒸馏水100g；

丙：珍珠层粉2g，四硼酸钠（硼砂）1g，蒸馏水60g；

丁：甘油16g，防腐剂（苯甲酸钠）0.05g，香水适量。

制法：甲、乙分别加热至80℃，将乙慢慢加入甲中，混合，不断搅拌，让其乳化，然后加入丙（事先将丙的三样搅匀，预热至近80℃），搅拌均匀，冷却至45℃以下，加入丁，适当搅匀，包装成品。

注意事项：①珍珠层粉粒度必须在360目以上。②氢氧化钾与硬脂酸等起皂化反应，如加入速度过快，粒子会太粗。应徐徐加入氢氧化钾，反应中二者均应保持60℃～80℃（反应过程本身会放热）。③如果产品粒度较粗，可用胶体磨磨细，加热除去气体后再加入丁。④加入丁后，适当搅拌，不要过度，防止混入大量气体。

2．珍珠面膜（据陈道章，1987；其余据百度百科，2015）

珍珠美容养颜的同时也可以防辐射，促进皮肤胶原细胞再生，具有解毒的功效，可预防面部痤疮和皮肤感染等，最重要的是能延缓衰老，这一功效已经被很多国家的科学研究证实了。随着人体年龄的增长，脂褐素的含量也会增加，而且神经细胞和心肌细胞的功能也会因衰老而慢慢丧失。珍珠之所以会延缓人类衰老就是因为珍珠具有减少脂褐素的作用。珍珠面膜不仅能美白，还可以消除皱纹让肌肤变得更加光嫩，很受现代女性的喜爱。使用珍珠面膜前需先用温水洗脸。下面提供几种配方。

①直接用过滤水将珍珠粉调成糊状敷脸。

②将0.1g珍珠粉与润肤霜（也可添加维生素E）调和，均匀涂于面部，按摩至充分吸收，

在有斑点处多按摩片刻，效果立即显现。

③将两小汤匙蜂蜜(不要过量以免上脸敷不匀)倒入碗中，加入珍珠粉1g，用手搅匀，待珍珠粉全部溶于蜂蜜，就可以抹在脸上。15~20分钟后，将脸洗净即可。

④取0.3g珍珠粉与少量牛奶混合均匀，可在其中加一点蜂蜜，量勿太多，否则会使珍珠粉在脸上涂抹不均匀。在脸部斑点位置多按摩一会，20分钟后用清水洗净，每周2次为宜。

⑤珍珠粉水果面膜。将苹果、黄瓜、梨等在擦板上擦成果泥，加入面粉、水和0.3g珍珠粉调拌均匀，涂于面部，待10~20分钟后洗净即可。此面膜含丰富的维生素，具有清凉镇静的作用，炎夏使用效果更佳。

⑥珍珠粉香蕉面膜。将一根香蕉去皮捣烂，加入2匙奶油和0.3g珍珠粉，与2茶匙浓茶水混匀，涂于面部，10~20分钟后洗净即可。此面膜富含维生素和蛋白质，可消除皱纹，使肌肤光洁。

3. 珍珠保健饮料(据陈道章，1987)

配方：珍珠层粉2g，乳酸2g，水100g。反应后过滤，取清液。

加入：柠檬酸0.5g，苹果酸1.2g，蔗糖10g，蜂蜜2g，香料少量，苯甲酸钠0.05%，pH值调节为4.4~4.6，搅匀，灭菌，灌装，封盖。

*作为药品、化妆品和面膜等用途，完全不必购买珍珠粉，采用海水珍珠层粉就很好。药店购买珍珠层粉很贵，而且多数是淡水珍珠层粉，不好用。读者使用时，可在网上购买北海、湛江、海康或流沙的海水珍珠层粉。每公斤50~60元，几个人合购1kg就可以用很久了，而且不用担心质量的真伪，因为磨光的马氏珍珠贝壳每公斤在网上才卖4~5元，大量买才2~3元，主要是研磨加工费用，采用别的贝壳代替它来磨粉成本更贵，不划算。海边珍珠养殖场的马氏珍珠贝壳堆积如山呢！

# 第二章　珍珠贝(蚌)种类、珍珠种类和我国珍珠养殖概况

## 第一节　珍珠贝(蚌)种类

珍珠贝(蚌)有马氏(合浦)珍珠贝[*Pinctada martensii*(Dunker)]、白蝶(大)珠母贝[*Pinctada maxima*(Jameson)]、企鹅珍珠贝[*Pteria* (*Magnavicula*) *penguin*(Röding)]、红珠母贝[*Pinctada margaritifera*(Linnaeus)]、黑珠母贝(或称黑蝶贝)[*Pinctada nigra*(Gould)]、长耳珠母贝(解氏贝)[*Pinctada chemnitzi*(Philipii)]、三角帆蚌[*Hyriopsis cumingii*(Lea)]、褶纹冠蚌[*Cristaria plicata*(Leach)]、背角无齿蚌[*Anodonta woodiana*(Lea)]等。

1. 马氏珍珠贝

马氏珍珠贝又名合浦珍珠贝，是当前养殖海水珍珠的主要母贝。中型个体，贝壳长为6～8cm，宽也相近，贝壳近四方形，两壳显著隆起，左壳比右壳膨大，后耳突较前耳突大。同心生长线细密，成片状，易脱落。腹缘鳞片伸出呈钝棘状。铰合线直，韧带较长，内面有一主齿，闭壳肌痕大。贝壳内面珍珠层厚，具光泽，边缘淡灰黄色。生活于热带和亚热带海洋中，利用足丝固着在低潮线以下的浅海岩石或珊瑚礁上，以5m深处最多，其生存的海拔下限为－10m。常以矽藻子浮游生物为食，繁殖期主要集中在7～8月，受精卵孵化后，经过一段浮游生活的担轮幼虫期和面盘幼虫期，再落至海底，进行附着生活。分布于日本以及中国的广东、广西、海南、台湾等地。

2. 白碟珠母贝

白碟珠母贝又名大珠母贝、白螺珍珠贝，是我国最大的珍珠贝，壳极大，一般为25cm左右，最大的壳长可达30cm以上，体重4～5kg。大珠母贝是珍珠贝中最大的一种。贝壳型大而坚厚，呈蝶状，左壳稍隆起，右壳较扁平，前耳稍突起，后耳突消失成圆钝状。壳面呈棕褐色，壳顶鳞片层紧密，壳后缘鳞片层游离状明显，成体无足丝。壳内面具珍珠光泽，珍珠层为银白色，较厚。边缘稍呈黄色或黄褐色，铰合部厚，贝壳内面中央稍后处有一明显的闭壳肌痕。

白碟珠母贝喜栖息在珊瑚礁、贝壳、岩礁、砂砾等地质海区，以足丝附着生活。栖息水深可达200m，以20～50m为最多，栖息水温范围为15.5℃～30.3℃之间，最适水温为24℃～28℃，水温降至13℃时，基本停止活动。白碟珠母贝是滤食性贝类，主要以藻类为食，还兼食甲藻、纤毛虫等。

分布区域：澳大利亚沿岸、西太平洋沿岸的东南亚国家近岸。中国分布在海南岛、西沙群岛、雷州半岛沿岸海域。

3. 企鹅珍珠贝

企鹅珍珠贝贝体呈方形，后耳突出成翼状，左壳自壳顶向后腹缘隆起。壳面黑色，壳内面珍珠层银白色，具彩虹光彩。常见于浅海岩礁区、潮下带较深的水域，以足丝附着于岩

石、珊瑚礁或贝壳上。个体较马氏珍珠贝大。中国主要分布于热带和亚热带海区，海南岛有的港湾海底数量很多；粤东个别海湾数量也不少，但有时会被寒潮冻死；外海的岛屿周围也时有发现。

4. 红珠母贝

红珠母贝别名真珠贝。暖海底栖贝类，壳左右大小不等，常左壳比右壳大，壳之长宽略相等。壳之长度与高度差不多相等，通常为6~7cm，大者可大于10cm。前耳突大而短，后耳突长。壳面黄褐色，具黑色放射条纹。生长极明显。具有密生鳞片，易碎断，近壳顶处较为平滑。壳内白色或带淡黄色，富有珍珠光泽。壳缘较薄，铰合处平直有1~2个主齿。韧带细长。闭壳肌痕大，略呈耳形，几乎位于壳之中央。足小，能生足丝线，于右壳前面之小孔伸出，附着于岩礁、砂砾上。产于暖海1~10m深处。幼体栖息地区较浅，长大后渐向深海区移动。主要分布于广西、广东和海南岛沿海地区。

5. 黑蝶贝

黑蝶贝似白蝶贝，较小。壳面鳞片覆瓦状排列，暗绿色或黑褐色，间有白色斑点或放射带。壳内面呈珍珠光泽，银白色，周缘暗绿色或银灰色。主要生长于法属波利尼西亚环珊瑚礁海域、库克群岛、巴拿马岛以及墨西哥海湾等，另外在南中国海涠洲岛海域一带也发现有黑蝶贝。

目前黑蝶贝有两个主要的天然产地：一是波利尼西亚群岛的大溪地岛，全球95%的黑珍珠产于此地；二是库克群岛的彭林岛和马居希基岛，产量占总产量的4%。其他太平洋岛屿产量不足百分之一。这两个产地同居于太平洋中南部。

6. 长耳珠母贝

长耳珠母贝又称解氏贝，体形近似马氏珍珠贝，但较扁，俗称扁贝，壳宽4.5cm。后耳突较显著。壳面呈棕褐色，壳内面珍珠层多呈黄色。暖水性广分布种类，多栖息在暖海、食物较丰富、水流通畅而较平静的海湾。其垂直分布于低潮线附近至潮线200m以下的水域。以足丝附着在岩石、珊瑚礁、石块和贝壳上。

长耳珠母贝主要分布于福建(东山)、广东(闸坡、硇洲岛、乌石)、海南(东西部及南部沿海)、广西(东兴、涠洲及北海)、台湾(台北、澎湖、台南、小琉球)。

7. 三角帆蚌

三角帆蚌俗称河蚌、珍珠蚌、淡水珍珠蚌。壳大而扁平，壳面黑色或棕褐色，厚而坚硬，长近20cm，后背缘向上伸出一帆状后翼，使蚌形呈三角状。后背脊有数条由结节突起组成的斜行粗肋。珍珠层厚，光泽强。铰合部发达，左壳有2枚侧齿，右壳有2枚拟主齿和1枚侧齿。雌雄异体。广泛分布于河北、山东、安徽、江苏、浙江、江西、湖北、湖南等地，尤以我国洞庭湖以及中型湖泊分布较多。

8. 褶纹冠蚌

褶纹冠蚌俗称鸡冠蚌、湖蚌、绵蚌、水蚌等。壳大，长近30cm，宽10cm，高17cm，呈不等边三角形，前背缘突出不明显，后背缘伸展成巨大的冠。壳后背部有一列粗大的纵肋。铰合部不发达，左、右壳各有1枚大的后侧齿及1枚细弱的前侧齿。栖息于缓流的河流、湖泊及池塘内的泥底或泥沙底。雌雄异体。广泛分布于黑龙江、吉林、河北、河南、山东、安徽、江苏、浙江、江西、湖北、湖南等地，比三角帆蚌分布广泛。

9. 背角无齿蚌

背角无齿蚌俗名菜蚌、河蚌、湖蚌、无齿蚌、圆蚌等。壳长达20cm，呈有角突的卵圆形，前端圆，后端略呈斜截形。壳薄，微膨胀，壳面平滑，生长线细，具3条肋脉。无铰合齿。我国各地江河、湖沼中均有分布。肉可食，也适作鱼类、禽类的饵料和家禽、家畜的饲料。有的地区用淡水育珠蚌，但珍珠的质量次于三角帆蚌及褶纹冠蚌所育的珍珠。

## 第二节　珍珠种类

珍珠按珠母贝(蚌)分类可分为十一大类。按生长环境可分为淡水珠、海水珠两种类型。按照成因可分为天然珍珠和人工养殖珍珠两种。天然珍珠主要是指在贝(蚌)的体内自然形成的珍珠。淡水蚌的人工养殖珍珠绝大部分是无核珍珠，近年来逐渐推广有核珍珠。海水贝的人工养殖珍珠全是有核珍珠。珍珠有白色系、红色系、黄色系、深色系和杂色系五种，多数不透明。珍珠的形态以正圆形为最好，天然正圆形的珍珠与玛瑙、水晶、玉石一起并称我国古代传统“四宝”。

珍珠的形状多种多样，有圆形、梨形、蛋形、泪滴形、纽扣形和任意形，其中以圆形为佳。颜色有白色、粉红色、淡黄色、淡绿色、淡蓝色、褐色、淡紫色、黑色等，以白色为主。典型的珍珠光泽是光泽柔和且带有虹晕色彩，透明至半透明。折光率为1.530～1.686，双折射率为0.156。无色散现象。硬度为2.5～4.5。天然淡水珍珠的密度一般为2.66～2.78g/cm$^3$，因产地不同而有差异。无解理。韧性较好。在短波紫外光下珍珠显白色、淡黄色、淡绿色、蓝色荧光。黑色珍珠发淡红色荧光。X－射线下有淡黄白色的荧光。

### 一、按珠母贝(蚌)分类

(1)马氏贝珍珠。海水养殖珍珠的珠母贝90%是马氏贝。这种珍珠是市场上最常见的海水养殖珍珠。

(2)白蝶贝珍珠。是海水养殖珍珠另一种珠贝类型，是我国最大型的养殖珍珠。

(3)企鹅贝珍珠。属于海水珍珠，这种珍珠颗粒较大，质量也较好，但产量较低。

(4)黑蝶贝(黑珠母贝)珍珠。90%以上产自塔希提岛(Tahiti)，颜色有黑、灰、蓝、绿及棕色等。塔希提岛是法属波利尼西亚五大群岛中最大的岛。

(5)三角帆蚌珍珠。是淡水养殖珍珠的主要品种，产量占淡水珍珠的95%以上。

(6)褶纹冠蚌珍珠。类似于三角帆蚌珍珠。其生长速度较快，珠质多皱纹，质量较差，产量也较低。由于其蚌壳隆起度高，适合养殖像形珍珠。

(7)海螺珍珠。产于加勒比海的粉红色大海螺体内，珠子通常呈粉红色，间或有白色或咖啡色，它们具有独特的火焰似的表面痕迹，质优的形状通常是椭圆形，两侧对称。阿拉伯人及欧洲人对其情有独钟。

(8)鲍鱼珍珠。产于鲍鱼体内，颜色艳丽，有绿、蓝、粉红、黄等色的组合，形态不一。质量极高的鲍鱼珍珠价值很高，其产地主要在新西兰、美国加利福尼亚、墨西哥、日本及韩国。

(9)澳氏文拿珠。产于鹦鹉螺体内，属软体动物门中的头足纲，与马鼻珠一样，这种珠子中间被玻璃体填满，底部又加一层，价格较便宜，常用于耳环及吊坠等饰品上。

(10)牡蛎珍珠。各种传言都有，国内某知名的科研机构人员甚至断言牡蛎珍珠是霰石珍珠。其实，牡蛎壳是方解石和方解石－Ⅲ结构，说明牡蛎的外套膜不可能分泌霰石结构的珍珠质，不可能生长出真正的霰石珍珠。我们经中山大学测试中心检测证实，牡蛎珍珠是碳酸钙的三方晶系，为方解石结构。

(11)砗磲(tridacna)珍珠。又称大蛤珠(giant clam pearl)。在砗磲的壳里形成的白色凝块。可具珍珠形状而无珍珠虹彩，与砗磲壳一样。但经我们检测，砗磲壳从里到外全部是霰石结构，无珍珠光泽和虹彩可能是它的层状结构不完善所致。来自晶片的反射花纹也很有特征。砗磲，也叫车渠，是分布于印度洋和西太平洋的一类大型海产双壳类物种。世界上报道的只有6种，都生活在热带海域的珊瑚礁环境中。在印度尼西亚、马尔代夫、缅甸、马来西亚、菲律宾、澳大利亚等国的潮间带有较多分布。我国的台湾、海南、西沙群岛及其他南海岛屿也有这类动物分布。砗磲壳是世界上最硬的物质(钻石的硬度是10，砗磲的硬度也是10)，是稀有的有机宝石，亦是佛教圣物。砗磲是海洋贝壳中最大者，直径可达2m。砗磲一名始于汉代，因外壳表面有一道道呈放射状之沟槽，其状如古代车辙，故称车渠。后人因其坚硬如石，在车旁加石字。砗磲、珍珠、珊瑚、琥珀在西方被誉为“四大有机宝石”，在中国佛教，金、银、琉璃、砗磲、玛瑙、珊瑚、珍珠被尊为“七宝”。

### 二、按生长环境分类

(1)淡水珍珠。淡于珍珠一般都是无核珍珠，通过在三角帆蚌、褶纹冠蚌(河蚌)、背角无齿蚌等的外套膜，插入同种幼龄蚌的外套膜小片，养殖而成。其中大部分是三角帆蚌珍珠，褶纹冠蚌珍珠占少量，背角无齿蚌珍珠质量较差，很少养殖。

淡水珍珠在各地河流湖泊或者人工池塘等浅水中都可以养殖，对水温要求不高。由于中国这十几年来，环境污染越来越严重，加上淡水养殖珍珠主要靠饲料饲养，产量虽高但无机物质含量也较高，而具有美容保健作用的有机物质含量却较低。淡水珍珠多呈椭圆形、米粒形等，相对缺少柔美光泽。

(2)海水珍珠。海水珍珠一般都是有核珍珠，通过在马氏(合浦)珍珠贝、白蝶(大)珠母贝、企鹅珍珠贝、红珠母贝、黑珠母贝和长耳珠母贝等的内脏团，插入背瘤丽蚌壳制成的球形珠核，再贴上同种幼龄蚌的外套膜小片，养殖而成。其中绝大部分是马氏贝珍珠，白蝶(大)珠母贝养殖的珍珠最大，相当珍贵，产量不大。企鹅珍珠贝珍珠、红珠母贝珍珠、黑珠母贝珍珠和长耳珠母贝珍珠也有一定产量。

海水珍珠不用饲料喂养，靠大海提供营养，大海浮游生物较多，污染相对较少，比较天然，有机质含量较高，更为滋润。由于插入球形珠核养殖而成，形状较圆，更加晶莹剔透，光芒四射。但海水珍珠的产量极低，因而价格较高。

## 第三节　我国珍珠养殖概况及养殖场寻访

### 一、我国珍珠养殖概况

20世纪90年代日本发生了“赤潮事件”，珍珠贝大量死亡，珍珠产量锐减，使国际珍珠交易中心从东京迁移到了香港。“贸易之都”香港适时抓住机遇，凭借其背靠中国内地、辐射全球的地理优势，大量采购珍珠原材料，利用自身加工能力构建国际贸易网络，成为国际珍珠交易中心，中国成为世界珍珠市场主要供应国之一。近年来我国海水珍珠产量(南珠)

已超过日本，成为世界上海水珍珠第一大生产国。在全国范围内已经形成了以浙江诸暨山下湖、江苏渭塘为主要代表的淡水珍珠集散地和以湛江、北海为代表的海水珍珠养殖贸易基地。

目前，珍珠饰品的主要消费地是日本和欧美发达国家，虽然中国原珠和珍珠饰品的出口量已经占到全球总产量的95%以上，但产值仅占世界总量的15%，大部分是以原珠供应日本，或以珍珠串等半成品的方式经由香港深加工，另有部分直接销往全球。

国内消费者对于珍珠的消费量较小。但是珍珠粉的销售基本上还是在国内，国外普遍没有珍珠粉的消费习惯，出口珍珠粉也是以补钙为主，和国内的保健美容概念不同。

(一)淡水珍珠

中国淡水珍珠的养殖场主要集中在长江中下游湖泊、水系发达的省区。幼蚌放养主要分布在浙江、江苏、湖南、湖北、江西、四川、安徽等省的沿江(湖)地区，成蚌再集中养殖。

目前，全国从事淡水珍珠养殖、加工、销售的注册企业有千家之多，从业人员超过40万，创造产值30多亿元人民币。珍珠年产量约为1400吨。

浙江省是我国淡水珍珠最主要的产地和销售集散地，全省约有12000个淡水珍珠养殖户。养殖、加工的从业人员近20万，珍珠的产量占全国淡水珍珠产量的1/3。珍珠养殖场主要分布在金华、杭州、绍兴、衢州等地区，以绍兴、诸暨为中心。

诸暨位于浙江省中部，气候温暖湿润，属亚热带季风气候，水资源丰富，钱塘江支流浦阳江自南贯穿，由萧山境内入钱塘江，非常适合淡水珍珠养殖，形成了以山下湖镇为中心的珍珠养殖基地，该地区超过80%的劳动力从事珍珠产业，拥有中国最大的珍珠和珍珠首饰专业市场，日人流量超过10000人次，2003年交易量超过650吨，交易额超过12亿元人民币，市场份额约占全国的70%，全球的45%。

江苏苏州渭塘镇西何家湾是中国淡水珍珠养殖发源地之一，该镇位于太湖流域之滨，水网纵横，水质清冽，长期处于中国淡水珍珠养殖业的领导地位，并建立了中国珍珠宝石城。无锡太湖的珍珠也很有名。

湖南的养殖基地主要集中在常德、汉寿，自1992年以来，这两地的淡水珍珠养殖业突飞猛进，已成为继浙江及江苏后中国淡水珍珠的另一个重要产区。当常德、汉寿的珍珠养殖因水质污染严重减产时，岳阳的珍珠养殖业开始兴起。

湖北的养殖基地主要分布于荆州、鄂州、石首、松滋等地，年产淡水珍珠220吨。

江西的养殖基地主要分布于南昌、九江、万年等市、县。作为中国淡水有核珍珠的重要产区，2003年江西省产出淡水珍珠202吨，其中淡水有核珍珠160吨。

安徽无为县珍珠年产量达50余吨。

久负盛名的北珠主要是指淡水珍珠，主要产于中国东北的吉林、黑龙江一带淡水河流中，以松花江、嫩江、爱辉河等水域所产的质量最佳，牡丹江次之。北珠一直是历代王朝的专享贡品。

时至今日，作为北珠主要产地的吉林和黑龙江，似乎难觅珍珠芳影。

(二)海水珍珠——南珠

中国海水珍珠又称南珠。广东、广西和海南是我国南珠的主要产地。一直以来，都有“东(洋)珠不如西(洋)珠，西(洋)珠不如南珠(合浦珠)”的说法，可见南珠在历史上有较高的声誉。自秦始皇时期，南珠就成了朝廷贡品，具有特殊的社会地位和价值。近年来我国南珠产量已超过日本，成为世界上海水珍珠第一大生产国。中国海水珍珠养殖基地集中在广东湛江、广西北海、海南三亚及台湾等地的开阔海域，环境较为稳定，深度平稳，冬无严寒，夏无酷暑。畅通的潮流保证了养殖水质的洁净及酸碱度的平衡。养殖海水珍珠对水域环境要求严格，故目前海水珍珠年产量不大，一般控制在35吨以下。

广东的海水珍珠养殖主要集中在雷州半岛流沙港、康港湾、乌石港和徐闻县的大井港、龙腋湾、北栋湾及角尾等地。南澳、大亚湾等地也有海水珍珠养殖场，但数量少，产量不大。目前，广东海水珍珠的年产量约占全国的70%。雷州市流沙港海水珍珠养殖基地是中国著名的海水养殖珍珠产地，养殖场达765个，珍珠贝苗孵化场50个，90%的人口从事珍珠养殖业。

广东率先引进先进的珍珠加工技术，加工的海水珍珠量大，现已建立了较完善的国内外珍珠销售网络。在养殖方法上，流沙珍珠基地目前逐步淘汰了贝体退化的马氏珍珠贝，推广采用已试养成功的贝体大、生长珍珠大的企鹅珍珠贝；同时降低养殖密度，改木桩吊养为水排浮力吊养，养殖时间延长至1年半，保证了珠层厚度，因而保证了珍珠质量。

广西北海的南珠养殖，到2003年已发展到近2000家，从业人员达2.5万人，珍珠年产量达11.5吨。每年两次的珍珠交易节和两年一次的珍珠节以及北海水产市场中国珍珠城的建立，已使北海成为国内海水珍珠的集散地和交易中心。

海南岛因盛产珍珠，公元前110年，汉武帝特设珠崖郡。珍珠养殖场集中在三亚、陵水、儋州市三处，主要生产马氏贝珍珠及少量的白蝶贝珍珠。

20世纪80年代，仅陵水新村镇的珍珠养殖产量就达每年5吨。如今，海南珍珠产业已衰微，2013年全省珍珠产量仅约300kg。

养殖业衰微的同时，海南省珍珠市场需求量猛增。据媒体报道，仅一家大型企业一年的珍珠需求量就达5~10吨，不得不从广东、广西进大量的货。

因缺乏市场监管，商人从外地带来等级低的珍珠，甚至带着伪劣珍珠来到新村，打着“海南新村珍珠”“南岛珍珠”的旗号叫卖，给本地品牌带来了巨大伤害。

当时尤为轰动的一个事件是，1995年、1996年和1997年新村珍珠出口时，由于质量不过关而相继被欧盟退回，损失惨重，这引起了国家有关部委的关注。

专家介绍，经过十几年的珍珠养殖之后，新村港海水珍珠的繁育质量开始变差，珍珠颗粒逐渐变小。新村港可采捕的珠母贝越来越少，主要靠人工培育，长期近亲繁殖，导致品种退化严重，产量也逐年下降，几年前已经开始严重亏本，无利可图，养殖户纷纷转行。

如今，品种退化严重、珍珠贝变小已成为我国珍珠养殖业的普遍问题，生产的珍珠质量已大为逊色！

## 二、珍珠养殖场寻访

(1)福建珍珠养殖场。在改革开放初期，珍珠养殖业兴旺了好一阵。郑永年老师率先成功养殖像形珍珠。1985年我们到漳州一中拜访他，向他请教。还拜访了像形珍珠模型的雕刻者——漳州五中美术教师杨波涛老师。相继造访了漳州颜厝珍珠养殖专业户郑添能师傅、漳州西洋坪珍珠养殖场以及漳州水产技术推广站。随着福建省外向型经济的发展，从事珍珠养殖业收益逐渐不如其他行业，现在几乎被淘汰了。

(2)浙江诸暨山下湖珍珠养殖场。1987年我们在厦门市场看到浙江诸暨山下湖产的珍珠，就前往拜访了上过浙江电视台的邹昌德老师傅，和他合作养殖我们研制的像形珠核珍珠，还见识了全国最大的珍珠市场——诸暨珍珠市场。该市场的规模很大，每天有几十万元的交易。

(3)江苏苏州渭塘珍珠市场。这又是一个大珍珠市场，1992 年我们到江苏苏州渭塘珍珠市场买了 10 串珍珠项链，共花了 300 元，后来我们到烟台百货公司看到同样的珍珠项链，每串卖 300 多元。这里几乎每家每户都养殖珍珠，但他们大多不懂得珍珠蚌插外套膜小片技术，那儿专门有一批人受雇从事此项技术工作。由于江苏浙江一带小河小溪很多，纵横交错，给珍珠养殖提供了有利的条件，加上以上的技术支持，使得珍珠产量大大提高。但这也造成产品过滥，成品率很低。在日本，要从事珍珠养殖，必须经过考试，合格后才准执业，所以珍珠质量很好。

(4)四川安岳珍珠养殖场。1989 年夏我们拜访了四川安岳珍珠养殖场。

(5)深圳大亚湾东山珍珠养殖场。该养殖场位于深圳市大鹏半岛东部海滨。他们是养殖马氏贝珍珠的，质量不错。但由于靠近香港，价钱高了一些。我们还参观了他们生产珍珠层粉的粉碎机，是江苏武进化工机械厂生产的，机器价廉质优。

(6)广东澳头珍珠养殖场。他们是养殖马氏贝珍珠的。

(7)广东湛江海康流沙尹林、尹团兄弟珍珠养殖场。他们是养殖马氏贝珍珠的，价格最低，但珍珠层稍微薄了一些。我们买了一些珍珠和 3 吨磨光的马氏珍珠贝壳，花了 4 万元，贝壳质量很不错。

(8)广西北海珍珠养殖场。他们养殖马氏贝珍珠，我们看了许多陈列产品。养殖场地处市内，交通方便。

(9)海南海口市陵水新村镇珍珠养殖场。他们除了养殖马氏贝珍珠以外，还养殖大珠母贝珍珠。许志坚研究员十分热情地接待了我们。

(10)中科院南海海洋研究所三亚工作站。当时这里是由著名珍珠专家谢玉坎研究员负责的，他们从事马氏珍珠贝和大珠母贝养殖研究，让我们观看了大珠母贝的插核手术过程，并向我们介绍了许多种贝壳，让我们受益匪浅。

游客往往喜欢到海滨购买珍珠和美丽贝壳。其实，北方的滨海地区既不生产海水珍珠，也不生产淡水珍珠，更无美丽贝壳，这些只有南海才有。

# 第三章　像形珍珠

## 第一节　像形珍珠养殖

我国在南宋时已有人物肖像形珍珠的养殖，形象逼真，美丽动人，但技术早已失传。1978 年福建省漳州市郑永年先生养殖淡水肖像形附壳珍珠获得成功。他将肖像形浮雕插入蚌壳与外套膜之间，由珍珠蚌外套膜分泌珍珠质，附着在浮雕表面，日积月累，形成像形珍珠。它实际上是一种附壳珍珠，手术方法并不复杂，养殖也不难，在互联网上即可查到。但要掌握好技术并不容易，特别是像形珍珠珍珠核选材，选择不当往往会影响像形珍珠成长，使得成品率低下。

珍珠核材料有丽蚌壳珠核、大理石、陶瓷、硬塑料和石头等。但是除丽蚌壳珠核外，其余材料与珍珠贝壳珍珠层的霰石结构相距较远，不易被珍珠贝接受并与形成的珍珠层包容。另外这些材料加工不易，难以大批生产。像形珍珠珍珠核模型贴壳的一面还要求有一定弧度，使其紧贴贝壳，不留空隙，从而防止污泥进入，这些硬质材料很难做到这点。

批量制作像形浮雕必须采用类似制作蜡像的方法，先搜集神话人物或动物图像，然后进行泥巴雕塑创作。泥稿完成后用石膏做模胚，浇灌蜡像。制作蜡像的原材料为石蜡，将石蜡加热融化、搅匀，灌到石膏模中，待蜡冷却后将其剥落，即成为蜡像模型。但制作像形附壳珍珠核对材料要求较高，类似混凝土，包括胶凝体（水泥）与骨料（沙石）。胶凝体是黏合剂，熔点温度不能太高，以便操作。胶凝体若单用石蜡则较脆，纹理轮廓不够清晰，硬脂酸则可克服以上缺点。但硬脂酸较软，容易变形，需相互配合，还需要骨料——骨架，它是像形珍珠层的生长基础，有人采用滑石粉、大理石粉和牡蛎壳粉等来制作骨架。

海水珍珠珍珠核用淡水背瘤丽蚌壳制成，它也是霰石结构。按照晶体生长原理，作为晶体生长基础的珍珠核晶体结构，如果与在它上面生长的珍珠晶体结构不同，就会有表面张力，影响生长。珍珠核骨料也该如此，为了减少被母贝排斥，最好用珍珠层粉。

### 一、培育像形珍珠的珍珠贝（蚌）选择

淡水河蚌体形较大，贝壳隆起度高，适合培育像形珍珠。海水珍珠贝养殖珍珠的主体是马氏贝和白蝶贝。马氏贝个头不大，不适合培育像形珍珠；白蝶贝虽大，但贝壳隆起度小，不容易培育大型像形珍珠。可选用 3～4 龄，体长为 10～20cm 或 14～18cm 的三角帆蚌作为育珠母蚌，蚌体必须健壮。

### 二、手术时间

最适手术期为 5～6 月，水温为 22℃～28℃。手术应避开繁殖期。

### 三、手术操作程序

(1)在蚌壳表面刻日期、操作人名。

(2)开口通道。将手术蚌置于手术台上，打开蚌口插上木塞。用通片针从一侧挑开，剥离外套肌，一直达到另一侧，形成通道。切忌挑开外套膜前端，以免蚌体吐出珍珠核。开口大小应比模型宽度略大。用消毒海绵清除外套膜边缘的黏液和污物。

(3)插进珍珠核。1 只育珠蚌插 1 个珍珠核(也可等恢复 20 天后再插另一面)。植入前将珍珠核用医用酒精消毒，用脱脂棉擦干。先用湿海绵球擦净手术部位，另一手拿珍珠核的一端，正面向上，底面贴壳，慢慢地从伤口送进，用拨模棒调整像模位置，并轻轻压一下外套膜，使之与像模紧贴。送珍珠核时应注意平拿平放。插完珍珠核后用 2% 的金霉素喷雾消毒清洗创口，确保无任何残物留在贝壳内。注意不要伤到母贝肌体，操作时间不超过 10 分钟。

(4)取出木塞，用细绳扎好蚌壳，以防珍珠核脱出。将母贝放入笼夹内，每笼放 2 ~ 3 个贝。笼入水深度 1 ~ 1.5m。注意将母贝插核边的腹缘朝下，平置于笼夹内，恢复期内不要随意翻动。

### 四、养殖期

养殖期分为恢复期和成长期。恢复期为 40 ~ 50 天，在整个恢复期内，水温控制在 28℃ ~ 30℃之间，保持水质清新，水流缓慢，食物丰富。经过恢复期后，对母贝进行一次检查，重点检查珍珠核与母贝结合部及表层是否开始被珍珠层覆盖，珍珠核是否固合稳定。在成长期将笼夹移至水流畅通、水质肥沃的环境中养殖，成长期为 1 年 8 个月至 2 年。根据气温的变化，适当调整养殖区域及入水深度，冬季水温较低，母贝入水深度为 2.5 ~ 3m，夏季入水深度为 1 ~ 1.7m，如果水温变化不大，一般不必移笼，变化较大时适当考虑移笼。注意污染、虫害、风暴等灾害性的环境条件，应及时提前采取预防措施。定时清除母贝壳上的寄生物，一般一个月清理一次，清理时，母贝不得脱离水面。

### 五、成珠的采收

珍珠核的珍珠质覆盖层达到标准后采收。冬季由于珍珠蚌成长缓慢，珍珠也长得慢，珍珠层比较密致，因此成珠光泽好，硬度高，适合采收。采收时立即进行脱脂，清除珍珠表层油脂及污物，可用 50℃的肥皂水洗涤 1 ~ 2 次，用软刷轻刷去掉污物，然后漂洗、漂白、修饰和上光。

## 第二节 像形珍珠珍珠核研制

1988 年我们向国家自然科学基金委员会申报项目——“人造珠核和艺术形像珍珠的结构和成像机理研究”，1989 年获得资助 5 万元。我们的研究项目是运用物理结晶学的原理，根据晶体生长的机理，研究最适合养殖像形珍珠的人造珍珠核材料。我们参考了郑永年老师养殖珍珠的资料，珍珠的雕像由福建漳州杨波涛老师提供，在浙江诸暨山下湖镇由邹昌德师傅成功养殖出艺术形像珍珠，详见书后彩色照片。

模型可根据各种人物和动物等的图像制成。模型大小应小于育珠蚌中央，长度不超过蚌长度的 3/5，厚度 0.2 ~ 0.3cm，薄些更好。所用珠核材料如下：

## 一、珠核材料

(1)石蜡：47℃～64℃熔化，比重约0.9，不溶于水，采用全精炼石蜡或半精炼石蜡。

(2)硬脂酸：熔点为69.6℃～72℃，比重为0.94，无毒，不溶于水。

(3)滑石粉：比重为2.7～2.8，无味。采用医药、食品级滑石粉。

(4)珍珠层粉：比重约2.8，采用药用品级。

## 二、滑石粉配方

按不同比例做试验，先将易熔的石蜡和硬脂酸倒入锅里，缓慢加热搅匀，再加入滑石粉，搅匀，倒入石膏模，冷却，取出。以下是试验的几种配方：

(1)石蜡∶硬脂酸∶滑石粉＝5∶5∶5，脱模容易，制品表面光滑，没有白粉析出，边缘收缩较差。

(2)石蜡∶硬脂酸∶滑石粉＝5∶3∶5，边缘收缩较大，有利脱模，制品表面较差，色稍黑，个别有白粉析出。

(3)石蜡∶硬脂酸∶滑石粉＝3∶5∶5，脱模较好，没有白粉析出。

(4)石蜡∶硬脂酸∶滑石粉＝5∶5∶3，收缩稍差，影响脱模，制品表面有些粗糙，不够光滑。

其中配方3比较好，其次是配方1。

## 三、珍珠层粉配方

由于滑石粉的晶体结构与珍珠相差较远，可能影响像形珍珠的生长，所以我们进一步改用珍珠层粉配方。将淡水或海水的珍珠贝壳磨去有色表层，留下光亮里层和中层，粉碎成360目珍珠层粉；或用市售珍珠层粉。按不同比例做试验，如上述加热熔解，搅匀，倒入石膏模，冷却，取出。

(1)石蜡∶硬脂酸∶珍珠层粉＝5∶5∶5，材料内聚力差，粘模，制品面目不清。

(2)石蜡∶硬脂酸∶珍珠层粉＝5∶5∶3，不易脱模。

(3)石蜡∶硬脂酸∶珍珠层粉＝5∶7∶5，脱模较好，制品尚可。

(4)石蜡∶硬脂酸∶珍珠层粉＝5∶5∶4，脱模较好，制品面目清晰。

其中配方4比较好，其次是配方3。我们就采用此比例，分别将120g的石蜡和硬脂酸倒入不锈钢锅，用电炉慢慢加热熔解，搅匀，再加入96g珍珠层粉，搅匀，倒入石膏模中，冷却，得到像形珍珠珍珠核。

为使像形珍珠珍珠核底面有一定的弧度，以便紧贴贝壳，可选几种隆起高度不同的贝壳作标准样贝壳，在珍珠核脱模后趁热贴到以上贝壳准备插核的部位，轻轻压成该弧度备用。也可以在插核前将珍珠核加热到到软化温度附近，在标准样贝壳上轻压成该弧度，以便使用。

不同的石蜡熔点有所差异，但都在43.3℃～65.5℃。石蜡的软化温度与熔点之间的温度差为15℃左右。像形珍珠珍珠核可以据此选取它的软化温度，以便在标准样贝壳上轻压成该弧度。

## 四、讨论

(1) 肖像形珍珠珍珠核材料需要满足的条件：①不被珍珠贝排斥，容易形成珍珠层。②不对贝体产生毒害、病变或死亡作用。③珍珠核比重要适当，大致与淡水珍珠的比重相仿。珍珠核比重如较水轻，当育珠蚌沉在水中时，会因浮力导致吐核，太重则会影响育珠蚌的正常生活。④容易加工成各种人物、动物肖像。表面光滑，纹理分明，轮廓清晰，能与珍珠贝壳紧贴。⑤珍珠核在强度足够的条件下要尽量薄，并且要容易脱模。

(2) 像形珍珠凹形缺陷修补。可用白色石蜡或中性玻璃胶修补，再涂上一层珠宝磨光油。

(3) 像形珍珠养殖时间为 1 年 8 个月至 2 年。时间太短则珍珠层太薄，形成薄皮珍珠，甚至珍珠层覆盖不全；时间太长则珍珠层太厚，会使面目不清。

(4) 像形珍珠的漂白。必要时才进行漂白。

(5) 褶纹冠蚌养殖像形珍珠的优点。褶纹冠蚌壳隆起较大，方便像形珍珠核插入，而且光泽明亮。

(6) 三角帆蚌养殖像形珍珠的缺点。三角帆蚌壳隆起不大，用它培育像形附壳珍珠有些困难；珍珠光泽虽较好，但很容易形成褐色斑条。

(7) 像形模具的选择。起初我们用石膏模制成的像形珍珠核比较厚，使得珍珠母贝的负担比较重，影响成品率。为此，我们改用硅橡胶作模，因为它有弹性容易脱模，可以制造出很薄的像形珍珠核，更易紧贴珍珠母贝壳，减轻母贝负担，有望提高成品率。于是我们制作了一批特别薄的像形珍珠核。可惜养殖方因收益太低，停止合作，未能继续研究。

硅橡胶像形珍珠模（陈贵卿、陈俊豪，1989）

# 第四章 珍珠、珍珠贝壳和常见贝壳的研究

## 第一节 无机成分

马氏贝珍珠和珍珠层粉含约92.2%无机质、4%水和3.8%有机质。有机质含18种蛋白质氨基酸，还含非蛋白质氨基酸——牛磺酸和鸟氨酸等。无机质98%~99%的成分是碳酸钙。不同品种无机质成分有些差异。此外，无机质的成分中还包括多种对人体有益的微量元素(参见表4-1和表4-2)。

珍珠的成分和结构与珍珠贝壳的珍珠层及棱柱层一样，都是白珍珠贝的外套膜分泌形成的。因此研究珍珠必须研究珍珠贝壳，以便从机理上寻找珍珠和珍珠贝壳的共性，以及珍珠层粉作为药用的依据。而珍珠贝壳和其他贝壳的结构也很接近，密切相关，是否可以寻找药物的替代品，或者新的养殖珍珠贝类？所以也需研究一般贝类贝壳。我们在这里就将珍珠、珍珠贝壳和其他一些贝壳放在一起进行探讨！

贝类学书籍一般将贝壳分为三层：珍珠层，是白色光亮里层；棱柱层，是色泽表层和珍珠层之间的部分；角质层，是粗糙的色泽表层。

实验采用样品：马氏贝天然珍珠、马氏贝棱柱层珍珠(废珠)、白蝶贝天然珍珠、企鹅贝天然珍珠、三角帆蚌珍珠、褶纹冠蚌珍珠、牡蛎珍珠、马氏珍珠贝壳、白蝶珠母贝壳、企鹅珍珠贝壳、红珠母贝壳、黑珠母贝壳、长耳珠母贝壳、三角帆蚌壳、褶纹冠蚌壳、背角无齿蚌壳、深圳东山珍珠层粉、澳头珍珠层粉、海南新村珍珠层粉、江西珍珠层粉、奇星药厂珍珠粉、白肉牡蛎壳、红肉牡蛎壳、深海团结蛤壳、鹦鹉螺壳、背瘤丽蚌壳珠核、佛耳丽蚌壳、鹿角珊瑚、西施舌壳、文蛤壳、翡翠贻贝壳、贻贝壳、鳞砗磲壳、金乌贼骨、高温处理的珍珠层粉、杂色鲍鱼壳、紫色裂江珧壳、渔舟蜒螺壳、紫斑海菊蛤壳、敦氏猿头蛤壳、大马蹄螺壳、泥蚶壳、金口蝾螺壳和厣、蛇首眼球贝壳、黄边糙鸟蛤壳、截形白樱蛤壳、盾形不等蛤壳、缢蛏壳、河蚬壳，以及北京水垢、大理石、南宁钟乳石、鸡蛋壳、骨鳞鱼(鱼眼球、鱼鳞、鱼皮、鱼骨、鱼耳石)和猪骨等。其中有些样品只列出结果。

大部分样品由中科院南海海洋研究所海南三亚实验站站长谢王坎研究员和林碧萍高工伉俪提供并指导，在此表示深深的感谢！

珍珠的无机成分分析：对于未知物质，采用X-射线能谱仪能迅速分析出样品的无机成分，而X-射线光谱仪则不如它；对于已知物质，采用X-射线光谱仪能更精确地分析出样品的无机成分。X-射线衍射仪虽可根据杂质谱线及晶胞大小(例如从褶纹冠蚌壳黑表层的晶胞体积变大可以看出它含杂质)来观察出它们含有的杂质，但是灵敏度不高，谱线常常互相重叠以致不易发现杂质谱线，要得到定量结果更加困难。然而使用X-射线能谱仪、X-射线光谱仪或其他化学分析方法来确定晶体结构是不可能的，而这正是X-射线衍射仪的长处，是其他方法不能取代的。因此，要鉴别珍珠或珍珠层粉的质量最好是采用X-射线衍射

仪和X－射线能谱仪、X－射线光谱仪，或者与其他化学定量分析方法结合起来，才能够得出比较精确的结果。

## 一、X－射线能谱仪（能量色散法——电镜能谱）分析

表4－1 样品的无机成分氧化物含量——电镜能谱（据陈贵卿、陈俊豪，1986）

| 样品 | 化合物 wt % | | | | | | | | | |
|---|---|---|---|---|---|---|---|---|---|---|
| | $CaCO_3$ | $SiO_2$ | $Al_2O_3$ | $SO_2$ | NaCl（$Na_2O$） | $K_2O$ | MnO（$Na_2O$） | CuO（$P_2O_5$） | FeO（MgO） | 备注 |
| 马氏贝天然珍珠 | 98.44 | 0.52 | 1.04 | | | | | | | |
| 三角帆蚌珍珠 | 99.10 | 0.55 | 0.35 | | | | | | | |
| 褶纹冠蚌珍珠 | 98.59 | 0.94 | 0.47 | | | | | | | |
| 深圳东山珍珠层粉 | 99.51 | | 0.28 | 0.02 | | 0.19 | | | | |
| 澳头珍珠层粉1 | 90.60 | 4.75 | 2.40 | 0.90 | 0.78 | 0.57 | | | | |
| 澳头珍珠层粉2 | 94.33 | 3.87 | 1.35 | 0.12 | 0.11 | 0.22 | | | | |
| 海南新村珍珠层粉 | 99.45 | | 0.33 | 0.17 | | 0.05 | | | | |
| 江西珍珠层粉 | 98.75 | 0.48 | 0.71 | | | | 0.06 | | | |
| 奇星药厂珍珠粉 | 98.54 | 1.06 | 0.40 | | | | | | | |
| 马氏珍珠贝壳珍珠层 | 98.48 | 0.06 | 0.11 | 0.51 | 0.33 | 0.27 | （0.15） | | （0.09） | |
| 马氏珍珠贝壳棱柱层 | 97.05 | 0.45 | 0.46 | 0.69 | 0.28 | 0.25 | （0.31） | （0.20） | （0.31） | |
| 马氏珍珠贝壳角质层 | 95.63 | 0.73 | 0.45 | 1.06 | 0.47 | 0.26 | （0.50） | （0.14） | （0.76） | 干取 |
| 黑珠母贝壳珍珠层 | 97.60 | 1.13 | 0.52 | 0.43 | 0.24 | | | | （0.08） | |
| 黑珠母贝壳棱柱层 | 98.70 | 0.46 | 0.29 | 0.27 | 0.11 | | | | （0.17） | |
| 黑珠母贝壳角质层 | 98.59 | 0.46 | 0.29 | 0.55 | 0.05 | | | | （0.06） | 干取 |
| 三角帆蚌壳里中层 | 98.14 | 0.51 | 0.69 | 0.17 | | | 0.49 | | | |
| 三角帆蚌壳角质层 | 4.48 | 65.98 | 21.74 | 3.49 | | 3.26 | | （0.35） | 0.70 | 湿取 |
| 褶纹冠蚌壳里中层 | 99.40 | 0.15 | 0.27 | 0.07 | | | | | 0.11 | |
| 褶纹冠蚌壳角质层 | 8.02 | 63.23 | 20.03 | 1.61 | | 4.36 | | | 2.75 | 湿取 |
| 背角无齿蚌壳里中层 | | | | | | | | | | |
| 红肉牡蛎壳坚实里层 | 99.26 | 0.02 | 0.09 | | （0.43） | | 0.02 | | （0.18） | |
| 背瘤丽蚌壳珠核 | 98.47 | 0.43 | 0.67 | 0.18 | 0.17 | | | 0.08 | | |
| 西施舌壳 | 99.59 | 0.15 | 0.26 | | | | | | | |
| 文蛤壳 | 98.31 | 0.16 | 0.73 | | | | | 0.08 | | |
| 金乌贼骨 | 98.48 | | | 0.23 | 0.20 | 0.20 | | （0.89） | | |
| 北京水垢（壶底硬块） | 99.26 | 0.60 | | 0.14 | | | | | | |
| 北京水垢（壶侧松粉） | 98.94 | 1.06 | | | | | | | | |

## 二、X－射线光谱仪(波长色散法——电子探针)分析

**表4－2　样品的无机成分氧化物含量——电子探针**(据陈贵卿、陈俊豪，1986)

| 样品 | 化合物 wt % | | | | | | | | | |
|---|---|---|---|---|---|---|---|---|---|---|
| | $CaCO_3$ | $Na_2O$<br>($NaCl$) | $K_2O$ | MnO | MgO | FeO | $Al_2O_3$<br>($P_2O_5$) | $SiO_2$<br>($TiO_2$) | $Cr_2O_3$<br>($SO_2$) | 备注 |
| 马氏贝天然珍珠 | 98.49 | 1.03 | 0.01 | | 0.31 | 0.07 | 0.08 | | 0.02 | |
| 马氏贝有核珍珠表层1 | 99.07 | 0.64 | 0.01 | | 0.12 | 0.05 | 0.08 | | 0.03 | |
| 马氏贝有核珍珠表层2 | 99.17 | 0.37 | 0.02 | 0.06 | 0.07 | 0.05 | 0.06 | 0.19 | | |
| 三角帆蚌珍珠 | 99.29 | 0.34 | 0.01 | 0.12 | 0.07 | 0.05 | 0.07 | (0.03) | 0.03 | |
| 褶纹冠蚌珍珠 | 99.32 | 0.43 | | 0.03 | 0.03 | 0.05 | 0.07 | 0.05 | 0.02 | |
| 深圳东山珍珠层粉 | 99.51 | | 0.28 | 0.02 | | 0.19 | | | | |
| 澳头珍珠层粉 | 98.80 | 1.01 | 0.01 | | 0.05 | | 0.09 | 0.03 | | |
| 海南新村珍珠层粉 | 99.00 | 0.48 | 0.01 | | 0.07 | 0.07 | 0.33 | 0.04 | | |
| 江西珍珠层粉 | 99.31 | 0.16 | | 0.30 | 0.03 | | 0.20 | 0.04 | | |
| 奇星药厂珍珠粉 | 99.46 | 0.34 | 0.01 | 0.06 | 0.07 | | 0.04 | 0.02 | | |
| 马氏珍珠贝壳珍珠层 | 99.31 | 0.52 | 0.01 | 0.02 | 0.06 | 0.02 | 0.03 | 0.04 | | |
| 马氏珍珠贝壳棱柱层 | 99.36 | 0.43 | 0.02 | | 0.09 | 0.04 | 0.07 | | | |
| 马氏珍珠贝壳角质层 | 98.41 | 0.28 | 0.04 | | 1.21 | | 0.05 | 0.02 | | 干取 |
| 白蝶珠母贝壳角质鳞片 | 98.19 | 0.50 | 0.03 | 0.01 | 1.08 | 0.03 | 0.08 | 0.08 | | 干取 |
| 企鹅珍珠贝壳角质黑表层 | 98.28 | 0.32 | | 0.05 | 1.20 | 0.04 | 0.07 | 0.04 | | 干取 |
| 红珠母贝壳里中层 | 98.04 | 0.34 | 0.02 | 0.02 | 1.54 | 0.03 | 0.01 | | | |
| 红珠母贝壳角质鳞片 | 97.58 | 0.30 | | 0.02 | 2.01 | 0.04 | 0.05 | | | 干取 |
| 黑珠母贝壳里中层 | 98.66 | 0.83 | 0.04 | 0.04 | 0.04 | 0.02 | 0.09 | 0.28 | | |
| 黑珠母贝壳角质层 | 97.61 | 0.36 | 0.02 | 0.05 | 1.85 | | 0.07 | 0.04 | | 干取 |
| 三角帆蚌壳里中层 | 99.41 | 0.23 | 0.01 | 0.22 | 0.05 | | 0.01 | 0.06 | | |
| 褶纹冠蚌壳里中层 | 99.47 | 0.29 | 0.01 | 0.10 | 0.05 | | 0.05 | (0.02) | | |
| 背角无齿蚌壳里中层 | 99.46 | 0.39 | | | 0.06 | | 0.07 | 0.02 | | |
| 白肉牡蛎壳坚实里层 | 99.07 | 0.47 | | 0.02 | 0.37 | 0.02 | 0.05 | | | |
| 红肉牡蛎壳坚实里层 | 99.23 | 0.43 | 0.03 | 0.02 | 0.18 | | 0.09 | 0.02 | | |
| 深海团结蛤壳里层 | 99.30 | 0.56 | 0.01 | 0.03 | 0.06 | | 0.04 | | | |
| 深海团结蛤壳表层 | 99.36 | 0.52 | 0.01 | | 0.05 | 0.02 | 0.04 | | | |
| 背瘤丽蚌壳珠核 | 99.63 | 0.23 | 0.01 | 0.02 | 0.04 | | 0.05 | 0.02 | | |
| 佛耳丽蚌白壳里中层 | 98.13 | 0.21 | 0.02 | 0.08 | 0.05 | | 0.10 | 1.39 | | $TiO_2$<br>0.02 |

（续上表）

| 样品 | 化合物 wt % | | | | | | | | | |
|---|---|---|---|---|---|---|---|---|---|---|
| | $CaCO_3$ | $Na_2O$ (NaCl) | $K_2O$ | MnO | MgO | FeO | $Al_2O_3$ ($P_2O_5$) | $SiO_2$ ($TiO_2$) | $Cr_2O_3$ ($SO_2$) | 备注 |
| 佛耳丽蚌红壳里中层 | 98.90 | 0.38 | 0.03 | 0.07 | 0.06 | 0.08 | 0.11 | 0.37 | | |
| 鹿角珊瑚 | 99.23 | 0.47 | 0.01 | | 0.17 | | 0.08 | 0.04 | | |
| 西施舌壳 | 99.22 | 0.62 | 0.02 | | 0.04 | 0.03 | 0.05 | 0.02 | | |
| 文蛤壳 | 99.18 | 0.70 | 0.01 | | 0.03 | 0.04 | | 0.04 | | |
| 翡翠贻贝壳全壳 | 99.12 | 0.67 | 0.02 | 0.03 | 0.06 | 0.02 | 0.05 | 0.03 | | |
| 鳞砗磲壳全壳 | 99.66 | 0.28 | | | 0.03 | | 0.03 | | | |
| 金乌贼骨 | 98.08 | 0.37 | 0.27 | | | | (0.64) | | (0.64) | |
| 杂色鲍鱼壳 | 99.07 | 0.71 | | 0.02 | 0.08 | | 0.05 | 0.07 | | |
| 泥蚶壳 | 99.26 | 0.56 | 0.01 | 0.04 | 0.07 | | 0.03 | 0.03 | | |
| 鸡蛋壳 | 98.85 | 0.14 | 0.08 | | 0.80 | 0.02 | 0.04 | 0.07 | | |

注：①氧化钠（$Na_2O$）中可能有些是食盐（NaCl）。②这里没检测硫（S）元素。③里中层就是珍珠层和棱柱层。

## 三、结果讨论

（1）仪器特点。电镜能谱和电子探针仪能对样品的一个很小范围进行测量，一般样品的各部分含量不会十分均匀，对于含量少的元素，则每次测量结果会有差别，两种仪器的结果也会有差别，但因含量都很少，这些差别没有实际意义。

对原子序数小于 11 的元素钠（Na）就测不出来，对镁（Mg）的检测灵敏度有时略差，关于检测精度 X－射线能谱仪略逊于 X－射线光谱仪。

（2）珍珠及其珍珠贝壳的主要元素。海水珍珠及其珍珠贝壳的珍珠层和棱柱层与淡水珍珠及其珍珠贝壳的珍珠层和棱柱层一样，它们的无机成分主要是碳酸钙，为 97.6% ~ 99.66%。

几种海水珍珠贝壳角质层取自贝壳前缘，比较干净，杂质很少。因此，它们的无机元素主要成分与它们的珍珠层和棱柱层相差不大，绝大部分是碳酸钙。但淡水的三角帆蚌壳角质层和褶纹冠蚌壳角质层却粘上大量的二氧化硅和三氧化二铝，这应该是淡水养殖受风沙影响带来的问题，海水养殖不会有这问题。

（3）天然珍珠核的成分。从表 4－1 的结果可以看出马氏贝天然珍珠所含的二氧化硅和三氧化二铝稍多，这说明天然珍珠的核可能是由含二氧化硅和三氧化二铝的沙粒入侵形成的。

（4）杂质问题。珍珠和珍珠层粉都含有少量杂质。常见的杂质有硅（Si）、铝（Al）、硫（S）、钾（K）、磷（P）、铁（Fe）和锰（Mn）等。它们往往以氧化物的形式存在，如二氧化硅（$SiO_2$）、三氧化二铝（$Al_2O_3$）、二氧化硫（$SO_2$）、氧化钾（$K_2O$）、磷酸物（$H_3PO_4$、$NaH_2PO_4$、$Na_2HPO_4$、$KH_2PO_4$、$K_2HPO_4$）、氧化亚铁（FeO）和氧化锰（MnO）等。一般所含杂质很少，对人体影响不大，甚至有益；但是如果多了则有害，例如澳头珍珠层粉 1 所含杂质近 10% 就不好了。

# 第二节　有机成分——氨基酸分析

珍珠、珍珠贝壳、珍珠层粉和贝体的有机成分十分重要，它是药效的主要依据，现在引用一些学者的分析进行探讨。

## 一、引用一些实验结果

**表 4－3　氨基酸分析**（据林其溪[1]、陈伟平[2]、金凤明[3]、李桂萍[4]、张缓[5]、刘承松[6] 等人，2013）

| 氨基酸 | 种类 | | | | | | | | | | | | |
|---|---|---|---|---|---|---|---|---|---|---|---|---|---|
| | [1]马氏贝珍珠(g/100g) | [1]褶纹冠蚌珍珠(g/100g) | [2]三角帆蚌珍珠(g/100g) | [2]三角帆蚌珍珠层粉(g/100g) | [3]褶纹冠蚌珍珠(g/100g) | [3]褶纹冠蚌珍珠层粉(g/100g) | [4]马氏珍珠贝壳(g/100g) | [4]三角帆蚌壳(g/100g) | [4]褶纹冠蚌壳(g/100g) | [4]背瘤丽蚌壳(g/100g) | [5]褶纹冠蚌肉干(g/100g) | [6]马氏贝珍珠氨基酸(%) | [6]马氏珍珠层粉氨基酸(%) |
| 天 Asp | 0.37 | 0.23 | 0.202 | 0.150 | 0.227 | 0.286 | 0.286 | 0.136 | 0.155 | 0.156 | 3.80 | 10.45 | 14.85 |
| 苏 Thr | 0.08 | 0.04 | 0.049 | 0.026 | 0.035 | 0.041 | 0.042 | 0.023 | 0.030 | 0.043 | 2.04 | 0.96 | 微量 |
| 丝 Ser | 0.22 | 0.16 | 0.146 | 0.114 | 0.176 | 0.213 | 0.172 | 0.089 | 0.128 | 0.125 | 2.20 | 4.70 | 5.98 |
| 谷 Glu | 0.17 | 0.14 | 0.100 | 0.064 | 0.103 | 0.123 | 0.105 | 0.079 | 0.089 | 0.080 | 6.41 | 3.31 | 4.57 |
| 脯 Pro | 0.13 | 0.04 | 0.038 | 0.034 | 0.045 | 0 | 0.077 | 0.038 | 0.053 | 0.083 | 1.90 | 微量 | 微量 |
| 甘 Gly | 0.83 | 0.38 | 0.472 | 0.403 | 0.358 | 0.470 | 0.515 | 0.286 | 0.428 | 0.466 | 2.02 | 19.86 | 16.87 |
| 丙 Ala | 0.48 | 0.54 | 0.514 | 0.398 | 0.403 | 0.565 | 0.369 | 0.349 | 0.399 | 0.275 | 2.44 | 21.08 | 21.70 |
| 胱 Cys | 0.07 | 0.03 | 0.011 | 0.006 | 0 | 0 | 微量 | 0.007 | 0.012 | 微量 | 0.18 | 2.79 | 1.85 |
| 缬 Val | 0.20 | 0.11 | 0.073 | 0.043 | 0.056 | 0 | 0.103 | 0.050 | 0.077 | 0.093 | 2.22 | 3.66 | 2.99 |
| 蛋 Met | 0.02 | 微量 | 0.016 | 0.011 | 0 | 0 | 0.039 | 0.019 | 0.023 | 微量 | 0.83 | 1.92 | 1.14 |
| 异 Ile | 0.15 | 0.05 | 0.052 | 0.029 | 0.038 | 0.047 | 0.080 | 0.030 | 0.043 | 0.057 | 2.12 | 2.44 | 1.76 |
| 亮 Leu | 0.27 | 0.15 | 0.144 | 0.090 | 0.111 | 0.162 | 0.165 | 0.087 | 0.112 | 0.102 | 4.04 | 8.36 | 8.52 |
| 酪 Tyr | 0.27 | 0.04 | 0.025 | 0.019 | 0.051 | 0.057 | 0.190 | 0.077 | 0.138 | 0.224 | 1.34 | 3.92 | 3.25 |
| 苯 Phe | 0.15 | 0.13 | 0.081 | 0.022 | 0.108 | 0.140 | 0.087 | 0.091 | 0.129 | 0.119 | 1.84 | 4.18 | 3.43 |
| 赖 Lys | 0.11 | 0.05 | 0.057 | 0.039 | 0.071 | 0.094 | 0.061 | 0.036 | 0.046 | 0.050 | 3.85 | 3.40 | 3.25 |
| 组 His | 0.04 | 0.01 | 0.011 | 0.011 | 0.071 | 0.017 | 0.015 | 0.015 | 0.026 | 0.042 | 0.89 | 1.74 | 2.37 |
| 精 Arg | 0.21 | 0.11 | 0.083 | 0.074 | 0.105 | 0.159 | 0.128 | 0.072 | 0.083 | 0.098 | 3.42 | 7.22 | 7.47 |
| 总 | 3.77 | 2.21 | 2.074 | 1.533 | 1.958 | 2.374 | 2.433 | 1.484 | 1.971 | 2.013 | 41.55 | 100 | 100 |

注：牛磺酸需另外用生理液分析方法测量。它在水产品中普遍存在，我们在马氏珍珠贝壳、扇贝、贻贝、海地瓜中都测出来过。

王顺年（1985）采氨基酸分析方法和生理液分析方法发现珍珠、珍珠层粉有 5 种非蛋白质氨基酸，特别是牛磺酸和鸟氨酸是重要的生理活性物质，也是珍珠质的主要有效药用成分。

表4-4 合浦珠母贝(生理液分析法)氨基酸含量(据王顺年等人, 1985)

| 氨基酸 | 珍珠层粉 | 精卵液 | 全脏器 |
|---|---|---|---|
| 牛磺酸 | 0.723 | 26.042 | 58.531 |
| 鸟氨酸 | 1.387 | 0.280 | 0.195 |
| 乙醇胺 | | 0.281 | 0.958 |
| β-丙氨酸 | | 1.136 | |
| 磷酸丝氨酸 | 1.635 | 0.129 | 0.425 |

## 二、结果讨论

(1)珍珠和珍珠层粉的氨基酸含量。在确定珍珠、珍珠层粉绝大部分为霰石结构的情况下,氨基酸含量是确定它们质量的一个重要标准。氨基酸含量分别为:马氏贝珍珠(3.77%)、马氏贝珍珠贝壳(2.433%)、三角帆蚌珍珠(2.074%)、三角帆蚌壳(1.484%)、三角帆蚌珍珠层粉(1.533%)、褶纹冠蚌珍珠(1.958%)、褶纹冠蚌壳(1.971%)、褶纹冠蚌珍珠层粉(2.374%)、背瘤丽蚌壳(2.013%)。

这里大部分的提取率大约为65%,马氏贝珍珠提取率似乎高了一些。褶纹冠蚌珍珠层粉含量(2.374%)很高,可能测量有误。

最好的是马氏贝珍珠,但价格太高了。数据表明马氏贝珍珠层粉的有效成分并不比淡水珍珠差,我们建议优先使用它。

氨基酸中含量因季节、地域不同而有所差异,这些数字只能作为参考。

(2)珍珠和珍珠层粉的氨基酸中含量最高的是丙氨酸和甘氨酸,其次为天冬氨酸,这3种氨基酸占氨基酸总量的44.60%~53.42%,连同精氨酸和亮氨酸,这5种氨基酸占总氨基酸总量的一大半,其余品种氨基酸含量都较少。这是珍珠贝或其他贝类、鱼类、肉禽类所没有的,可以作为鉴别的参考。

(3)海水珍珠和珍珠贝壳比淡水珍珠和珍珠贝壳更好。海水珍珠和珍珠贝壳靠大海提供营养,污染相对较少,有机质含量高,更具美容保健功效。

淡水珍珠和珍珠贝壳在各地河流湖泊、人工池塘都可以养殖,主要靠饲料饲养。产品无机物质含量较高,而具有美容保健作用的有机物质含量较低,并且会严重污染环境,慎用!

(4)褶纹冠蚌肉干的氨基酸含量竟达41.55%,为珍珠和珍珠层粉氨基酸含量的十几倍,凡珍珠和珍珠层粉有的氨基酸它都齐备了,可见其医疗价值。

# 第三节 晶体结构

## 一、珍珠和珍珠贝壳的晶体结构

(一)X-射线衍射实验

(1)粉末衍射。将样品分别用玛瑙研钵研成粉末,过360目筛,粒度在42μm左右,转动赛璐珞小管装粉末样品,采用D/max-1A型或D/max-3-A型X-射线衍射仪,使用Cu靶$K_\alpha$谱线,在40kV、50mA左右的条件下,于30分钟内从$2\theta$为20°扫描至80°。仪器使用Plot绘图仪,自动绘出谱线图并打印出衍射谱线的2倍衍射角$2\theta$,谱线的绝对强度$I$,以及

相应的晶面族间距 $d$。经计算获得谱线的相对强度 $I/I_0 \times 100$。

近年来的 X－射线衍射仪可以扫描较平的样品，不必进行粉碎。仪器自动打印出谱线的 2 倍衍射角 $2\theta$，谱线的绝对强度 $I$，半高宽，相应的晶面族间距 $d$，相对强度 $I/I_0 \times 100$ 及谱线面积。但零点不易对准确。

将以上结果参照国际通用物相分析卡片（Joint Committee on Powder Diffraction Standards，JCPDS），确定样品的晶体结构，并通过相应的公式计算出晶格常数和体积。

近年来采用 PDF 卡片，PDF 是 ICDD（International Centre for Diffraction Data）的产品，每年更新，ICDD 的前身为 JCPDS。

贝壳含一层非晶态物质（包括有机质），它的衍射图的特征是：在整个扫描角度范围内（$2\theta$ 从 1°～2°开始到几十度）观察到 X－射线衍射强度连续迅速下降，其间可能有一到几个最大值，开始处由于 X－射线斜射致使穿过表层的非晶态有机物特别厚，使得背景连续谱特别强，随着角度的增加强度迅速下降，到高角度强度慢慢地趋向仪器的本底值。从 Scherrer 的观点看，这个现象可以视为由于晶粒极限地细小下去导致晶体的衍射峰极大地宽化、相互重叠而出现模糊化的结果。

书上说 X－射线照射到样品上还会发生非相干散射和空气的背景散射，其强度主要集中在低角度范围，开始处还会因为接近直射光束而强度较大。但我们后面的大蚬壳珍珠层、棱柱层和牡蛎珍珠的衍射图高角度高背景连续图谱并没有那么强，说明这些影响没前者大。

XRD 峰整体偏移或变宽。较好的晶态物质，图谱的特征是许多个彼此独立的很窄的“尖峰”，其低角度主要谱线半高度处的 $2\theta$ 宽度在 0.1°～0.4°。如果这些“峰”明显变宽，则可能是样品中的晶体的颗粒尺寸小于 300nm，可以称之为“微晶”，各微晶的晶格由于外力或其他原因的差异产生畸变而不一样，晶面族间距 $d$ 也就不一样，使谱线峰变宽；还可能是由于离子半径与原有离子不同的杂质元素取代了原有元素，或由于杂质填在晶格间隙中；也可能是离子缺位等原因使得晶格产生不同的畸变，导致出现稍有不同的晶面族间距 $d$，使谱线变宽或偏移。也可能是制样时，样品表面高出了样品座平面；或者样品不够平造成仪器的零点不准。低角度的偏移一定比高角度的大，因为低角度的 $d$ 值大，在相对偏移 $\Delta d/d$ 一样时，低角度的 $\Delta d$ 值就更大了！例如相对偏移都为 $\Delta d/d = 0.6\%$ 时，$\Delta d_{111} = 0.3396 \times 0.6\% = 0.002$nm，成 $d_{111} = 0.3416$nm。同样，$\Delta d_{018} = 0.1907 \times 0.6\% = 0.0011$nm，成 $d_{018} = 0.1918$nm，偏移小了接近一半。主要谱线相对偏移在 0.6% 左右属正常误差范围，太大就有点问题了。

（2）注意事项：

①对比 $d$ 值比对比强度更重要。

②低角度的谱线比高角度的谱线重要，但 $2\theta \leqslant 26°$ 的谱线不多，不太重要。

③强谱线比弱谱线重要。

④特征谱线最重要。

⑤同一个物相可能有多套衍射数据，但要注意有的数据是被删除的。

⑥个别低角度谱线出现缺失。

⑦由于样品的择优取向，某些谱线的强度会发生变化。

⑧谱线有一定宽度，也许还有一些偏移，还可能几条谱线合并在一起，对照时要考虑，最好参看衍射图谱；片状样品零点不易校正，往往会使谱线整体产生偏移。

⑨有时会出现无法解释的弱谱线，这是正常的，不能要求所有的谱线都得到解释。

⑩贝类在生活过程中其角质层会粘上较多的藻类或鱼贝类排泄物等有机质。在河流中由于风沙影响还会粘上好些二氧化硅或氧化铝。

⑪X－射线扫描图的单位至今仍沿用 A($10^{-10}$m)，列表时改用现在通用的纳米(nm，$10^{-9}$m)单位。

⑫晶面族的 X－射线衍射谱线的强度与该晶面族的晶面离子密度有关，也与被 X－射线照射的时间有关。例如霰石结构的晶面族的晶面离子密度排列次序是：$d_{111}=0.3397$nm，$d_{012}=0.2702$nm，$d_{221}=0.1977$nm，$d_{021}=0.3274$nm，$d_{112}=0.2373$nm。在同等 X－射线照射下谱线强度排列次序如上。如果由于晶体生长择优取向，有的晶面族被 X－射线照射的时间特别长，那么最强谱线就是它了。

为了方便判断，我们从表 4－54 PDF 卡片 041－1475 列出霰石的 5 条主要谱线及其相对强度(%)：$d_{111}=0.3397$nm，$I/I_0=100$；$d_{021}=0.3274$nm，$I/I_0=50$；$d_{012}=0.2702$nm，$I/I_0=60$；$d_{112}=0.2373$nm，$I/I_0=45$；$d_{221}=0.19774$nm，$I/I_0=55$。从表 4－55 PDF 卡片 047－1743列出方解石的 6 条主要谱线及其相对强度(%)：$d_{104}=0.3036$nm，$I/I_0=100$；$d_{112}=0.2285$nm，$I/I_0=20.2$；$d_{202}=0.2094$nm，$I/I_0=16.1$；$d_{018}=0.1901$nm，$I/I_0=21.7$；$d_{116}=0.1875$nm，$I/I_0=23.2$；$d_{122}=0.1604$nm，$I/I_0=11.8$。将它们作为对照标准。

表 4－6 中下划杠线如“0.3397”谱线符合卡片 041－1475，为霰石结构，晶胞体积 $v=a\times b\times c$。表 4－36 中下划虚线如“0.3036”谱线符合卡片 047－1743，为方解石结构，晶胞体积 $v=\sqrt{3/2}\times a^2\times c$。

⑬方解石的晶体结构和晶胞图如下所示：

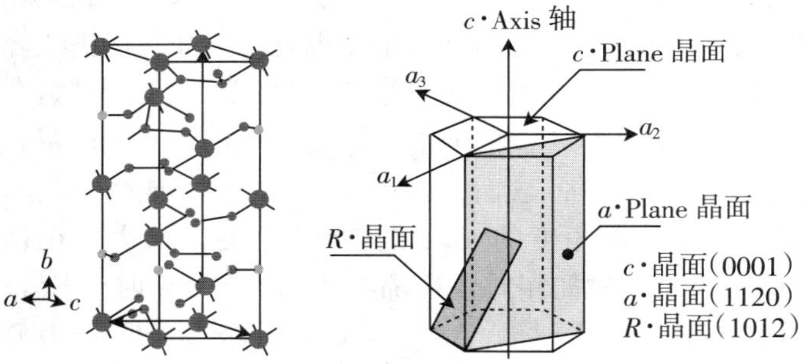


**图 4－1　方解石晶体结构和三方晶胞(源自百度文库，2015)**

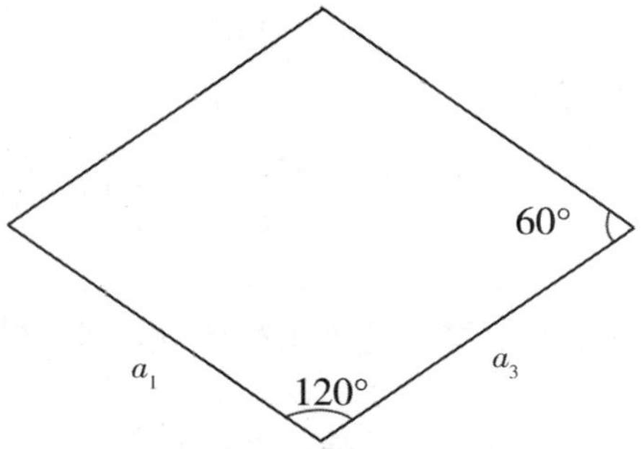


**图 4－2　方解石晶胞截面图(据陈贵卿，2015)**

出于使用习惯，人们一般将六方晶系的坐标系作为方解石的参考坐标系。其晶格常数 $a=a_1=a_2=a_3$ 和 $c$，$\alpha=\beta=90°$，$\gamma=120°$。晶胞截面为菱面图，连上下对角线可分成 2 个相同的三角形，按公式面积 $s=2\times1/2[a\times(\sqrt{3/2}\times a)]=\sqrt{3/2}\times a^2$，菱面柱体晶胞体积 $v=s\times c=\sqrt{3/2}\times a^2\times c$。

(3)珍珠、珍珠贝壳和常见贝壳的晶体结构。见总表4-5和各分表。

**表4-5　珍珠、珍珠贝壳和常见贝壳的晶体结构**(据陈贵卿、陈俊豪，1988)

| 样品 | 晶体结构 | | | | 备注：含角质素2%以下可忽略不计 |
|---|---|---|---|---|---|
| | 正交晶系霰石结构 | 三斜晶系方解石结构 | 正交晶系方解石-Ⅲ结构 | 方解石谱线相对强度 $I_{方解石}/I_{霰石}\times100(\%)$ | |
| 马氏贝天然珍珠 | 全部 | | | | |
| 白蝶贝天然珍珠 | 全部 | | | | |
| 企鹅贝天然珍珠 | 全部 | | | | |
| 三角帆蚌珍珠 | 全部 | | | 2.4 | 0.22%方解石，1.6%角质 |
| 褶纹冠蚌珍珠 | 全部 | | | | |
| 牡蛎珍珠 | | 全部 | | | 100%方解石 |
| 奇星药厂珍珠粉 | 大部分 | | | 7.37 | 0.66%方解石，4.66%角质 |
| 海南新村珍珠层粉 | 大部分 | | | 3.96 | 0.35%方解石，2.64%角质 |
| 深圳东山珍珠层粉 | 大部分 | | | 9.55 | 0.85%方解石，5.4%角质 |
| 澳头珍珠层粉 | 大部分 | | | 11.64 | 1.04%方解石，6.11%角质 |
| 江西珍珠层粉 | 大部分 | | | 5 | 0.45%方解石，3.33%角质 |
| 马氏珍珠贝壳珍珠层 | 大部分 | | | 5.76 | 0.52%方解石，3.87%角质 |
| 马氏珍珠贝壳挨角质层浅黄色部分 | 大部分 | | | 13.5 | 1.21%方解石，6.74%角质 |
| 马氏珍珠贝壳角质层 | | 全部 | | | 100%方解石 |
| 白蝶珠母贝壳珍珠层 | 大部分 | | | 2.9 | 0.26%方解石，1.93%角质 |
| 白蝶珠母贝壳棱柱层 | 大部分 | | | 7 | 0.63%方解石，4.53%角质 |
| 白蝶珠母贝壳角质层 | | 全部 | | | 100%方解石 |
| 企鹅珍珠贝壳珍珠层 | 大部分 | | | 7 | 0.63%方解石，4.53%角质 |
| 企鹅珍珠贝壳棱柱层 | 大部分 | | | 4.3 | 0.38%方解石，2.87%角质 |
| 企鹅珍珠贝壳角质层 | | 全部 | | | 100%方解石 |
| 红珠母贝壳珍珠层 | 大部分 | | | 4.33 | 0.39%方解石，2.89%角质 |
| 红珠母贝壳棱柱层 | 大部分 | | | 16.6 | 1.48%方解石，7.80%角质 |
| 红珠母贝壳角质层 | | 全部 | | | 100%方解石，霰石微量 |
| 黑珠母贝壳珍珠层 | 大部分 | | | 5.44 | 0.49%方解石，3.63%角质 |
| 黑珠母贝壳棱柱层 | 大部分 | | | 5.61 | 0.50%方解石，3.74%角质 |
| 黑珠母贝壳角质层 | | 全部 | | | 100%方解石，霰石微量 |
| 长耳珠母贝壳珍珠层 | 大部分 | | | 5.14 | 0.46%方解石，3.43%角质 |
| 长耳珠母贝壳棱柱层 | 大部分 | | | 10.35 | 0.93%方解石 5.67%角质 |
| 长耳珠母贝壳角质层 | | 全部 | | | 100%方解石，霰石微量 |
| 三角帆蚌壳全壳 | 全部 | | | | |
| 褶纹冠蚌壳里中层 | 全部 | | | | |

（续上表）

| 样品 | 晶体结构 | | | | 备注：含角质素2%以下可忽略不计 |
|---|---|---|---|---|---|
| | 正交晶系霰石结构 | 三斜晶系方解石结构 | 正交晶系方解石－Ⅲ结构 | 方解石谱线相对强度 $I_{方解石}/I_{霰石}\times100(\%)$ | |
| 褶纹冠蚌壳角质层 | 全部 | | | | 无机成分仅小部分是碳酸钙 |
| 褶纹冠蚌壳黑软表层（湿取） | 全部 | | | 53.17 | 无机成分仅小部分是碳酸钙 |
| 背角无齿蚌壳珍珠层、棱柱层 | 全部 | | | | |
| 背瘤丽蚌壳珠核 | 全部 | | | | |
| 佛耳丽蚌壳珍珠层 | 全部 | | | | |
| 佛耳丽蚌壳表层 | 全部 | | | | |
| 鹿角珊瑚 | 全部 | | | | |
| 西施舌壳混合层 | 全部 | | | | |
| 泥蚶壳 | 全部 | | | | |
| 文蛤壳表层 | 全部 | | | | |
| 翡翠贻贝壳珍珠层 | 全部 | | | | |
| 翡翠贻贝壳棱柱层 | 全部 | | | | |
| 翡翠贻贝壳角质层 | 全部 | | | | |
| 鳞砗磲壳 | 全部 | | | | |
| 鹦鹉螺壳4部分 | 全部 | | | | |
| 金乌贼骨 | 全部 | | | | |
| 高温处理的珍珠层粉 | | 全部 | | | 100%方解石，晶格畸变大 |
| 白肉牡蛎壳坚实里层 | | 全部 | | | 100%方解石 |
| 白肉牡蛎壳松散部分 | | | 全部 | | 绝大部分是方解石－Ⅲ结构 |
| 白肉牡蛎壳前缘 | | 全部 | | | 100%方解石 |
| 白肉牡蛎下壳表层 | | 全部 | | | 100%方解石 |
| 白肉牡蛎上壳鲮片表 | | 全部 | | | 100%方解石 |
| 红肉牡蛎壳坚实里层 | | 全部 | | | 100%方解石 |
| 红肉牡蛎壳松散部分 | | | 全部 | | 绝大部分是方解石－Ⅲ结构 |
| 红肉牡蛎壳前缘 | | 全部 | | | 100%方解石 |
| 红肉牡蛎下壳表层 | | 全部 | | | 100%方解石 |
| 红肉牡蛎上壳鲮片表 | | 全部 | | | 100%方解石 |

注：佛耳丽蚌白壳和红壳、大马蹄螺壳、金口蝾螺壳、蛇首眼球贝壳、黄边糙鸟蛤壳、截形白樱蛤壳、河蚬壳、缢蛏壳等和鱼耳石、北京水垢等几乎全是霰石结构。杂色鲍鱼壳全壳以及渔舟蜒螺壳、贻贝壳、紫斑海菊蛤壳、敦氏猿头蛤壳等大部分是霰石结构，小部分是方解石结构。鸡蛋壳、大理石、南宁钟乳石等全是方解石结构。紫色裂江珧壳白色部分全是霰石结构，黑色部分全是方解石结构。盾形不等蛤壳含霰石结构、方解石结构和方解石－Ⅲ结构。

①马氏贝天然珍珠见表4－6。

表中划杠谱线符合卡片041－1475，确定为：$CaCO_3$，正交晶系，霰石结构。从其中谱线：$d_{111}=0.3397nm$，$d_{021}=0.3272nm$，$d_{012}=0.2702nm$，$d$ 的下标为晶面族参数 $hkl$，可通过对照 JCPDS 卡片得出。通过正交晶系公式：$1/d^2=h^2/a^2+k^2/b^2+l^2/c^2$，计算出晶格常数为：$a=0.496nm$，$b=0.796nm$，$c=0.574nm$，晶胞体积 $v=a\times b\times c=0.227nm^3$。

②马氏珍珠贝壳珍珠层见表4－7。

表中划杠谱线符合卡片041－1475。确定为：$CaCO_3$，正交晶系，霰石结构。从其中谱线：$d_{111}=0.3387nm$，$d_{021}=0.3264nm$，$d_{012}=0.2695nm$，计算出晶格常数为：$a=0.495nm$，$b=0.794nm$，$c=0.573nm$。霰石为正交晶系，晶胞体积 $v=a\times b\times c=0.225nm^3$。

③马氏珍珠贝壳棱柱层见表4－8。

表中划杠谱线符合卡片041－1475。确定为：$CaCO_3$，正交晶系，霰石结构。从其中谱线：$d_{111}=0.3394nm$，$d_{021}=0.3270nm$，$d_{012}=0.2699nm$，计算出晶格常数为：$a=0.496nm$，$b=0.796nm$，$c=0.574nm$，晶胞体积 $v=a\times b\times c=0.227nm^3$。

④马氏珍珠贝壳角质层见表4－9。

表中划虚线谱线符合卡片047－1743。确定为：$CaCO_3$，三方晶系，方解石结构。从其中谱线：$d_{104}=0.3020nm$，$d_{018}=0.1904nm$，通过三方晶系的六方晶胞公式：$1/d^2=4/3\times(h^2+hk+k^2)/a^2+l^2/c^2$，计算出六方晶胞晶格常数为：$a=0.496nm$，$c=1.699nm$。通过公式：$a=2a_0\sin(\alpha/2)$，$c=3a_0\sqrt{1-4/3\sin^2(\alpha/2)}$，换算得菱面体晶胞晶格常数为：$a_0=0.635nm$，$\alpha=46°00'$，菱面柱体晶胞体积 $v=\sqrt{3/2}\times a^2\times c=0.362nm^3$。

⑤白蝶贝天然珍珠见表4－10。

表中划杠谱线符合卡片041－1475。确定为：$CaCO_3$，正交晶系，霰石结构。从其中谱线：$d_{111}=0.3400nm$，$d_{021}=0.3277nm$，$d_{012}=0.2704nm$，计算出晶格常数为：$a=0.497nm$，$b=0.798nm$，$c=0.575nm$，晶胞体积 $v=a\times b\times c=0.228nm^3$。

⑥白蝶珠母贝壳珍珠层见表4－11。

表中划杠谱线符合卡片041－1475。确定为：$CaCO_3$，正交晶系，霰石结构。从其中谱线：$d_{111}=0.3397nm$，$d_{021}=0.3272nm$，$d_{012}=0.2702nm$，计算出晶格常数为：$a=0.496nm$，$b=0.796nm$，$c=0.574nm$，晶胞体积 $v=a\times b\times c=0.227nm^3$。

⑦白蝶珠母贝壳棱柱层见表4－12。

表中划杠谱线符合卡片041－1475。确定为：$CaCO_3$，正交晶系，霰石结构。从其中谱线：$d_{111}=0.3391nm$，$d_{021}=0.3266nm$，$d_{012}=0.2697nm$，计算出晶格常数为：$a=0.496nm$，$b=0.795nm$，$c=0.573nm$，晶胞体积 $v=a\times b\times c=0.226nm^3$。

⑧白蝶珠母贝壳角质层见表4－13。

表中划虚线谱线符合卡片047－1743。确定为：$CaCO_3$，三方晶系，方解石结构。从其中谱线：$d_{104}=0.3031nm$，$d_{018}=0.1909nm$，计算出六方晶胞晶格常数为：$a=0.498nm$，$c=1.703nm$。换算得菱面体晶胞晶格常数为：$a_0=0.636nm$，$\alpha=46°07'$。菱面柱体晶胞体积 $v=\sqrt{3/2}\times a^2\times c=0.366nm^3$。

⑨企鹅贝天然珍珠见表4－14。

由于企鹅贝天然珍珠样品太少，不能应用衍射仪，只能采用一般的X－射线德拜照相。将样品粉末装进 $\varphi$ 0.45mm 的赛璐珞管中，以Co靶，$K\alpha$ 辐射，$\lambda=0.15405nm$，在32kV，

10mA 条件下做德拜照相 16 小时，然后冲洗晾干。用比长仪从底片读出各对谱线的间距 $2L$，利用公式：$\theta = 2L/4R \times 57.3$，计算出衍射角 $\theta$ 来。$R$ 为德拜照相机半径，$2d\sin\theta = \lambda$（采用一级衍射），考虑到底片的收缩和样品的吸收，算出晶面族间距 $d$。

对于高衍射角谱线：$\theta = 90 - 2L'/4R \times 57.3$，$2L'$为对称于底片出射孔的高衍射角谱线的间距，同样算出晶面族间距 $d$。

德拜照相无直接强度数据，还得用测微光度计测量，我们没这仪器测量。表中划杠谱线：$d = 0.3393$nm，$d = 0.3275$nm，$d = 0.2372$nm，$d = 0.1976$nm，符合卡片 041 – 1475。确定为：$CaCO_3$，正交晶系，霰石结构。从其中谱线：$d_{220} = 0.2105$nm，$d_{221} = 0.1976$nm，$d_{231} = 0.1725$nm，计算出晶格常数为：$a = 0.497$nm，$b = 0.791$nm，$c = 0.573$nm，晶胞体积 $v = a \times b \times c = 0.225\text{nm}^3$。

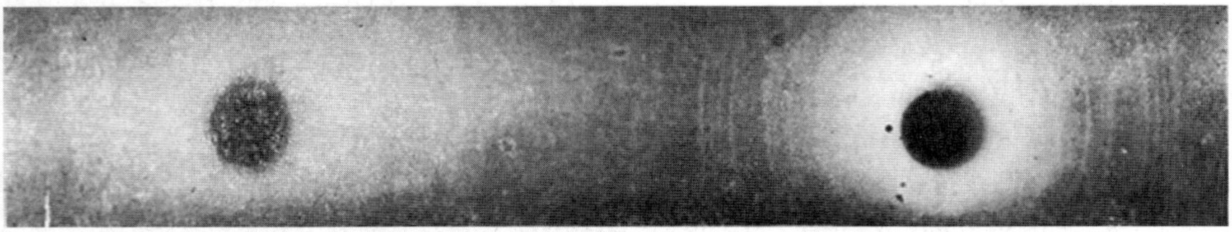

图 4 – 3 企鹅贝天然珍珠德拜照相（据陈贵卿、陈俊豪，1986）

⑩企鹅珍珠贝壳珍珠层见表 4 – 15。

表中划杠谱线符合卡片 041 – 1475。确定为：$CaCO_3$，正交晶系，霰石结构。从其中谱线：$d_{111} = 0.3392$nm，$d_{021} = 0.3268$nm，$d_{012} = 0.2699$nm，计算出晶格常数为：$a = 0.495$nm，$b = 0.795$nm，$c = 0.574$nm，晶胞体积 $v = a \times b \times c = 0.226\text{nm}^3$。

⑪企鹅珍珠贝壳棱柱层见表 4 – 16。

表中划杠谱线符合卡片 041 – 1745。确定为：$CaCO_3$，正交晶系，霰石结构。从其中谱线：$d_{111} = 0.3386$nm，$d_{021} = 0.3263$nm，$d_{012} = 0.2694$nm，计算出晶格常数为：$a = 0.495$nm，$b = 0.794$nm，$c = 0.573$nm，晶胞体积 $v = a \times b \times c = 0.225$nm。

⑫企鹅珍珠贝壳角质层见表 4 – 17。

表中划虚线谱线符合卡片 047 – 1743。确定为：$CaCO_3$，三方晶系，方解石结构。从其中谱线：$d_{104} = 0.3030$nm，$d_{018} = 0.1909$nm，计算出六方晶胞晶格常数为：$a = 0.498$nm，$c = 1.703$nm。换算得菱面体晶胞晶格常数为：$a_0 = 0.636$nm，$\alpha = 46°04'$。菱面柱体晶胞体积 $v = \sqrt{3/2} \times a^2 \times c = 0.366\text{nm}^3$。

⑬红珠母贝壳珍珠层见表 4 – 18。

表中划杠谱线符合卡片 041 – 1475。确定为：$CaCO_3$，正交晶系，霰石结构。从其中谱线：$d_{111} = 0.3399$nm，$d_{021} = 0.3274$nm，$d_{012} = 0.2702$nm，计算出晶格常数为：$a = 0.497$nm，$b = 0.797$nm，$c = 0.574$nm，晶胞体积 $v = a \times b \times c = 0.227\text{nm}^3$。

⑭红珠母贝壳棱柱层见表 4 – 19。

表中划杠谱线符合卡片 041 – 1475。确定为：$CaCO_3$，正交晶系，霰石结构。从其中谱线：$d_{111} = 0.3392$nm，$d_{021} = 0.3266$nm，$d_{012} = 0.2698$nm，计算出晶格常数为：$a = 0.496$nm，$b = 0.795$nm，$c = 0.574$nm，晶胞体积 $v = a \times b \times c = 0.226\text{nm}^3$。

⑮红珠母贝壳角质层见表 4 – 20。

表中划虚线谱线符合卡片 047－1743。确定为：$CaCO_3$，三方晶系，方解石结构。从其中谱线：$d_{104}=0.3016nm$，$d_{018}=0.1903nm$，计算出六方晶胞晶格常数为：$a=0.494nm$，$c=1.699nm$。换算得菱面体晶胞晶格常数为：$a_0=0.634nm$，$\alpha=45°53'$。菱面柱体晶胞体积$v=\sqrt{3/2}\times a^2\times c=0.360nm^3$。

⑯黑珠母贝壳珍珠层见表 4－21。

表中划杠谱线符合卡片 041－1475。确定为：$CaCO_3$，正交晶系，霰石结构。从其中谱线：$d_{111}=0.3398nm$，$d_{021}=0.3273nm$，$d_{012}=0.2702nm$，计算出晶格常数为：$a=0.497nm$，$b=0.797nm$，$c=0.574nm$，晶胞体积 $v=a\times b\times c=0.227nm^3$。

⑰黑珠母贝壳棱柱层见表 4－22。

表中划杠谱线符合卡片 041－1475。确定为：$CaCO_3$，正交晶系，霰石结构。从其中谱线：$d_{111}=0.3401nm$，$d_{021}=0.3275nm$，$d_{012}=0.2703nm$，计算出晶格常数为：$a=0.497nm$，$b=0.797nm$，$c=0.575nm$，晶胞体积 $v=a\times b\times c=0.228nm^3$。

⑱黑珠母贝壳角质层见表 4－23。

表中划虚线谱线符合卡片 047－1743。确定为：$CaCO_3$，三方晶系，方解石结构。从其中谱线：$d_{104}=0.3028nm$，$d_{018}=0.1907nm$，计算出六方晶胞晶格常数为：$a=0.498nm$，$c=1.701nm$。换算得菱面体晶胞晶格常数为：$a_0=0.636nm$，$\alpha=46°07'$。菱面柱体晶胞体积$v=\sqrt{3/2}\times a^2\times c=0.365nm^3$。

⑲长耳珠母贝壳珍珠层见表 4－24。

表中划杠谱线符合卡片 041－1475。确定为：$CaCO_3$，正交晶系，霰石结构。从其中谱线：$d_{111}=0.3395nm$，$d_{021}=0.3271nm$，$d_{012}=0.2700nm$，计算出晶格常数为：$a=0.490nm$，$b=0.796nm$，$c=0.574nm$，晶胞体积 $v=a\times b\times c=0.224nm^3$。

⑳长耳珠母贝壳棱柱层见表 4－25。

表中划杠谱线符合卡片 041－1475。确定为：$CaCO_3$，正交晶系，霰石结构。从其中谱线：$d_{111}=0.3390nm$，$d_{021}=0.3265nm$，$d_{012}=0.2696nm$，计算出晶格常数为：$a=0.495nm$，$b=0.794nm$，$c=0.573nm$，晶胞体积 $v=a\times b\times c=0.225nm^3$。

㉑长耳珠母贝壳角质层见表 4－26。

表中划虚线谱线符合卡片 047－1743。确定为：$CaCO_3$，三方晶系，方解石结构。从其中谱线：$d_{104}=0.3029nm$，$d_{018}=0.1907nm$，计算出六方晶胞晶格常数为：$a=0.498nm$，$c=1.701nm$。换算得菱面体晶胞晶格常数为：$a_0=0.636nm$，$\alpha=46°10'$。菱面柱体晶胞体积$v=\sqrt{3/2}\times a^2\times c=0.366nm^3$。

㉒三角帆蚌珍珠见表 4－27。

表中划杠谱线符合卡片 041－1475。确定为：$CaCO_3$，正交晶系，霰石结构。从其中谱线：$d_{111}=0.3397nm$，$d_{021}=0.3274nm$，$d_{012}=0.2702nm$，计算出晶格常数为：$a=0.496nm$，$b=0.797nm$，$c=0.574nm$，晶胞体积 $v=a\times b\times c=0.227nm^3$。

㉓三角帆蚌壳全壳见表 4－28。

表中划杠谱线符合卡片 041－1475。确定为：$CaCO_3$，正交晶系，霰石结构。从其中谱线：$d_{111}=0.3401nm$，$d_{021}=0.3277nm$，$d_{231}=0.2704nm$，计算出晶格常数为：$a=0.497nm$，$b=0.798nm$，$c=0.575nm$，晶胞体积 $v=a\times b\times c=0.228nm^3$。

㉔背角无齿蚌壳全壳见表 4－29。

表中划杠谱线符合卡片 041 - 1475。确定为：$CaCO_3$，正交晶系，霰石结构。从其中谱线：$d_{111}=0.3396nm$，$d_{021}=0.3272nm$，$d_{012}=0.2701nm$，计算出晶格常数为：$a=0.496nm$，$b=0.796nm$，$c=0.574nm$，晶胞体积 $v=a\times b\times c=0.227nm^3$。

㉕褶纹冠蚌珍珠见表 4 - 30。

表中划杠谱线符合卡片 041 - 1475。确定为：$CaCO_3$，正交晶系，霰石结构。从其中谱线：$d_{111}=0.3399nm$，$d_{021}=0.3275nm$，$d_{012}=0.2703nm$，计算出晶格常数为：$a=0.497nm$，$b=0.797nm$，$c=0.575nm$，晶胞体积 $v=a\times b\times c=0.228nm^3$。

㉖褶纹冠蚌壳珍珠层和棱柱层见表 4 - 31。

表中划杠谱线符合卡片 041 - 1475。确定为：$CaCO_3$，正交晶系，霰石结构。从其中谱线：$d_{111}=0.3400nm$，$d_{021}=0.3274nm$，$d_{012}=0.2703nm$，计算出晶格常数为：$a=0.497nm$，$b=0.797nm$，$c=0.575nm$，晶胞体积 $v=a\times b\times c=0.228nm^3$。

㉗ 褶纹冠蚌壳角质层见表 4 - 32。

表中划杠线谱线符合卡片 041 - 1475，确定为：$CaCO_3$，正交晶系，霰石结构。从其中谱线：$d_{111}=0.3421nm$，$d_{021}=0.3295nm$，$d_{012}=0.2716nm$，计算出晶格常数为：$a=0.501nm$，$b=0.803nm$，$c=0.577nm$，晶胞体积 $v=a\times b\times c=0.232nm^3$。杂质引起偏移，晶胞变大。

湿取褶纹冠蚌壳黑软表层见表 4 - 33。

表中划杠谱线符合卡片 041 - 1475，确定为：$CaCO_3$，正交晶系，霰石结构。从其中谱线：$d_{111}=0.3396nm$，$d_{021}=0.3269nm$，$d_{012}=0.2702nm$，计算出晶格常数为：$a=0.496nm$，$b=0.795nm$，$c=0.575nm$，晶胞体积 $v=a\times b\times c=0.227nm^3$。

表中含有大量的二氧化硅 $d=0.4246$，$I/I_0(\%)=80.2$ 和方解石 $d=0.3024$，$I/I_0(\%)=53.2$（$Q=53.2$，方解石含量 4.8%），而表 4 - 30 和表 4 - 31 中却不见方解石谱线，我们怀疑仪器的灵敏度太低，重新做实验如表 4 - 54，证明褶纹冠蚌壳角质层的确不含方解石谱线。

㉘澳头珍珠层粉见表 4 - 34。

表中划杠谱线符合卡片 041 - 1475。确定为：$CaCO_3$，正交晶系，霰石结构。从其中谱线：$d_{111}=0.3397nm$，$d_{021}=0.3271nm$，$d_{012}=0.2702nm$，计算出晶格常数为：$a=0.495nm$，$b=0.794nm$，$c=0.573nm$，晶胞体积 $v=a\times b\times c=0.225nm^3$。谱线 $d=0.3031nm$，相对强度 $I/I_0(\%)=11.6$，符合卡片 047 - 1743，为方解石谱线，含方解石 1.04%，质量较差。

㉙海南新村珍珠层粉见表 4 - 35。

表中划杠谱线符合卡片 041 - 1475。确定为：$CaCO_3$，正交晶系，霰石结构。从其中谱线：$d_{111}=0.3411nm$，$d_{021}=0.3286nm$，$d_{012}=0.2710nm$，计算出晶格常数为：$a=0.499nm$，$b=0.800nm$，$c=0.576nm$，晶胞体积 $v=a\times b\times c=0.230nm^3$。谱线 $d=0.3041nm$，相对强度 $I/I_0(\%)=4.0$，符合卡片 047 - 1743，为方解石谱线，含方解石 0.35%。

㉚江西珍珠层粉见表 4 - 36。

表中划杠谱线符合卡片 041 - 1475。确定为：$CaCO_3$，正交晶系，霰石结构。从其中谱线：$d_{111}=0.3398nm$，$d_{021}=0.3272nm$，$d_{012}=0.2702nm$，计算出晶格常数为：$a=0.495nm$，$b=0.793nm$，$c=0.579nm$，晶胞体积 $v=a\times b\times c=0.227nm^3$。谱线 $d=0.3036nm$，相对强度 $I/I_0(\%)=5.0$，符合卡片 047 - 1743，为方解石谱线，含方解石 0.45%。

㉛奇星药厂珍珠粉见表 4－37。

表中划杠谱线符合卡片 041－1475。确定为：$CaCO_3$，正交晶系，霰石结构。从其中谱线：$d_{111}$=0.3413nm，$d_{021}$=0.3289nm，$d_{012}$=0.2711nm，计算出晶格常数为：$a$=0.499nm，$b$=0.801nm，$c$=0.576nm，晶胞体积 $v=a\times b\times c$=0.230$nm^3$。谱线 $d$=0.3045nm，相对强度 $I/I_0$（%）=5.7，符合卡片 047－1743，为方解石谱线，含方解石 0.66%。是珍珠层粉，不是珍珠粉。

㉜从表 4－38 至表 4－53 直接列出背瘤丽蚌壳珠核、佛耳丽蚌壳珍珠层和棱柱层、佛耳丽蚌壳角质层、鹿角珊瑚、西施舌壳、文蛤壳、翡翠贻贝壳珍珠层、翡翠贻贝壳棱柱层、翡翠贻贝壳角质层、鳞砗磲壳、金乌贼骨、高温处理的珍珠层粉、紫色裂江珧壳白珍珠层、紫色裂江珧壳黑亮里中层、紫色裂江珧壳角质层和深圳东山珍珠层粉等结果。

㉝褶纹冠蚌壳粉末。

褶纹冠蚌壳粉末见图 4－4，全部谱线符合卡片 041－1475。确定为：$CaCO_3$，正交晶系，霰石结构。从其中谱线：$d_{111}$=0.3399nm，$d_{021}$=0.3276nm，$d_{012}$=0.2705nm，计算出晶格常数为：$a$=0.496nm，$b$=0.797nm，$c$=0.575nm，晶胞体积 $v=a\times b\times c$=0.227$nm^3$。

此粉末和后面两样品是由同一褶纹冠蚌壳的珍珠层、棱柱层和角质层混合粉碎而成，因此，图谱线应该包含图 4－5 和图 4－6 所有谱线，但因后两种是片状样品，生长过程有择优取向，所以谱线较少；又因片状样品，X－射线衍射仪的零点不易校正，整体谱线会略有偏移，这点可从图 4－4 与图 4－5 和图 4－6 对比中看出来。

单看图也不够清楚，例如图 4－5 表中 3 条谱线 2θ(°)=31.092、31.234、31.354 在图中是重叠在一起的。

**表 4－6　马氏贝天然珍珠**

| 2θ(°) | $I/I_0$(%) | d(nm) |
|---|---|---|
| 26.211 | 64.3 | 0.3397 |
| 27.225 | 33.5 | 0.3272 |
| 31.100 | 24.0 | 0.2873 |
| 33.118 | 100.0 | 0.2702 |
| 36.115 | 37.1 | 0.2484 |
| 37.285 | 9.1 | 0.2409 |
| 37.877 | 41.9 | 0.2373 |
| 38.552 | 22.5 | 0.2333 |
| 41.197 | 8.3 | 0.2189 |
| 42.936 | 10.4 | 0.2104 |
| 45.878 | 35.9 | 0.1976 |
| 48.399 | 24.6 | 0.1879 |
| 50.249 | 18.3 | 0.1814 |
| 52.432 | 35.0 | 0.1743 |
| 53.016 | 18.0 | 0.1725 |

**表 4－7　马氏珍珠贝壳珍珠层**

| 2θ(°) | $I/I_0$(%) | d(nm) |
|---|---|---|
| 26.291 | 100.0 | 0.3387 |
| 27.297 | 48.8 | 0.3264 |
| 29.569 | 5.8 | 0.3018 |
| 31.195 | 10.9 | 0.2864 |
| 32.207 | 77.4 | 0.2695 |
| 36.202 | 43.6 | 0.2479 |
| 37.365 | 13.1 | 0.2404 |
| 37.967 | 51.6 | 0.2368 |
| 38.637 | 27.0 | 0.2328 |
| 43.018 | 17.2 | 0.2100 |
| 45.963 | 46.3 | 0.1972 |
| 48.492 | 30.4 | 0.1875 |
| 50.340 | 22.1 | 0.1811 |
| 52.539 | 39.0 | 0.1740 |
| 53.109 | 19.5 | 0.1723 |

**表 4－8　马氏珍珠贝壳棱柱层**

| 2θ(°) | $I/I_0$(%) | d(nm) |
|---|---|---|
| 26.230 | 79.2 | 0.3394 |
| 27.246 | 44.3 | 0.3270 |
| 29.498 | 13.5 | 0.3026 |
| 31.142 | 25.6 | 0.2870 |
| 33.155 | 100.0 | 0.2699 |
| 36.143 | 37.2 | 0.2483 |
| 37.311 | 11.5 | 0.2407 |
| 37.910 | 47.2 | 0.2371 |
| 38.571 | 20.2 | 0.2332 |
| 42.954 | 13.5 | 0.2103 |
| 45.903 | 38.9 | 0.1975 |
| 48.437 | 26.8 | 0.1877 |
| 50.283 | 18.0 | 0.1812 |
| 52.487 | 29.9 | 0.1742 |
| 53.063 | 13.5 | 0.1724 |

**表 4－9　马氏珍珠贝壳角质层**

| 2θ(°) | $I/I_0$(%) | d(nm) |
|---|---|---|
| 23.173 | 7.1 | 0.3834 |
| 29.555 | 100.0 | 0.3020 |
| 31.587 | 2.8 | 0.2830 |
| 36.136 | 12.6 | 0.2483 |
| 39.577 | 13.8 | 0.2274 |
| 43.378 | 13.7 | 0.2084 |
| 47.229 | 5.0 | 0.1922 |
| 47.703 | 13.8 | 0.1904 |
| 48.728 | 13.7 | 0.1867 |
| 56.787 | 2.7 | 0.1619 |
| 57.658 | 5.2 | 0.1597 |
| 58.325 | 1.1 | 0.1580 |
| 60.918 | 2.6 | 0.1519 |
| 61.641 | 2.0 | 0.1503 |
| 63.319 | 1.4 | 0.1467 |

表 4-10 白蝶贝天然珍珠

| 2θ(°) | $I/I_0$(%) | d(nm) |
|---|---|---|
| 26.188 | 95.5 | 0.3400 |
| 27.190 | 47.3 | 0.3277 |
| 31.081 | 15.8 | 0.2874 |
| 33.092 | 100.0 | 0.2704 |
| 36.090 | 38.1 | 0.2486 |
| 37.272 | 16.1 | 0.2410 |
| 37.852 | 49.6 | 0.2374 |
| 38.503 | 31.1 | 0.2335 |
| 41.156 | 13.0 | 0.2191 |
| 42.888 | 15.7 | 0.2107 |
| 45.843 | 50.6 | 0.1977 |
| 48.363 | 31.4 | 0.1880 |
| 50.220 | 22.4 | 0.1815 |
| 52.420 | 39.4 | 0.1744 |
| 52.978 | 24.1 | 0.1726 |
| 66.020 | 8.2 | 0.1413 |

表 4-11 白蝶珠母贝壳珍珠层

| 2θ(°) | $I/I_0$(%) | d(nm) |
|---|---|---|
| 26.212 | 100.0 | 0.3397 |
| 27.221 | 47.3 | 0.3272 |
| 29.472 | 2.9 | 0.3028 |
| 31.105 | 8.5 | 0.2873 |
| 33.125 | 65.7 | 0.2702 |
| 36.124 | 39.2 | 0.2483 |
| 37.290 | 13.6 | 0.2409 |
| 37.882 | 46.4 | 0.2373 |
| 38.536 | 25.7 | 0.2334 |
| 41.207 | 11.2 | 0.2188 |
| 42.936 | 18.5 | 0.2104 |
| 45.878 | 51.7 | 0.1976 |
| 48.413 | 30.7 | 0.1878 |
| 50.257 | 22.5 | 0.1813 |
| 52.449 | 30.0 | 0.1743 |
| 53.020 | 16.4 | 0.1725 |

表 4-12 白蝶珠母贝壳棱柱层

| 2θ(0) | $I/I_0$(%) | d(nm) |
|---|---|---|
| 26.258 | 55.8 | 0.3391 |
| 27.270 | 30.3 | 0.3266 |
| 29.485 | 7.0 | 0.3027 |
| 31.168 | 23.6 | 0.2867 |
| 33.183 | 100.0 | 0.2697 |
| 36.166 | 32.8 | 0.2481 |
| 37.336 | 6.8 | 0.2406 |
| 37.939 | 43.8 | 0.2369 |
| 38.627 | 19.8 | 0.2329 |
| 41.237 | 5.4 | 0.2187 |
| 42.976 | 9.3 | 0.2102 |
| 45.934 | 27.3 | 0.1973 |
| 48.462 | 16.0 | 0.1876 |
| 50.318 | 14.6 | 0.1811 |
| 52.520 | 26.3 | 0.1740 |
| 53.091 | 15.6 | 0.1723 |

表 4-13 白蝶珠母贝壳角质层

| 2θ(°) | $I/I_0$(%) | d(nm) |
|---|---|---|
| 23.082 | 8.7 | 0.3849 |
| 29.441 | 100.0 | 0.3031 |
| 31.450 | 3.9 | 0.2842 |
| 36.064 | 12.1 | 0.2488 |
| 39.495 | 14.5 | 0.2279 |
| 43.269 | 11.8 | 0.2089 |
| 47.580 | 15.4 | 0.1909 |
| 48.598 | 12.9 | 0.1871 |
| 56.717 | 2.3 | 0.1621 |
| 57.553 | 5.4 | 0.1599 |
| 60.834 | 3.3 | 0.1521 |
| 61.505 | 1.6 | 0.1506 |
| 63.227 | 1.2 | 0.1469 |
| 64.833 | 3.6 | 0.1436 |
| 65.702 | 2.7 | 0.1420 |
| | | |

表 4-14 企鹅贝天然珍珠

| 2θ(°) | $I/I_0$(%) | d(nm) |
|---|---|---|
| 26.22 | — | 0.3393 |
| 27.16 | — | 0.3275 |
| 29.03 | — | 0.3073 |
| 31.06 | — | 0.2875 |
| 36.04 | — | 0.2485 |
| 37.78 | — | 0.2372 |
| 38.58 | — | 0.2324 |
| 41.17 | — | 0.2192 |
| 42.85 | — | 0.2105 |
| 45.79 | — | 0.1976 |
| 48.34 | — | 0.1878 |
| 50.20 | — | 0.1814 |
| 52.42 | — | 0.1745 |
| 53.01 | — | 0.1725 |
| 56.06 | — | 0.1638 |
| 59.36 | — | 0.1557 |
| 62.06 | — | 0.1499 |
| 63.28 | — | 0.1466 |
| 66.00 | — | 0.1412 |
| 69.64 | — | 0.1359 |

表 4-15 企鹅珍珠贝壳珍珠层

| 2θ(°) | $I/I_C$(%) | d(nm) |
|---|---|---|
| 26.247 | 76.7 | 0.3392 |
| 27.260 | 44.2 | 0.3268 |
| 29.451 | 7.0 | 0.3031 |
| 31.138 | 13.2 | 0.2870 |
| 33.158 | 100.0 | 0.2699 |
| 36.148 | 36.1 | 0.2483 |
| 37.322 | 11.0 | 0.2407 |
| 37.917 | 48.1 | 0.2370 |
| 38.598 | 30.4 | 0.2330 |
| 41.226 | 7.2 | 0.2187 |
| 42.960 | 12.5 | 0.2103 |
| 45.905 | 38.6 | 0.1975 |
| 48.440 | 26.6 | 0.1877 |
| 50.295 | 24.3 | 0.1812 |
| 52.483 | 40.9 | 0.1742 |
| 53.062 | 22.6 | 0.1724 |
| 56.255 | 3.0 | 0.1633 |
| 59.315 | 3.3 | 0.1556 |
| | | |
| | | |

表 4-16 企鹅珍珠贝壳棱柱层

| 2θ(°) | $I/I_0$(%) | d(nm) |
|---|---|---|
| 21.150 | 1.4 | 0.4197 |
| 23.190 | 2.2 | 0.3832 |
| 26.299 | 42.6 | 0.3386 |
| 27.308 | 21.8 | 0.3263 |
| 29.521 | 4.3 | 0.3023 |
| 31.206 | 43.6 | 0.2864 |
| 33.219 | 100.0 | 0.2694 |
| 36.200 | 29.5 | 0.2479 |
| 37.402 | 6.3 | 0.2402 |
| 37.980 | 30.9 | 0.2366 |
| 38.674 | 17.2 | 0.2326 |
| 39.570 | 1.7 | 0.2275 |
| 41.305 | 3.6 | 0.2183 |
| 43.041 | 4.5 | 0.2099 |
| 43.325 | 3.2 | 0.2086 |
| 45.975 | 18.1 | 0.1972 |
| 48.504 | 13.7 | 0.1875 |
| 50.357 | 11.1 | 0.1810 |
| 52.554 | 30.8 | 0.1739 |
| 53.124 | 11.8 | 0.1722 |

表 4-17 企鹅珍珠贝壳角质层

| 2θ(°) | $I/I_0$(%) | d(nm) |
|---|---|---|
| 23.093 | 10.3 | 0.3848 |
| 26.592 | 1.0 | 0.3349 |
| 29.454 | 100.0 | 0.3030 |
| 31.484 | 3.5 | 0.2839 |
| 36.060 | 17.1 | 0.2488 |
| 39.501 | 18.8 | 0.2278 |
| 43.263 | 17.5 | 0.2089 |
| 47.591 | 14.6 | 0.1909 |
| 48.604 | 17.0 | 0.1871 |
| 56.695 | 3.8 | 0.1622 |
| 57.541 | 8.0 | 0.1600 |
| 58.200 | 1.2 | 0.1583 |
| 60.802 | 5.0 | 0.1522 |
| 61.505 | 1.9 | 0.1506 |
| 63.192 | I.5 | 0.1469 |
| 64.827 | 4.8 | 0.1437 |
| 65.702 | 2.9 | 0.1420 |
| 69.344 | 0.8 | 0.1353 |
| | | |
| | | |

表4－18　红珠母贝壳珍珠层

| $2\theta$(°) | $I/I_0$(%) | $d$(nm) |
|---|---|---|
| 26.197 | 78.4 | 0.3399 |
| 27.211 | 41.4 | 0.3274 |
| 29.450 | 4.3 | 0.3031 |
| 31.101 | 17.6 | 0.2873 |
| 33.119 | 100.0 | 0.2702 |
| 36.108 | 39 | 0.2484 |
| 37.284 | 10.2 | 0.2409 |
| 37.876 | 50.1 | 0.2373 |
| 38.549 | 23.3 | 0.2333 |
| 41.189 | 9.2 | 0.2189 |
| 42.923 | 10.3 | 0.2105 |
| 45.874 | 36.9 | 0.1976 |
| 47.553 | 2.28 | 0.1910 |
| 48.405 | 24.5 | 0.1878 |
| 50.249 | 16.2 | 0.1814 |
| 52.452 | 37.2 | 0.1742 |
| 53.02 | 16.9 | 0.1720 |
| 53.955 | 1.9 | 0.1698 |
| 59.280 | 2.5 | 0.1557 |
| 60.240 | 1.5 | 0.1535 |

表4－19　红珠母贝壳棱柱层

| $2\theta$(°) | $I/I_0$(%) | $d$(nm) |
|---|---|---|
| 26.257 | 42.7 | 0.3392 |
| 27.274 | 23.2 | 0.3266 |
| 27.940 | 1.2 | 0.3190 |
| 29.552 | 16.6 | 0.3020 |
| 31.165 | 26.7 | 0.2867 |
| 33.179 | 100.0 | 0.2698 |
| 36.165 | 31.1 | 0.2481 |
| 37.359 | 5.9 | 0.2404 |
| 37.938 | 36.4 | 0.2369 |
| 38.638 | 16.3 | 0.2328 |
| 39.596 | 2.8 | 0.2274 |
| 41.265 | 3.4 | 0.2186 |
| 42.978 | 6.8 | 0.2102 |
| 45.929 | 20.3 | 0.1974 |
| 47.743 | 3.5 | 0.1903 |
| 48.479 | 13.9 | 0.1876 |
| 50.315 | 11.0 | 0.1812 |
| 52.511 | 30.3 | 0.1741 |
| 53.086 | 14.2 | 0.1723 |
| 59.315 | 1.4 | 0.1556 |

表4－20　红珠母贝壳角质层

| $2\theta$(°) | $I/I_0$(%) | $d$(nm) |
|---|---|---|
| 23.223 | 9.2 | 0.3826 |
| 26.320 | 0.5 | 0.3382 |
| 26.815 | 0.5 | 0.3321 |
| 29.591 | 100.0 | 0.3016 |
| 31.612 | 2.3 | 0.2827 |
| 33.340 | 0.6 | 0.2685 |
| 36.201 | 13.0 | 0.2479 |
| 39.645 | 15.5 | 0.2271 |
| 43.414 | 12.2 | 0.2082 |
| 47.745 | 14.1 | 0.1903 |
| 48.755 | 13.7 | 0.1886 |
| 56.865 | 1.7 | 0.1617 |
| 57.705 | 5.5 | 0.1596 |
| 60.984 | 3.8 | 0.1517 |
| 61.693 | 1.7 | 0.1502 |
| 63.335 | 1.4 | 0.1467 |
| 64.991 | 3.2 | 0.1433 |
| 65.857 | 1.9 | 0.1417 |
| 69.525 | 0.9 | 0.1350 |
| | | |

表4－21　黑珠母贝壳珍珠层

| $2\theta$(°) | $I/I_0$(%) | $d$(nm) |
|---|---|---|
| 26.205 | 100.0 | 0.3398 |
| 27.218 | 54.4 | 0.3273 |
| 29.501 | 5.4 | 0.3026 |
| 31.116 | 23.5 | 0.2872 |
| 33.129 | 97.5 | 0.2702 |
| 36.123 | 39.8 | 0.2484 |
| 37.302 | 12.7 | 0.2408 |
| 37.884 | 51.2 | 0.2372 |
| 38.542 | 22.9 | 0.2333 |
| 40.333 | 1.6 | 0.2234 |
| 41.195 | 10.5 | 0.2189 |
| 42.932 | 14.7 | 0.2104 |
| 45.880 | 44.0 | 0.1976 |
| 48.409 | 33.9 | 0.1878 |
| 50.269 | 19.3 | 0.1813 |
| 52.468 | 32.1 | 0.1742 |
| 53.030 | 18.9 | 0.1725 |
| 53.933 | 2.7 | 0.1698 |
| 59.261 | 3.3 | 0.1557 |
| 60.303 | 1.6 | 0.1533 |

表4－22　黑珠母贝壳棱柱层

| $2\theta$(°) | $I/I_0$(%) | $d$(nm) |
|---|---|---|
| 26.185 | 100.0 | 0.3401 |
| 27.200 | 55.3 | 0.3275 |
| 29.460 | 5.6 | 0.3029 |
| 31.100 | 18.0 | 0.2873 |
| 33.111 | 99.1 | 0.2703 |
| 34.326 | 1.9 | 0.2610 |
| 36.100 | 40.4 | 0.2485 |
| 37.285 | 13.5 | 0.2409 |
| 37.867 | 53.0 | 0.2373 |
| 38.527 | 23.3 | 0.2335 |
| 41.178 | 11.7 | 0.2190 |
| 42.914 | 14.0 | 0.2105 |
| 45.861 | 44.4 | 0.1977 |
| 48.389 | 31.0 | 0.1879 |
| 50.247 | 22.4 | 0.1814 |
| 52.448 | 35.7 | 0.1743 |
| 53.015 | 21.2 | 0.1725 |
| 53.946 | 2.4 | 0.1698 |
| 56.213 | 1.9 | 0.1634 |
| 56.830 | 1.4 | 0.1618 |
| 59.247 | 2.9 | 0.1558 |

表4－23　黑珠母贝壳角质层

| $2\theta$(°) | $I/I_0$(%) | $d$(nm) |
|---|---|---|
| 20.775 | 0.8 | 0.4272 |
| 23.108 | 9.8 | 0.3845 |
| 23.850 | 0.8 | 0.3727 |
| 24.315 | 0.6 | 0.3657 |
| 26.150 | 0.8 | 0.3404 |
| 26.575 | 0.7 | 0.3351 |
| 26.726 | 0.8 | 0.3332 |
| 29.470 | 100.0 | 0.3028 |
| 31.491 | 2.8 | 0.2839 |
| 36.087 | 13.5 | 0.2486 |
| 39.527 | 15.9 | 0.2278 |
| 43.299 | 14.6 | 0.2087 |
| 47.628 | 15.4 | 0.1907 |
| 48.637 | 14.9 | 0.1870 |
| 56.760 | 2.5 | 0.1620 |
| 57.596 | 6.1 | 0.1598 |
| 60.872 | 3.8 | 0.1520 |
| 61.545 | 1.6 | 0.1505 |
| 63.180 | 1.8 | 0.1470 |
| 64.903 | 4.4 | 0.1435 |
| 65.751 | 2.4 | 0.1419 |

表4－24　长耳珠母贝壳珍珠层

| $2\theta$(°) | $I/I_0$(%) | $d$(nm) |
|---|---|---|
| 26.226 | 100.0 | 0.3395 |
| 27.235 | 52.3 | 0.3271 |
| 29.440 | 5.1 | 0.3031 |
| 31.125 | 10.3 | 0.2871 |
| 33.142 | 87.4 | 0.2700 |
| 36.142 | 43.5 | 0.2483 |
| 37.305 | 14.5 | 0.2408 |
| 37.901 | 51.6 | 0.2371 |
| 38.555 | 30.8 | 0.2333 |
| 41.212 | 12.0 | 0.2188 |
| 42.940 | 19.3 | 0.2104 |
| 45.892 | 56.7 | 0.1976 |
| 48.422 | 35.8 | 0.1878 |
| 50.271 | 26.4 | 0.1813 |
| 52.477 | 34.8 | 0.1742 |
| 53.045 | 20.1 | 0.1725 |
| 53.995 | 3.1 | 0.1697 |
| 56.233 | 2.9 | 0.1634 |
| 56.845 | 2.3 | 0.1618 |
| 59.288 | 4.9 | 0.1557 |
| 60.337 | 2.2 | 0.1532 |

表4－25　长耳珠母贝壳棱柱层

| $2\theta$(°) | $I/I_0$(%) | $d$(nm) |
|---|---|---|
| 26.271 | 52.8 | 0.3390 |
| 27.286 | 27.3 | 0.3265 |
| 28.696 | 2.2 | 0.3107 |
| 29.536 | 10.4 | 0.3021 |
| 31.180 | 37.0 | 0.2866 |
| 33.196 | 100.0 | 0.2696 |
| 36.182 | 30.3 | 0.2480 |
| 37.374 | 7.2 | 0.2403 |
| 37.954 | 41.2 | 0.2368 |
| 38.636 | 16.9 | 0.2328 |
| 39.551 | 3.3 | 0.2276 |
| 41.264 | 5.5 | 0.2186 |
| 43.001 | 7.6 | 0.2101 |
| 45.944 | 23.9 | 0.1973 |
| 47.660 | 2.2 | 0.1906 |
| 48.482 | 16.3 | 0.1876 |
| 50.329 | 0.01 | 0.1811 |
| 52.533 | 31.4 | 0.1740 |
| 53.103 | 14.3 | 0.1723 |
| 56.314 | 1.7 | 0.1632 |
| 56.867 | 1.8 | 0.1617 |

表4-26 长耳珠母贝壳角质层

| 2θ(°) | $I/I_0$(%) | d(nm) |
|---|---|---|
| 20.785 | 1.0 | 0.4269 |
| 23.100 | 8.9 | 0.3846 |
| 26.165 | 0.9 | 0.3402 |
| 26.651 | 1.7 | 0.3342 |
| 29.465 | 100.0 | 0.3029 |
| 31.507 | 3.4 | 0.2837 |
| 36.061 | 15.6 | 0.2488 |
| 39.509 | 15.5 | 0.2279 |
| 43.269 | 14.1 | 0.2083 |
| 47.623 | 14.1 | 0.1907 |
| 48.617 | 14.7 | 0.1871 |
| 56.711 | 2.8 | 0.1621 |
| 57.540 | 6.5 | 0.1600 |
| 58.244 | 1.0 | 0.1582 |
| 60.829 | 3.9 | 0.1521 |

表4-27 三角帆蚌珍珠

| 2θ(°) | $I/I_0$(%) | d(nm) |
|---|---|---|
| 26.210 | 54.4 | 0.3397 |
| 27.206 | 26.7 | 0.3274 |
| 29.440 | 2.4 | 0.3031 |
| 31.103 | 27.2 | 0.2873 |
| 33.121 | 100.0 | 0.2702 |
| 36.115 | 34.1 | 0.2484 |
| 37.264 | 8.3 | 0.2410 |
| 37.882 | 37.3 | 0.2373 |
| 38.546 | 19.3 | 0.2333 |
| 42.923 | 8.4 | 0.2105 |
| 45.879 | 29.5 | 0.1976 |
| 48.398 | 17.2 | 0.1879 |
| 50.252 | 14.1 | 0.1814 |
| 52.448 | 36.7 | 0.1743 |
| 53.023 | 18.3 | 0.1725 |

表4-28 三角帆蚌壳全壳

| 2θ(°) | $I/I_0$(%) | d(nm) |
|---|---|---|
| 23.100 | 2.0 | 0.3846 |
| 26.180 | 61.1 | 0.3401 |
| 27.191 | 34.1 | 0.3277 |
| 31.079 | 16.6 | 0.2875 |
| 33.097 | 100.0 | 0.2704 |
| 36.095 | 33.4 | 0.2486 |
| 37.257 | 9.5 | 0.2411 |
| 37.858 | 36.3 | 0.2374 |
| 38.524 | 22.8 | 0.2335 |
| 42.894 | 13.1 | 0.2106 |
| 45.852 | 37.2 | 0.1977 |
| 48.367 | 22.5 | 0.1880 |
| 50.228 | 19.0 | 0.1815 |
| 52.432 | 35.2 | 0.1743 |
| 53.005 | 18.1 | 0.1726 |

表4-29 背角无齿蚌壳全壳

| 2θ(°) | $I/I_0$(%) | d(nm) |
|---|---|---|
| 26.217 | 100.0 | 0.3396 |
| 27.226 | 55.4 | 0.3272 |
| 31.115 | 12.1 | 0.2872 |
| 33.137 | 53.8 | 0.2701 |
| 36.135 | 36.1 | 0.2483 |
| 37.300 | 16.8 | 0.2408 |
| 37.892 | 38.7 | 0.2372 |
| 38.515 | 34.1 | 0.2335 |
| 41.184 | 13.2 | 0.2189 |
| 42.941 | 29.1 | 0.2104 |
| 45.894 | 62.8 | 0.1975 |
| 48.388 | 33.7 | 0.1879 |
| 50.246 | 24.0 | 0.1814 |
| 52.461 | 29.7 | 0.1742 |
| 53.022 | 18.0 | 0.1725 |

表4-30 褶纹冠蚌珍珠

| 2θ(°) | $I/I_0$(%) | d(nm) |
|---|---|---|
| 26.196 | 50.3 | 0.3399 |
| 27.203 | 27.3 | 0.3275 |
| 31.097 | 33.1 | 0.2874 |
| 33.111 | 100.0 | 0.2703 |
| 36.103 | 32.1 | 0.2485 |
| 37.263 | 7.4 | 0.2410 |
| 37.869 | 33.0 | 0.2373 |
| 38.546 | 18.5 | 0.2333 |
| 41.192 | 6.5 | 0.2189 |
| 42.916 | 9.8 | 0.2105 |
| 45.858 | 29.5 | 0.1977 |
| 48.391 | 18.3 | 0.1879 |
| 50.236 | 15.1 | 0.1814 |
| 52.439 | 37.2 | 0.1743 |
| 53.018 | 17.8 | 0.1725 |

表4-31 褶纹冠蚌壳珍珠层和棱柱层

| 2θ(°) | $I/I_0$(%) | d(nm) |
|---|---|---|
| 26.195 | 65.4 | 0.3400 |
| 27.289 | 36.5 | 0.3274 |
| 31.096 | 39.6 | 0.2874 |
| 33.112 | 100.0 | 0.2703 |
| 36.108 | 38.6 | 0.2484 |
| 37.260 | 12.0 | 0.2410 |
| 37.875 | 40.3 | 0.2373 |
| 38.536 | 23.7 | 0.2334 |
| 41.210 | 9.7 | 0.2188 |
| 42.917 | 14.0 | 0.2105 |
| 45.858 | 40.6 | 0.1977 |
| 48.378 | 22.0 | 0.1879 |
| 50.233 | 19.7 | 0.1814 |
| 52.453 | 34.3 | 0.1742 |
| 53.023 | 18.6 | 0.1725 |

表4-32 褶纹冠蚌壳角质层

| 2θ(°) | $I/I_0$(%) | d(nm) |
|---|---|---|
| 26.023 | 100.0 | 0.3421 |
| 27.030 | 54.3 | 0.3295 |
| 30.926 | 20.5 | 0.2888 |
| 32.943 | 83.3 | 0.2716 |
| 35.961 | 43.1 | 0.2495 |
| 37.116 | 16.6 | 0.2419 |
| 37.711 | 42.8 | 0.2383 |
| 38.320 | 39.7 | 0.2346 |
| 41.028 | 14.6 | 0.2197 |
| 42.754 | 29.5 | 0.2113 |
| 45.702 | 77.7 | 0.1983 |
| 48.227 | 42.1 | 0.1885 |
| 50.080 | 27.1 | 0.1819 |
| 52.288 | 38.4 | 0.1748 |
| 52.351 | 21.7 | 0.1730 |

表4-33 褶纹冠蚌壳黑软表层(湿取)

| 2θ(°) | $I/I_0$(%) | d(nm) |
|---|---|---|
| 20.666 | 87.3 | 0.4294 |
| 20.900 | 80.2 | 0.4246 |
| 21.660 | 77.7 | 0.4099 |
| 22.320 | 77.7 | 0.3979 |
| 22.870 | 72.5 | 0.3884 |
| 23.800 | 68.5 | 0.3734 |
| 24.910 | 69.7 | 0.3571 |
| 26.217 | 100.0 | 0.3396 |
| 27.248 | 78.3 | 0.3269 |
| 29.510 | 53.2 | 0.3024 |
| 33.129 | 68.0 | 0.2702 |
| 36.111 | 54.2 | 0.2484 |
| 37.852 | 58.3 | 0.2374 |
| 45.884 | 56.2 | 0.1976 |
| 53.090 | 24.0 | 0.1723 |

表 4－34　澳头珍珠层粉

| 2θ(°) | $I/I_0$(%) | d(nm) |
|---|---|---|
| 26.210 | 46.9 | 0.3397 |
| 27.229 | 23.8 | 0.3271 |
| 29.444 | 11.6 | 0.3031 |
| 31.107 | 20.6 | 0.2873 |
| 33.120 | 100.0 | 0.2702 |
| 36.101 | 36.0 | 0.2485 |
| 37.885 | 38.0 | 0.2372 |
| 38.585 | 19.0 | 0.2331 |
| 41.173 | 5.4 | 0.2190 |
| 42.915 | 7.2 | 0.2105 |
| 45.876 | 23.3 | 0.1926 |
| 48.413 | 17.0 | 0.1878 |
| 50.260 | 12.7 | 0.1813 |
| 52.438 | 38.4 | 0.1743 |
| 53.032 | 17.5 | 0.1725 |

表 4－35　海南新村珍珠层粉

| 2θ(°) | $I/I_0$(%) | d(nm) |
|---|---|---|
| 26.103 | 90.3 | 0.3411 |
| 27.114 | 47.7 | 0.3286 |
| 29.341 | 4.0 | 0.3041 |
| 31.014 | 21.6 | 0.2881 |
| 33.028 | 100.0 | 0.2710 |
| 34.000 | 3.1 | 0.2634 |
| 34.653 | 2.5 | 0.2586 |
| 36.019 | 46.3 | 0.2491 |
| 37.790 | 51.0 | 0.2378 |
| 38.453 | 25.2 | 0.2338 |
| 41.093 | 11.3 | 0.2194 |
| 42.830 | 14.8 | 0.2109 |
| 45.776 | 46.9 | 0.1980 |
| 48.302 | 29.6 | 0.1882 |
| 50.160 | 21.1 | 0.1817 |

表 4－36　江西珍珠层粉

| 2θ(°) | $I/I_0$(%) | d(nm) |
|---|---|---|
| 26.204 | 49.1 | 0.3398 |
| 27.220 | 25.3 | 0.3272 |
| 29.393 | 5.0 | 0.3036 |
| 31.114 | 16.9 | 0.2872 |
| 33.127 | 100.0 | 0.2702 |
| 36.113 | 33.4 | 0.2484 |
| 37.893 | 35.0 | 0.2372 |
| 38.588 | 19.3 | 0.2331 |
| 41.220 | 4.7 | 0.2187 |
| 42.936 | 7.0 | 0.2104 |
| 45.887 | 23.6 | 0.1976 |
| 48.406 | 16.9 | 0.1878 |
| 50.258 | 14.5 | 0.1813 |
| 52.467 | 73.6 | 0.1742 |
| 53.041 | 16.4 | 0.1725 |

表 4－37　奇星药厂珍珠粉

| 2θ(°) | $I/I_0$(%) | d(nm) |
|---|---|---|
| 26.088 | 76.8 | 0.3413 |
| 27.087 | 46.1 | 0.3289 |
| 28.531 | 8.3 | 0.3126 |
| 29.302 | 5.7 | 0.3045 |
| 30.995 | 16.3 | 0.2883 |
| 33.007 | 100.0 | 0.2711 |
| 36.000 | 50.5 | 0.2492 |
| 37.154 | 17.5 | 0.2417 |
| 38.418 | 31.3 | 0.2341 |
| 41.070 | 16.0 | 0.2195 |
| 42.802 | 22.0 | 0.2110 |
| 45.750 | 70.6 | 0.1981 |
| 48.271 | 44.2 | 0.1883 |
| 50.126 | 34.8 | 0.1818 |
| 52.343 | 56.6 | 0.1746 |

表 4－38　背瘤丽蚌壳珠核

| 2θ(°) | $I/I_0$(%) | d(nm) |
|---|---|---|
| 26.226 | 53.9 | 0.3395 |
| 27.218 | 31.9 | 0.3273 |
| 31.120 | 16.8 | 0.2872 |
| 33.142 | 100.0 | 0.2700 |
| 36.141 | 32.9 | 0.2483 |
| 37.286 | 7.5 | 0.2409 |
| 37.901 | 31.6 | 0.2371 |
| 38.608 | 18.0 | 0.2329 |
| 41.220 | 4.6 | 0.2187 |
| 42.945 | 10.7 | 0.2104 |
| 45.877 | 31.9 | 0.1976 |
| 48.410 | 20.6 | 0.1878 |
| 50.277 | 14.1 | 0.1813 |
| 52.471 | 39.2 | 0.1742 |
| 52.155 | 18.0 | 0.1724 |
| 霰石结构 a = 0.497nm, b = 0.789nm, c = 0.573nm, v = 0.225nm³ | | |

表 4－39　佛耳丽蚌壳珍珠层和棱柱层

| 2θ(°) | $I/I_0$(%) | d(nm) |
|---|---|---|
| 26.818 | 45.8 | 0.3396 |
| 27.229 | 20.6 | 0.3271 |
| 31.116 | 27.0 | 0.2872 |
| 33.126 | 100.0 | 0.2702 |
| 36.104 | 27.4 | 0.2485 |
| 37.300 | 5.6 | 0.2408 |
| 37.882 | 33.7 | 0.2373 |
| 38.594 | 15.5 | 0.2330 |
| 41.200 | 6.7 | 0.2189 |
| 42.916 | 7.2 | 0.2105 |
| 45.393 | 19.0 | 0.1975 |
| 48.406 | 17.3 | 0.1878 |
| 50.258 | 13.1 | 0.1813 |
| 52.441 | 36.3 | 0.1743 |
| 53.036 | 18.9 | 0.1725 |
| 霰石结构 a = 0.496nm, b = 0.796nm, c = 0.575nm, v = 0.227nm³ | | |

表 4－40　佛耳丽蚌壳角质层

| 2θ(°) | $I/I_0$(%) | d(nm) |
|---|---|---|
| 22.400 | 33.2 | 0.3955 |
| 26.119 | 100.0 | 0.3408 |
| 27.143 | 77.2 | 0.3283 |
| 33.037 | 81.8 | 0.2709 |
| 36.052 | 57.0 | 0.2488 |
| 37.804 | 48.4 | 0.2377 |
| 38.415 | 48.1 | 0.2341 |
| 41.120 | 18.5 | 0.2192 |
| 42.876 | 28.1 | 0.2107 |
| 45.707 | 59.2 | 0.1980 |
| 48.320 | 44.1 | 0.1882 |
| 50.171 | 32.7 | 0.1816 |
| 52.368 | 40.8 | 0.1745 |
| 52.926 | 28.1 | 0.1728 |
| 59.230 | 10.4 | 0.1550 |
| 霰石结构 a = 0.498nm, b = 0.799nm, c = 0.576nm, v = 0.229nm³ | | |

表 4－41　鹿角珊瑚

| 2θ(°) | $I/I_0$(%) | d(nm) |
|---|---|---|
| 26.198 | 100.0 | 0.3399 |
| 27.200 | 63.8 | 0.3275 |
| 33.122 | 52.5 | 0.2702 |
| 36.127 | 40.3 | 0.2483 |
| 37.272 | 19.7 | 0.2410 |
| 37.863 | 41.0 | 0.2373 |
| 38.458 | 40.7 | 0.2338 |
| 41.176 | 18.1 | 0.2190 |
| 42.904 | 31.1 | 0.2105 |
| 45.850 | 86.0 | 0.1977 |
| 48.360 | 49.5 | 0.1830 |
| 50.222 | 31.2 | 0.1815 |
| 52.427 | 26.6 | 0.1743 |
| 52.958 | 21.5 | 0.1727 |
| 56.250 | 5.2 | 0.1633 |
| 霰石结构 a = 0.497nm, b = 0.797nm, c = 0.574nm, v = 0.227nm³ | | |

表 4－42 西施舌壳

| 2θ(°) | $I/I_0$(%) | d(nm) |
|---|---|---|
| 26.186 | 100.0 | 0.3401 |
| 27.204 | 53.9 | 0.3275 |
| 31.065 | 13.2 | 0.2876 |
| 33.089 | 75.5 | 0.2704 |
| 36.080 | 41.3 | 0.2486 |
| 37.281 | 13.2 | 0.2409 |
| 37.850 | 47.2 | 0.2374 |
| 38.518 | 32.3 | 0.2335 |
| 41.147 | 12.2 | 0.2192 |
| 42.901 | 19.4 | 0.2106 |
| 45.839 | 58.8 | 0.1978 |
| 48.375 | 33.0 | 0.1879 |
| 50.223 | 28.7 | 0.1815 |
| 52.406 | 34.0 | 0.1744 |
| 52.995 | 22.4 | 0.1726 |

霰石结构 $a=0.497\text{nm}$，$b=0.797\text{nm}$，$c=0.575\text{nm}$，$v=0.228\text{nm}^3$

表 4－43 文蛤壳

| 2θ(°) | $I/I_0$(%) | d(nm) |
|---|---|---|
| 26.123 | 100.0 | 0.3408 |
| 27.149 | 50.9 | 0.3282 |
| 30.990 | 10.9 | 0.2883 |
| 33.035 | 79.0 | 0.2709 |
| 36.020 | 42.1 | 0.2491 |
| 37.190 | 14.8 | 0.2415 |
| 37.796 | 51.9 | 0.2377 |
| 38.472 | 34.1 | 0.2337 |
| 41.100 | 11.2 | 0.2194 |
| 42.835 | 20.9 | 0.2109 |
| 45.794 | 55.5 | 0.1979 |
| 48.318 | 37.6 | 0.1882 |
| 50.172 | 25.0 | 0.1816 |
| 52.350 | 34.7 | 0.1746 |
| 52.931 | 22.0 | 0.1728 |

霰石结构 $a=0.498\text{nm}$，$b=0.799\text{nm}$，$c=0.576\text{nm}$，$v=0.229\text{nm}^3$

表 4－44 翡翠贻贝壳珍珠层

| 2θ(°) | $I/I_0$(%) | d(nm) |
|---|---|---|
| 26.274 | 69.9 | 0.3390 |
| 27.288 | 37.0 | 0.3268 |
| 31.162 | 23.0 | 0.2868 |
| 33.185 | 100.0 | 0.2697 |
| 36.173 | 38.5 | 0.2481 |
| 37.350 | 10.3 | 0.2405 |
| 37.946 | 44.8 | 0.2369 |
| 38.624 | 24.4 | 0.2329 |
| 41.268 | 8.0 | 0.2185 |
| 42.996 | 13.2 | 0.2101 |
| 45.932 | 34.6 | 0.1973 |
| 48.467 | 23.1 | 0.1876 |
| 50.316 | 2.0 | 0.1811 |
| 50.503 | 38.6 | 0.1741 |
| 53.075 | 21.5 | 0.1724 |

霰石结构 $a=0.495\text{nm}$，$b=0.795\text{nm}$，$c=0.573\text{nm}$，$v=0.225\text{nm}^3$

表 4－45 翡翠贻贝壳棱柱层

| 2θ(°) | $I/I_0$(%) | d(nm) |
|---|---|---|
| 26.257 | 100.0 | 0.3392 |
| 27.252 | 58.1 | 0.3269 |
| 31.140 | 9.5 | 0.2870 |
| 33.158 | 70.4 | 0.2699 |
| 36.146 | 35.8 | 0.2483 |
| 37.916 | 52.1 | 0.2370 |
| 38.583 | 34.8 | 0.2331 |
| 41.260 | 9.7 | 0.2186 |
| 42.982 | 17.2 | 0.2102 |
| 45.906 | 50.1 | 0.1975 |
| 48.448 | 36.2 | 0.1877 |
| 50.292 | 25.6 | 0.1812 |
| 52.478 | 35.2 | 0.1742 |
| 53.060 | 22.9 | 0.1724 |
| | | |

霰石结构 $a=0.495\text{nm}$，$b=0.796\text{nm}$，$c=0.574\text{nm}$，$v=0.226\text{nm}^3$

表 4－46 翡翠贻贝壳角质层

| 2θ(°) | $I/I_0$(%) | d(nm) |
|---|---|---|
| 26.180 | 100.0 | 0.3401 |
| 27.195 | 67.0 | 0.3276 |
| 31.040 | 18.0 | 0.2878 |
| 33.085 | 55.1 | 0.2705 |
| 36.080 | 43.2 | 0.2486 |
| 37.248 | 23.1 | 0.2411 |
| 37.824 | 41.9 | 0.2376 |
| 38.468 | 39.4 | 0.2338 |
| 41.162 | 20.7 | 0.2190 |
| 42.871 | 25.9 | 0.2107 |
| 45.835 | 60.9 | 0.1978 |
| 48.351 | 42.8 | 0.1880 |
| 50.210 | 26.3 | 0.1815 |
| 52.384 | 26.8 | 0.1745 |
| 52.948 | 21.9 | 0.1728 |

霰石结构 $a=0.497\text{nm}$，$b=0.797\text{nm}$，$c=0.575\text{nm}$，$v=0.228\text{nm}^3$

表 4－47 鳞砗磲壳

| 2θ(°) | $I/I_0$(%) | d(nm) |
|---|---|---|
| 26.215 | 100.0 | 0.3397 |
| 27.240 | 46.7 | 0.3270 |
| 31.108 | 11.4 | 0.2872 |
| 33.132 | 92.5 | 0.2701 |
| 36.106 | 50.6 | 0.2485 |
| 37.324 | 13.8 | 0.2407 |
| 37.890 | 57.8 | 0.2372 |
| 38.572 | 32.2 | 0.2332 |
| 42.922 | 22.5 | 0.2105 |
| 45.876 | 56.8 | 0.1976 |
| 48.416 | 31.6 | 0.1878 |
| 50.273 | 27.7 | 0.1813 |
| 52.445 | 44.0 | 0.1743 |
| 53.016 | 22.9 | 0.1725 |
| 61.906 | 5.2 | 0.1497 |

霰石结构 $a=0.497\text{nm}$，$b=0.796\text{nm}$，$c=0.574\text{nm}$，$v=0.227\text{nm}^3$

表 4－48 金乌贼骨

| 2θ(°) | $I/I_0$(%) | d(nm) |
|---|---|---|
| 26.183 | 97.9 | 0.3401 |
| 27.181 | 55.1 | 0.3277 |
| 31.065 | 14.9 | 0.2876 |
| 33.078 | 100.0 | 0.2706 |
| 36.087 | 48.9 | 0.2486 |
| 37.220 | 18.3 | 0.2413 |
| 37.846 | 54.1 | 0.2375 |
| 38.509 | 42.4 | 0.2335 |
| 41.140 | 13.4 | 0.2192 |
| 42.908 | 28.2 | 0.2105 |
| 45.840 | 75.2 | 0.1977 |
| 48.370 | 38.7 | 0.1880 |
| 50.202 | 26.0 | 0.1816 |
| 52.384 | 42.4 | 0.1745 |
| 52.991 | 25.0 | 0.1726 |

霰石结构 $a=0.497\text{nm}$，$b=0.797\text{nm}$，$c=0.575\text{nm}$，$v=0.228\text{nm}^3$

表 4－49 高温处理的珍珠层粉

| 2θ(°) | $I/I_0$(%) | d(nm) |
|---|---|---|
| 22.943 | 3.6 | 0.3872 |
| 29.302 | 100.0 | 0.3045 |
| 31.347 | 3.6 | 0.2851 |
| 35.879 | 3.6 | 0.2503 |
| 39.924 | 6.6 | 0.2288 |
| 40.410 | 0.3 | 0.2230 |
| 43.072 | 5.3 | 0.2098 |
| 47.437 | 9.3 | 0.1915 |
| 48.431 | 7.3 | 0.1877 |
| 56.492 | 1.1 | 0.1627 |
| 57.325 | 3.2 | 0.1605 |
| 58.012 | 0.8 | 0.1588 |
| 60.605 | 1.5 | 0.1525 |
| 61.386 | 0.9 | 0.1509 |
| 62.975 | 0.7 | 0.1474 |

方解石结构 $a=0.502\text{nm}$，$c=1.706\text{nm}$，$v=0.372\text{nm}^3$

表4-50　紫色裂江珧壳白珍珠层

| 2θ(°) | $I/I_0$(%) | d(nm) |
|---|---|---|
| 26.175 | 58.8 | 0.3402 |
| 27.182 | 27.2 | 0.3277 |
| 31.065 | 39.2 | 0.2876 |
| 33.077 | 100.0 | 0.2706 |
| 36.070 | 41.8 | 0.2487 |
| 37.833 | 36.6 | 0.2375 |
| 38.490 | 23.7 | 0.2336 |
| 42.887 | 15.1 | 0.2107 |
| 45.836 | 37.1 | 0.1978 |
| 48.373 | 23.4 | 0.1879 |

霰石结构 $a=0.497nm$, $b=0.797nm$, $c=0.575nm$, $v=0.228nm^3$

表4-51　紫色裂江珧壳黑亮里中层

| 2θ(°) | $I/I_0$(%) | d(nm) |
|---|---|---|
| 23.055 | 12.3 | 0.3854 |
| 29.404 | 100.0 | 0.3034 |
| 31.437 | 4.4 | 0.2843 |
| 36.001 | 11.9 | 0.2492 |
| 39.447 | 17.0 | 0.2282 |
| 43.213 | 14.4 | 0.2091 |
| 47.557 | 19.1 | 0.1910 |
| 48.560 | 16.5 | 0.1873 |
| 56.660 | 3.2 | 0.1623 |
| 57.490 | 6.2 | 0.1601 |

方解石结构 $a=0.499nm$, $c=1.703nm$, $v=0.368nm^3$

表4-52　紫色裂江珧壳角质层

| 2θ(°) | $I/I_0$(%) | d(nm) |
|---|---|---|
| 23.118 | 9.0 | 0.3844 |
| 29.477 | 100.0 | 0.3028 |
| 31.490 | 4.2 | 0.2839 |
| 36.091 | 13.8 | 0.2486 |
| 39.531 | 14.6 | 0.2277 |
| 43.300 | 13.7 | 0.2087 |
| 47.596 | 21.4 | 0.1908 |
| 48.629 | 16.5 | 0.1870 |
| 56.733 | 3.1 | 0.1621 |
| 57.586 | 6.2 | 0.1599 |

方解石结构 $a=0.498nm$, $c=1.702nm$, $v=0.365nm^3$

表4-53　深圳东山珍珠层粉

| 2θ(°) | $I/I_0$(%) | d(nm) |
|---|---|---|
| 26.193 | 100.0 | 0.3400 |
| 27.205 | 51.8 | 0.3275 |
| 29.401 | 9.6 | 0.3035 |
| 31.085 | 34.1 | 0.2874 |
| | | |
| | | |
| | | |
| | | |
| | | |
| | | |

霰石结构 $a=0.498nm$, $b=0.791nm$, $c=0.572nm$, $v=0.225nm^3$

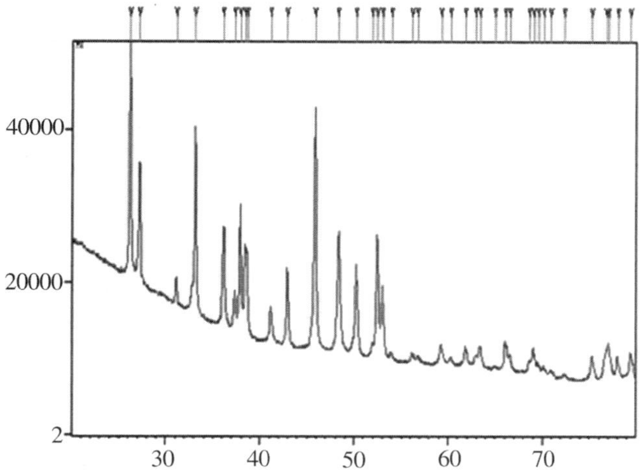


| 2θ(°) | d(nm) | 相对强度 |
|---|---|---|
| 26.221 | 0.3399 | 99.99 |
| 27.225 | 0.3276 | 51.1 |
| 31.111 | 0.2875 | 11.2 |
| 33.123 | 0.2705 | 79.0 |
| 36.119 | 0.2487 | 41.8 |
| 37.279 | 0.2412 | 16.5 |
| 37.872 | 0.2376 | 53.7 |
| 38.409 | 0.2342 | 37.1 |
| 38.600 | 0.2333 | 33.6 |
| 41.180 | 0.2192 | 14.3 |
| 42.899 | 0.2108 | 31.7 |
| 45.839 | 0.1980 | 100.0 |
| 48.324 | 0.1883 | 47.8 |
| 50.210 | 0.1817 | 37.3 |
| 51.924 | 0.1761 | 6.0 |
| 52.422 | 0.1745 | 50.7 |
| 52.992 | 0.1728 | 30.45 |

图4-4　褶纹冠蚌壳粉末X-射线衍射(据陈贵卿、陈俊豪, 2017)

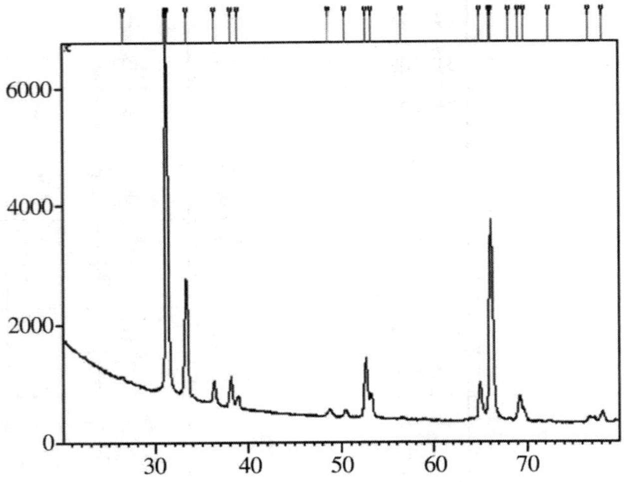


| 2θ(°) | d(nm) | 相对强度 |
|---|---|---|
| 26. 532 | 0. 3360 | 1. 1 |
| 31. 092 | 0. 2874 | 69. 2 |
| 31. 234 | 0. 2861 | 100. 0 |
| 31. 354 | 0. 2853 | 83. 3 |
| 33. 414 | 0. 2682 | 30. 7 |
| 36. 353 | 0. 2471 | 7. 0 |
| 38. 161 | 0. 2358 | 8. 5 |
| 38. 917 | 0. 2314 | 3. 4 |
| 48. 671 | 0. 1871 | 1. 8 |
| 50. 440 | 0. 1809 | 2. 0 |
| 52. 682 | 0. 1737 | 17. 3 |
| 53. 224 | 0. 1721 | 7. 2 |
| 56. 562 | 0. 1627 | 0. 4 |
| 64. 990 | 0. 1435 | 11. 2 |
| 66. 006 | 0. 1414 | 38. 4 |
| 66. 222 | 0. 1411 | 56. 5 |
| 69. 158 | 0. 1358 | 7. 1 |

图 4－5　褶纹冠蚌壳珍珠层 X－射线衍射（据陈贵卿、陈俊豪，2017）

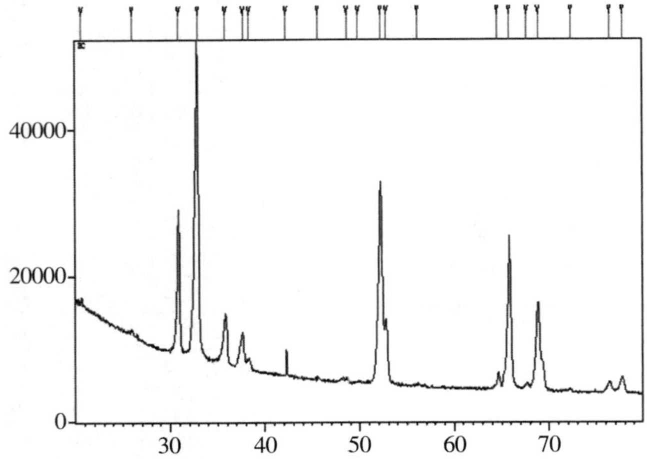


| 2θ(°) | d(nm) | 相对强度 |
|---|---|---|
| 20. 694 | 0. 4289 | 2. 1 |
| 25. 967 | 0. 3429 | 1. 9 |
| 30. 960 | 0. 2886 | 46. 3 |
| 32. 956 | 0. 2716 | 100. 0 |
| 35. 860 | 0. 2502 | 16. 4 |
| 37. 707 | 0. 2384 | 11. 4 |
| 38. 354 | 0. 2345 | 3. 3 |
| 42. 271 | 0. 2136 | 4. 4 |
| 45. 597 | 0. 1988 | 0. 8 |
| 48. 683 | 0. 1869 | 1. 2 |
| 49. 900 | 0. 1826 | 0. 7 |
| 52. 263 | 0. 1749 | 66. 1 |
| 52. 849 | 0. 1731 | 19. 7 |
| 56. 19 | 0. 1638 | 0. 9 |
| 64. 599 | 0. 1442 | 4. 8 |
| 65. 823 | 0. 1418 | 45. 9 |
| 67. 700 | 0. 1383 | 2. 4 |

图 4－6　褶纹冠蚌壳角质层 X－射线衍射（据陈贵卿、陈俊豪，2017）

表 4 - 54　PDF 卡片 041 - 1475

| $d$ (nm) | 0. 3397 | 0. 2702 | 0. 19774 | 0. 3274 | 0. 2373 | $CaCO_3$ |
|---|---|---|---|---|---|---|
| $I/I_{\circ}$ (%) | 100. 0 | 60 | 55 | 50 | 45 | Calcium Crabonate (aragonite) |

Rad. Cul Kα, λ 1. 5405　filter　Ni
Dia.　Cut　off　coll

$I/I_{\circ}$ Diffractometer
Ref. Swanson and Fuyat, NBS. Circular　539, Vil. Ⅲ

(1953)
Sys. orthorhombic　S. G. $D_{2h}^{16}$ − $P_{mcm}$
$a_0$ 0. 4959 $b_0$ 0. 7968 $c_0$ 0. 5741 A 0. 0622 C 0. 0721
αβγ　Z4
Ref. ibid.

$\varepsilon_{\alpha}$ 0. 1. 529　$n$ ωβ 0. 1. 680　$\varepsilon_{\gamma}$ Sign $^-$
2γ　Dx 2. 930mp　Color
Ref. ibid.

Sample　prepared　at　NBS. spect.　Anal. : < 0. 1%
Al, Ba, Cu, Fe, Me, Ni, Pb; < 0. 001% Ag, Mn, Sn
X-ray pattern at 26℃
Replace 1 - 0268, 3 - 0405, 3 - 0425, 3 - 0670, 3 -
0893,
3 - 1067

| $d$ (nm) | $I/I_{\circ}$ (%) | $hkl$ | $d$ (nm) | $I/I_{\circ}$ (%) | $hkl$ |
|---|---|---|---|---|---|
| 0. 4212 | 3 | 110 | 0. 2481 | 40 | 200 |
| 0. 3984 | 1 | 020 | 0. 2411 | 14 | 031 |
| 0. 3397 | 100 | 111 | 0. 2373 | 45 | 112 |
| 0. 3274 | 50 | 021 | 0. 2342 | 25 | 130 |
| 0. 2872 | 6 | 002 | 0. 2330 | 25 | 022 |
| 0. 2733 | 9 | 121 | 0. 2190 | 12 | 211 |
| 0. 2702 | 60 | 012 | 0. 2168 | 2 | 131 |

| $d$ (nm) | $I/I_{\circ}$ (%) | $hkl$ | $d$ (nm) | $I/I_{\circ}$ (%) | $hkl$ |
|---|---|---|---|---|---|
| 0. 2108 | 20 | 122 | 0. 13592 | 5 | 114 |
| 0. 19774 | 55 | 221 | 0. 13507 | 2 | 024 |
| 0. 19500 | 1 | 032 | 0. 13487 | 3 | 322 |
| 0. 18821 | 25 | 041 | 0. 13416 | 2 | 152 |
| 0. 18775 | 25 | 202 | 0. 13290 | 1 | 143 |
| 0. 18616 | 2 | 013 | 0. 13058 | 1 | 251 |
| 0. 18275 | 4 | 212 | 0. 13035 | 1 | 124 |
| 0. 18149 | 20 | 132 | 0. 12615 | 5 | 332 |
| 0. 17598 | 3 | 141 | 0. 12521 | 1 | 161 |
| 0. 17430 | 25 | 113 | 0. 12427 | 3 | 204 |
| 0. 17290 | 12 | 231 | 0. 12406 | 4 | 400 |
| 0. 17257 | 16 | 023 | 0. 12365 | 6 | 313 |
| 0. 16984 | 2 | 222 | 0. 12245 | 3 | 053 |
| 0. 16369 | 3 | 042 | 0. 12149 | 2 | 252 |
| 0. 16300 | 1 | 123 | 0. 12059 | 4 | 243 |
| 0. 16198 | 2 | 310 | 0. 11890 | 3 | 153 |
| 0. 15588 | 4 | 311 | 0. 11864 | 2 | 224 |
| 0. 15357 | 2 | 051 | 0. 11711 | 3 | 162 |
| 0. 14993 | 4 | 241 | 0. 11642 | 1 | 044 |
| 0. 14891 | 1 | 213 | 0. 11600 | 2 | 421 |
| 0. 14764 | 2 | 321 | 0. 11389 | 1 | 402 |
| 0. 14672 | 4 | 151 | 0. 11370 | 1 | 015 |
| 0. 14360 | 1 | 004 | 0. 11323 | 1 | 333 |
| 0. 14167 | 1 | 223 | 0. 11274 | 1 | 412 |
| 0. 14132 | 3 | 014 | 0. 11256 | 2 | 234 |
| 0. 14107 | 4 | 312 | 0. 11089 | 2 | 170 |
| 0. 14040 | 3 | 330 | 0. 11035 | 1 | 025 |
| 0. 13804 | 1 | 043 | 0. 10950 | 1 | 422 |
| 0. 13663 | 2 | 242 | | | |
| 0. 13639 | 2 | 331 | | | |

表 4－55 PDF 卡片 047－1743

| d(nm) | 0.30355 | 0.18753 | 0.190124 | 0.22846 | 0.20944 | 0.16041 |
|---|---|---|---|---|---|---|
| $I/I_○$(%) | 100.0 | 23.2 | 21.7 | 20.2 | 16.1 | 11.8 |

$CaCO_3$ **Calcium Crabonate Calcite**

Ref. Smith et al. Annual Report to the Joint Committee on Power Diffraction Standards (1973)

Sys. Hexagonal S. G.. R $\bar{3}$c (167) Dx2.722 Z 6
$a_0$ 0.499 $b_0$ $c_0$ 1.7002
αβγ
Ref. Chesin et al. Acta Cryst., $\underline{18}$ 689 (1965)

Scale factor (Integrated Intensities) 0.55 × $10^{-3}$
λ 0.15405 略去后面 10 条谱线

| d(nm) | $I/I_○$(%) | hkl | d(nm) | $I/I_○$(%) | hkl |
|---|---|---|---|---|---|
| 0.150936 | 3.6 | 11 $\underline{9}$ | 0.104478 | 5.3 | 13 $\underline{8}$ |
| 0.147317 | 2.7 | 215 | 0.103525 | 2.5 | 1016 |
| 0.144037 | 8.4 | 300 | 0.103491 | 0.8 | 11 $\underline{15}$ |
| 0.142175 | 4.8 | 0012 | 0.102302 | 0.6 | 12 $\underline{13}$ |
| 0.135677 | 1.9 | 12 $\underline{7}$ | 0.101184 | 5.4 | 3012 |
| 0.133896 | 3.1 | 0210 | 0.098966 | 0.7 | 23 $\underline{1}$ |
| 0.129666 | 3.7 | 21 $\underline{8}$ | 0.098471 | 2.7 | 32 $\underline{2}$ |
| 0.128492 | 0.8 | 036 | 0.098068 | 0.6 | 31 $\underline{10}$ |
| 0.124740 | 1.5 | 220 | 0.097671 | 2.4 | 21 $\underline{14}$ |
| 0.123524 | 2.8 | 11 $\underline{12}$ | 0.096560 | 1.8 | 23 $\underline{4}$ |
| 0.1118680 | 0.18 | 13 $\underline{2}$ | 0.1096369 | 4.14 | 048 |
| 0.1117978 | 3.17 | 12 $\underline{10}$ | 0.1095620 | 1.10 | 0216 |
| 0.1117289 | 0.15 | 0114 | 0.1095197 | 0.16 | 32 $\underline{5}$ |
| 0.1115378 | 6.18 | 134 | 0.1094295 | 4.12 | 410 |
| 0.1114231 | 3.15 | 22 $\underline{6}$ | 0.1093766 | 1.19 | 22 $\underline{12}$ |
| 0.1112466 | 0.19 | 21 $\underline{11}$ | 0.1091828 | 0.16 | 23 $\underline{7}$ |
| 0.1106144 | 1.14 | 2014 | 0.1089896 | 1.19 | 32 $\underline{8}$ |
| 0.1104721 | 4.19 | 404 | 0.1089502 | 1.18 | 41 $\underline{6}$ |

| d(nm) | $I/I_○$(%) | hkl | d(nm) | $I/I_○$(%) | hkl |
|---|---|---|---|---|---|
| 0.1385477 | 8.19 | 012 | 0.1191239 | 21.17 | 018 |
| 0.1303554 | 100 | 104 | 0.1187532 | 23.12 | 11 $\underline{6}$ |
| 0.1284350 | 2.12 | 006 | 0.1162579 | 4.12 | 12 $\underline{1}$ |
| 0.1249480 | 14.17 | 110 | 0.1160409 | 11.18 | 122 |
| 0.1228463 | 20.12 | 11 $\underline{3}$ | 0.1158688 | 1.12 | 1010 |
| 0.1209442 | 16.11 | 202 | 0.1152523 | 6.16 | 12 $\underline{4}$ |
| 0.1192738 | 7.10 | 024 | 0.1151777 | 3.10 | 208 |

（二）珍珠贝壳的角质素和方解石含量计算

海水珍珠贝壳的表层即角质层，它的 X－射线衍射谱线符合国际通用物相分析卡片 047－1743，确定为：碳酸钙的三方晶系，方解石结构。海水珍珠贝壳的角质层包含方解石和有机物，以及一些其他杂质，我们称为珍珠贝壳的角质素。并不是所有贝壳的角质层都是由方解石和有机物以及一些杂质组成的，例如：翡翠贻贝壳、三角帆蚌壳和褶纹冠蚌壳的角质层则由霰石和有机物以及一些杂质组成，它们就不能用以下的计算方法了。

为了估算珍珠贝壳各层及珍珠层粉的角质素含量，我们将霰石（珍珠粉或水垢）和角质素的几种不同比例的粉末均匀混合分别作 X－射线衍射，利用其中方解石的最强标识谱线 $d_{104}$(0.3036nm) 的强度 $I$(0.3036nm) 和霰石的最强标识谱线 $d_{111}$(0.3397nm) 的强度 $I_1$(0.3397nm) 的百分比：$Q=(I/I_1)\times100$ 为参考标准，列出如表 4－56 所示，画出 $Q$ 与样品的角质素含量 $T$ 的曲线，如图 4－7 中曲线 $I$，根据样品的 $Q$ 值利用曲线 $I$ 可以求出它的角质素含量。

同样将霰石（珍珠粉或水垢）和方解石的几种不同比例的粉末均匀混合分别作 X－射线衍射，同样利用其中方解石的最强标识谱线 $d_{104}$(0.3036nm) 的强度 $I$(0.3036nm) 和霰石的最强标识谱线 $d_{111}$(0.3397nm) 的强度 $I_1$(0.3397nm) 的百分比：$Q=(I/I_1)\times100$ 为参考标准，列出如表 4－57 所示，画出 $Q$ 与样品的方解石含量 $T$ 的曲线，如图 4－7 中曲线 Ⅱ，根据样品的 $Q$ 值利用曲线 Ⅱ 可以求出它的方解石含量。

注意：在同等含量的情况下，方解石的最强谱线 $d_{104}$ 比霰石的最强谱线 $d_{111}$ 要强得多。

从图中曲线求解还得画曲线，比较麻烦。为了便于运算可以利用表 4－56 和表 4－57。计算时先看看 $Q$ 值在哪两个 $Q$ 值之间，将两点之间看成直线进行内插法运算。例如 $Q$ 值在 $Q_2$ 和 $Q_3$ 之间时，按照内插的公式：$(Q-Q_2)/(T-T_2)=(Q_3-Q_2)/(T_3-T_2)$，所以 $T=(Q-Q_2)/[(Q_3-Q_2)/(T_3-T_2)]+T_2=(Q-Q_2)/M_3+T_2$。

其中：$M_3=[(Q_3-Q_2)/(T_3-T_2)]$ 为 $(T_2, Q_2)$ 点和 $(T_3, Q_3)$ 点之间的斜率，其余类此。

当最强谱线不是 $d=0.3397$nm，而是 $d=0.2702$nm 或 $d=0.1977$nm 时，上面计算用的霰石的最强标识谱线 $d_{111}$(0.3397nm)的强度 $I_1$(0.3397nm)，应改用 $d_{121}$(0.2702nm)的强度 $I_1$(0.2702nm)或 $d_{221}$(0.1977nm)的强度 $I_1$(0.1977nm)，计算结果还是可以作为样品质量的参考。

样品在混合时不一定十分均匀，局部可能有偏析，X－射线扫描需要的样品不到 1g，有的点难免会由于样品偏析引起误差，需要参考曲线走势进行校正。

今举深海团结蛤壳里中层和角质层(见表 4－56 和表 4－57)作例子。

(1)深海团结蛤壳里中层。现在 $Q=(I_{0.3030方解石}/I_{0.3401霰石})\times100=61$。

①计算角质素含量。从表 4－56，$Q$ 值 61 在 52.55～115.74 之间，成分在 20.03～34.63 之间，这一段斜率 $M_3=4.33$，$T_{角质素}=(61-52.55)/4.33+20.03=21.98$。

②计算方解石含量。从表 4－57，$Q$ 值 61 在 54.20～205.71 之间，成分在 4.85～14.57 之间，这一段斜率 $M_3=15.59$，$T_{方解石}=(61-54.20)/15.59+4.85=5.29$，余下为 $T_{霰石}=94.71\%$。

(2)深海团结蛤壳角质层。现在 $Q=(I_{0.3032方解石}/I_{0.3402霰石})\times100=100/36.6\times100=273.22$。

①计算角质素含量。从表 4－56，$Q$ 值 273.22 在 198.60～469.99 之间，成分在 49.92～69.99 之间，这一段斜率 $M_5=13.5$，$T_{角质素}=(273.22-198.6)/13.5+49.92=55.45$。

②计算方解石含量。从表 4－57，$Q$ 值 273.22 在 205.71～291.67 之间，成分在 14.57～20.03 之间，这一段斜率 $M_3=15.74$，$T_{方解石}=(273.22-205.71)/15.74+14.57=18.86$，余下为 $T_{霰石}=81.14$。

**表 4－56　角质素的含量 $T$(%)与其 $Q$(%)的关系**(据陈贵卿、陈俊豪，1987)

| $T_0$(%) | $M_1$ | $T_1$(%) | $M_2$ | $T_2$(%) | $M_3$ | $T_3$(%) | $M_4$ | $T_4$(%) | $M_5$ | $T_5$(%) |
|---|---|---|---|---|---|---|---|---|---|---|
| 0 | 1.5 | 4.39 * | 2.94 | 20.03 | 4.33 | 34.63 | 5.42 | 49.92 | 13.5 | 69.99 |
| $Q_0$(%) | | $Q_1$(%) | | $Q_2$(%) | | $Q_3$(%) | | $Q_4$(%) | | $Q_5$(%) |
| 0 | | 6.59 | | 52.55 | | 115.74 | | 198.60 | | 469.99 |

**表 4－57　方解石的含量 $T$(%)与其 $Q$(%)的关系**(据陈贵卿、陈俊豪，1987)

| $T_0$(%) | $M_1$ | $T_1$(%) | $M_2$ | $T_2$(%) | $M_3$ | $T_3$(%) | $M_4$ | $T_4$(%) | $M_5$ | $T_5$(%) | $M_6$ | $T_6$(%) |
|---|---|---|---|---|---|---|---|---|---|---|---|---|
| 0 | 11.18 | 4.85 | 15.59 | 14.57 * | 15.74 | 20.03 | 15.9 | 25.56 | 17.53 | 50.04 | 61.7 | 73.81 |
| $Q_0$(%) | | $Q_1$(%) | | $Q_2$(%) | | $Q_3$(%) | | $Q_4$(%) | | $Q_5$(%) | | $Q_6$(%) |
| 0 | | 54.20 | | 205.71 | | 291.67 | | 379.59 | | 808.77 | | 2775.36 |

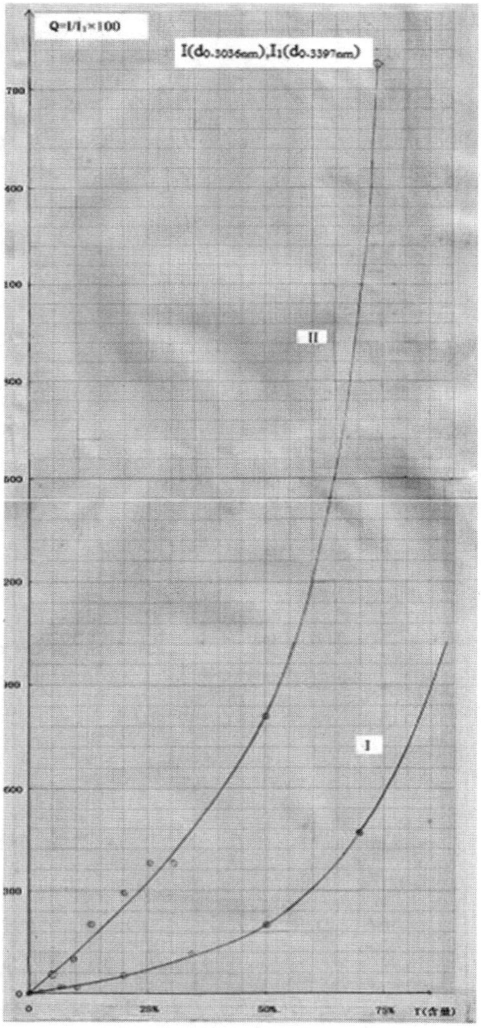


**图4－7　谱线相对强度——成分曲线**（据陈贵卿、陈俊豪，1987）

（三）结果讨论

（1）晶体结构测定方法。使用X－射线能谱仪和X－射线光谱仪以及其他化学分析方法都无法测定晶体结构，只能采用X－射线衍射仪。

（2）海水珍珠和淡水珍珠的晶体结构。它们都含98%左右的碳酸钙，完全是正交晶系，霰石结构。三角帆蚌珍珠晶格常数为：$a=0.496$nm，$b=0.797$nm，$c=0.574$nm，其余珍珠晶格常数也相近。这个结果与国际通用物相分析卡片041－1475的结果（$a=0.496$nm，$b=0.797$nm，$c=0.574$nm）一样，也与周公度著《晶体结构测定》的结果（$a=0.494$nm，$b=0.794$nm，$c=0.572$nm）一致。但与日本松井佳一著的《真珠の事典》结果（$a=0.517$nm，$b=0.847$nm，$c=0.615$nm）相差很远。

由霰石构成的珍珠即通常的"珍珠"，母体是珍珠贝类和珍珠蚌类，而由方解石构成的珍珠称为"方解石珍珠"，母体是牡蛎类，这种方解石珍珠不是真正的霰石珍珠，价值不高。

（3）人工插核养殖珍珠的贝类，只能是贝壳里层为霰石珍珠层的贝类，因为只有这些贝（蚌）类的外套膜才能分泌霰石。

(4)背瘤丽蚌壳珠核(见表4－38)全是碳酸钙的正交晶系，霰石结构，同珍珠一样。天然珍珠和珍珠贝壳的里层(珍珠层)既然都是霰石结构，说明霰石结构的珠核能够比较自然地存在于珍珠贝体内，不容易被排除或引起贝体死亡。在晶体生长的观点看来，只有与珠核结构相同的晶体才比较容易在上面生长起来，否则，它们之间的表面张力很大，不能很好地结合起来，这样的珠核将不易起基底(核心)作用。因此，珍珠核最好尽可能与珍珠结构相同，否则将是物理(甚至化学)性质不同的异物，生长珍珠比较困难缓慢，严重时可能被排除甚至引起贝体死亡。由于背瘤丽蚌壳珠核与珍珠结构相同，因此，在它上面生长珍珠就是比较自然而又可能的了。这一点在寻找新珠核材料时可加以考虑，但是珍珠的生长过程并不等同于晶体生长过程，因此不能排除采用其他结构的晶核的可能性。

(5)大理石珍珠核具碳酸钙，是三方晶系方解石结构，与珍珠和珍珠贝壳的珍珠层所具的霰石结构不同，如上所述它也许不太容易自然地存留在珍珠贝体内，即使能在贝体内留存(留核)也不太容易在它上面生长出与它具不同结构的珍珠(霰石结构)来，即不太容易上珍珠层。

(6)珍珠贝(蚌)壳晶体结构。海水珍珠贝壳珍珠层和棱柱层都是霰石结构，角质层是方解石结构，而不是珍珠的霰石结构。淡水珍珠蚌壳珍珠层、棱柱层和角质层全是霰石结构。

(7)珍珠层粉的质量评价。

①无机成分鉴别。从表4－1可见，深圳东山珍珠层粉和海南新村珍珠层粉质量最好，江西珍珠层粉和奇星药厂珍珠粉次之，澳头珍珠层粉质量最差，所含碳酸钙太少而杂质较多，特别是所含二氧化硅和氧化铝都特别多，可能是露天场地或砂轮打磨贝壳残余的金刚砂引起的。

②晶体结构鉴别。珍珠不含方解石，全是霰石结构。珍珠层粉含少量方解石，方解石最强谱线为 $d=0.3036$nm，可用它是否出现来鉴别它们的质量。表4－34～表4－37和表4－53是5种珍珠层粉的X－射线衍射结果，可看出澳头珍珠层粉所含方解石稍多，质量较差。

奇怪的是淡水珍珠层粉江西珍珠层粉和奇星药厂珍珠粉哪来的方解石谱线？因为用来生产它们的三角帆蚌壳、背角无齿蚌壳和褶纹冠蚌壳完全不含方解石谱线，湿取褶纹冠蚌壳角质层倒是含方解石谱线。我们怀疑是测试精度不够所致，于2017年2月28日到中山大学测试中心再次测试褶纹冠蚌壳珍珠层、角质层和同一蚌壳全壳混合研末，加大工作电流，放大入射狭缝，降低扫描速度，反复放大观察。这次实验甚至连相对强度0.44%的谱线也出现，但方解石的最强标识谱线：$d=0.3036$nm，$2\theta(°)=29.393$ 附近没找到任何谱线，连一点鼓包也没有。因此完全可以确定淡水珍珠蚌壳不含方解石。

因此，这些珍珠层粉出现方解石谱线可能主要是由加工环境(晒壳场风沙)或蚌类在生长过程中粘上的方解石在干燥后未去掉所致，如表4－58所示。

**表4－58 湿取褶纹冠蚌壳黑软表层杂质谱线的强度**

| $d$(nm) | 0.4294 | 0.4246 | 0.4099 | 0.3979 | 0.3884 | 0.3734 | 0.3571 | 0.3024 |
|---|---|---|---|---|---|---|---|---|
| $I/I_0$(%) | 87.3 | 80.2 | 77.7 | 77.7 | 72.5 | 68.5 | 69.7 | 53.2 |

③氨基酸分析。含氨基酸近4%。

## 二、牡蛎珍珠和牡蛎壳的晶体结构

牡蛎是最重要的养殖贝类。但是，对于牡蛎壳的研究国内未见其他报道。贝类学和牡蛎养殖的书籍指出，牡蛎壳从内到外，由珍珠层(霰石)、棱柱层(方解石)、角质层(具色泽的角蛋白)构成，它能生成珍珠，但极少发现，牡蛎珍珠不如珍珠贝类的珍珠有光泽。这些提法是否确切？什么原因使得它生成的珍珠不够光亮，它能否通过人工插核养殖珍珠？这些问题值得我们进行深入探讨。

近年来，产于深圳湾的牡蛎，肉质丰腴的白肉牡蛎逐渐减少，而较瘦瘠的红肉牡蛎逐步增加，这是个值得研究的问题。本书将从它们的晶体结构方面进行探讨。

(一)X－射线衍射实验

材料：实验所用的牡蛎珍珠由山东省药材公司提供，白肉牡蛎壳和红肉牡蛎壳都是由中国水产科学研究院南海水产研究所提供。因为这些贝壳构造复杂，我们将白肉牡蛎壳和红肉牡蛎壳分成坚实里层、松散部分(里层的松散部分和中层松散层)、前缘、下壳表层和上壳鲮片5部分。将它们分别研成粉末，按上面方法进行实验，同样参照国际通用物相分析卡片，确定样品的晶体结构，并通过相应的公式计算出晶格常数。

从表4－70 JCPDS卡片17－763，列出方解石－Ⅲ的8条主要谱线及其相对强度(%)做参考：$d_{020}=0.422$nm，$I/I_0$(%)＝10；$d_{002}=0.357$nm，$I/I_0$(%)＝20；$d_{220}=0.302$nm，$I/I_0$(%)＝100；$d_{030}=0.281$nm，$I/I_0$(%)＝100；$d_{131}=0.253$nm，$I/I_0$(%)＝10；$d_{230}=0.238$nm，$I/I_0$(%)＝16；$d_{302}=0.228$nm，$I/I_0$(%)＝10；$d_{313}=0.181$nm，$I/I_0$(%)＝10。方解石的6条主要谱线前面已经列出了。下划双线为二氧化硅谱线，$d=\underline{\underline{0.3340}}$nm，下同。

我们现在对牡蛎珍珠X－射线衍射分析，条件如图4－8所示(据陈贵卿、陈俊豪，2015)。

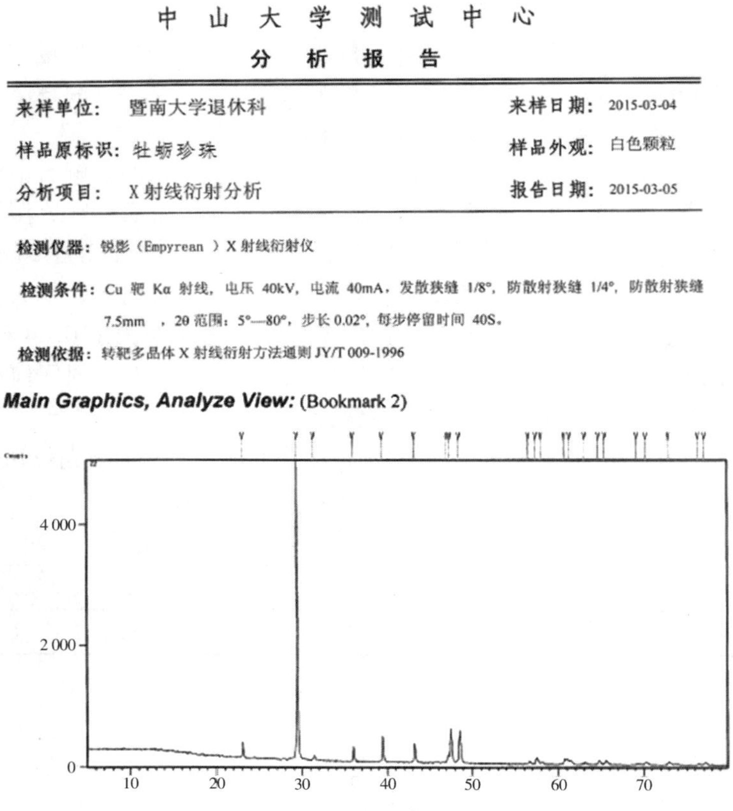
中 山 大 学 测 试 中 心

分 析 报 告

| | |
|---|---|
| 来样单位：暨南大学退休科 | 来样日期：2015-03-04 |
| 样品原标识：牡蛎珍珠 | 样品外观：白色颗粒 |
| 分析项目：X射线衍射分析 | 报告日期：2015-03-05 |

检测仪器：锐影(Empyrean)X射线衍射仪

检测条件：Cu靶 Kα 射线，电压 40kV，电流 40mA，发散狭缝 1/8°，防散射狭缝 1/4°，防散射狭缝 7.5mm，2θ 范围：5°—80°，步长 0.02°，每步停留时间 40S。

检测依据：转靶多晶体X射线衍射方法通则 JY/T 009-1996

Main Graphics, Analyze View: (Bookmark 2)



图4－8　牡蛎珍珠X－射线衍射分析

结果如下：

1. 牡蛎珍珠见表4－59。

表中划虚线谱线符合卡片047－1743。确定样品为：$CaCO_3$，三方晶系，方解石结构。从其中谱线：$d_{104}=0.3037$nm，$d_{018}=0.1915$nm，通过三方晶系的六方晶胞公式：$1/d^2=4/3\times(h^2+hk+k^2)/a^2+l^2/c^2$，计算出六方晶胞晶格常数为：$a=0.498$nm，$c=1.709$nm。通过公式：$a=2a_0\sin(\alpha/2)$，$c=3a_0\sqrt{1-4/3\sin^2(\alpha/2)}$，换算得菱面体晶胞晶格常数为：$a_0=0.638$nm，$\alpha=45°58'$。菱面柱体晶胞体积 $v=\sqrt{3/2}\times a^2\times c=0.368\text{nm}^3$。

2. 白肉牡蛎壳坚实里中层见表4－60。

表中划虚线谱线符合卡片047－1743。确定样品为：$CaCO_3$，三方晶系，方解石结构。从其中谱线：$d_{104}=0.3032$nm，$d_{018}=0.1909$nm，通过前面公式，计算出六方晶胞晶格常数为：$a=0.499$nm，$c=1.702$nm；菱面体晶胞晶格常数为：$a_0=0.636$nm，$\alpha=46°10'$。菱面柱体晶胞体积 $v=\sqrt{3/2}\times a^2\times c=0.367\text{nm}^3$。

3. 红肉牡蛎壳坚实里中层见表4－61。

表中划虚线谱线符合卡片047－1743。确定样品为：$CaCO_3$，三方晶系，方解石结构。从其中谱线：$d_{104}=0.3025$nm，$d_{018}=0.1907$nm，通过前面公式，计算出六方晶胞晶格常数为：$a=0.497$nm，$c=1.702$nm；菱面体晶胞晶格常数为：$a_0=0.636$nm，$\alpha=45°59'$。菱面柱体晶胞体积 $v=\sqrt{3/2}\times a^2\times c=0.364\text{nm}^3$。

4. 白肉牡蛎壳里层和中层的松散层见表4－62。

表中划波纹谱线符合卡片17－763。确定样品大部分为：$CaCO_3$，正交晶系，方解石－Ⅲ结构。从其中谱线：$d_{220}=0.3019$nm，$d_{030}=0.2815$nm，$d_{302}=0.2274$nm，通过正交晶系的公式计算出方解石－Ⅲ的晶格常数为：$a=0.864$nm，$b=0.845$nm，$c=0.742$nm。晶胞体积 $v=a\times b\times c=0.542\text{nm}^3$。

5. 红肉牡蛎壳里层和中层的松散层见表4－63。

表中划波纹谱线部分符合卡片17－763。确定样品大部分为：$CaCO_3$，正交晶系，方解石－Ⅲ结构。从其中谱线：$d_{220}=0.3020$nm，$d_{030}=0.2811$nm，$d_{302}=0.2274$nm，通过正交晶系的公式计算出方解石－Ⅲ的晶格常数为：$a=0.866$nm，$b=0.843$nm，$c=0.739$nm。晶胞体积 $v=a\times b\times c=0.539\text{nm}^3$。

6. 白肉牡蛎壳里、表连接的前缘见表4－64。

表中划虚线谱线符合卡片047－1743。确定样品为：$CaCO_3$，三方晶系，方解石结构。从其中谱线：$d_{104}=0.3026$nm，$d_{018}=0.1907$nm，计算出六方晶胞晶格常数为：$a=0.497$nm，$c=1.702$nm；菱面体晶胞晶格常数为：$a_0=0.636$nm，$\alpha=46°02'$。菱面柱体晶胞体积 $v=\sqrt{3/2}\times a^2\times c=0.364\text{nm}^3$。

7. 红肉牡蛎壳里、表连接的前缘见表4－65。

表中划虚线谱线符合卡片047－1743。确定样品为：$CaCO_3$，三方晶系，方解石结构。从其中谱线：$d_{104}=0.3028$nm，$d_{018}=0.1909$nm，计算出六方晶胞晶格常数为：$a=0.497$nm，

$c=1.704$nm；菱面体晶胞晶格常数为：$a_0=0.636$nm，$\alpha=45°59'$。菱面柱体晶胞体积 $v=\sqrt{3/2}\times a^2\times c=0.365\text{nm}^3$。

8. 白肉牡蛎（角质层）下壳表层见表4－66。

表中划虚线谱线符合卡片047－1743。确定样品为：$CaCO_3$，三方晶系，方解石结构。从其中谱线：$d_{104}=0.3032$nm，$d_{018}=0.1909$nm，计算出六方晶胞晶格常数为：$a=0.499$nm，$c=1.702$nm；菱面体晶胞晶格常数为：$a_0=0.636$nm，$\alpha=46°10'$。菱面柱体晶胞体积 $v=\sqrt{3/2}\times a^2\times c=0.367\text{nm}^3$。

下划双线为二氧化硅谱线，$d=\underline{\underline{0.3340}}$nm，下同。这是白肉牡蛎在生长过程中粘上的。

9. 红肉牡蛎（角质层）下壳表层见表4－67。

表中划虚线谱线符合卡片047－1743。确定样品为：$CaCO_3$，三方晶系，方解石结构。从其中谱线：$d_{104}=0.3028$nm，$d_{018}=0.1908$nm，计算出六方晶胞晶格常数为：$a=0.498$nm，$c=1.702$nm；菱面体晶胞晶格常数为：$a_0=0.636$nm，$\alpha=46°03'$。菱面柱体晶胞体积 $v=\sqrt{3/2}\times a^2\times c=0.365\text{nm}^3$。

10. 白肉牡蛎（角质层）上壳鳞片见表4－68。

表中划虚线谱线符合卡片047－1743。确定样品为：$CaCO_3$，三方晶系，方解石结构。从其中谱线：$d_{104}=0.3031$nm，$d_{018}=0.1909$nm，计算出六方晶胞晶格常数为：$a=0.498$nm，$c=1.703$nm；菱面体晶胞晶格常数为：$a_0=0.636$nm，$\alpha=46°07'$。菱面柱体晶胞体积 $v=\sqrt{3/2}\times a^2\times c=0.366\text{nm}^3$。

11. 红肉牡蛎（角质层）上壳鳞片见表4－69。

表中划虚线谱线符合卡片047－1743。确定样品为：$CaCO_3$，三方晶系，方解石结构。从其中谱线：$d_{104}=0.3030$nm，$d_{018}=0.1908$nm，计算出六方晶胞晶格常数为：$a=0.498$nm，$c=1.702$nm；菱面体晶胞晶格常数为：$a_0=0.636$nm，$\alpha=46°08'$。菱面柱体晶胞体积 $v=\sqrt{3/2}\times a^2\times c=0.366\text{nm}^3$。

方解石和方解石－Ⅲ构成的贝壳晶格常数（nm）见表4－74和表4－75。

### （二）牡蛎珍珠和壳讨论

1. 牡蛎壳无机成分。白肉牡蛎壳和红肉牡蛎壳的坚实里中层、前缘、松散部分（里层的和中层的）、下壳表层和上壳鲮片的无机成分和结构都相同，绝大部分都是碳酸钙，其他成分谱线很弱。

2. 牡蛎珍珠晶体结构。它是碳酸钙的三方晶系，方解石结构，不是真正意义上的霰石珍珠，而是方解石珍珠，故价值不高。对牡蛎人工养殖珍珠意义不大，何况牡蛎壳也难以撬开插核养殖珍珠。

3. 牡蛎壳除了松散部分外的晶体结构其余都是 $CaCO_3$，三方晶系，方解石结构。

4. 牡蛎壳松散部分（里层和中层的松散部分）的晶体结构是 $CaCO_3$，正交晶系，方解石－Ⅲ结构。它是一种比较生疏的结构，在一般的地质学、结晶学和贝类学的书籍上很难查到。在JCPDS卡片上有记载，它的密度为 $D\text{x}=3.108$，比方解石密度 $D\text{x}=2.722$ 和霰石密度 $D\text{x}=2.931$ 都大。

5. 白肉牡蛎壳和红肉牡蛎壳的无机成分和晶体结构没有区别。

为了便于比较，我们将白肉牡蛎壳和红肉牡蛎壳各层分别并列（见表4－59至表4－69，据陈贵卿、陈俊豪，1983、2015）

表4－59　牡蛎珍珠

| 2θ(°) | $I/I_0$(%) | d(nm) |
|---|---|---|
| 23.077 | 4.6 | 0.3855 |
| 29.407 | 100.0 | 0.3037 |
| 31.405 | 1.7 | 0.2849 |
| 36.0068 | 5.1 | 0.2494 |
| 39.427 | 8.5 | 0.2285 |
| 43.186 | 6.4 | 0.2095 |
| 47.125 | 2.2 | 0.1929 |
| 47.482 | 11.0 | 0.1915 |
| 48.514 | 11.0 | 0.1877 |
| 56.609 | 0.9 | 0.1626 |
| 57.478 | 2.3 | 0.1603 |
| 58.062 | 0.8 | 0.1589 |
| 60.732 | 2.0 | 0.1525 |
| 61.392 | 1.5 | 0.1510 |
| 63.206 | 0.5 | 0.1471 |
| 64.785 | 1.3 | 0.1439 |
| 65.543 | 1.4 | 0.1424 |
| 69.244 | 0.5 | 0.1357 |
| 72.930 | 1.1 | 0.1297 |
| 方解石 | | |

表4－60　白肉牡蛎壳坚实里中层

| 2θ(°) | $I/I_0$(%) | d(nm) |
|---|---|---|
| 23.081 | 6.2 | 0.3849 |
| 29.438 | 100.0 | 0.3032 |
| 31.468 | 4.8 | 0.2841 |
| 36.020 | 5.5 | 0.2491 |
| 39.462 | 10.1 | 0.2281 |
| 43.223 | 6.9 | 0.2091 |
| 47.567 | 24.4 | 0.1909 |
| 48.563 | 14.3 | 0.1873 |
| 56.627 | 1.6 | 0.1624 |
| 57.465 | 3.1 | 0.1602 |
| 58.151 | 1.8 | 0.1585 |
| 60.720 | 2.8 | 0.1523 |
| 61.450 | 2.2 | 0.1507 |
| 64.732 | 2.3 | 0.1438 |
| 65.668 | 4.2 | 0.1420 |
| 70.309 | 1.7 | 0.1337 |
| 72.962 | 1.4 | 0.1295 |
| 77.215 | 2.6 | 0.1234 |
| 81.577 | 1.7 | 0.1178 |
| 方解石 | | |

表4－61　红肉牡蛎壳坚实里中层

| 2θ(°) | $I/I_0$(%) | d(nm) |
|---|---|---|
| 23.140 | 4.0 | 0.3840 |
| 29.504 | 100.0 | 0.3025 |
| 31.526 | 3.6 | 0.2835 |
| 36.101 | 3.8 | 0.2485 |
| 39.528 | 6.7 | 0.2277 |
| 43.291 | 5.9 | 0.2088 |
| 47.624 | 18.7 | 0.1907 |
| 48.630 | 10.3 | 0.1870 |
| 57.542 | 2.1 | 0.1600 |
| 58.212 | 1.9 | 0.1583 |
| 60.987 | 2.0 | 0.1517 |
| 61.520 | 1.4 | 0.1505 |
| 64.821 | 1.3 | 0.1437 |
| 65.716 | 3.4 | 0.1419 |
| | | |
| | | |
| | | |
| | | |
| | | |
| 方解石 | | |

表4-62 白肉牡蛎壳松散部分

| 2θ(°) | $I/I_0$(%) | d(nm) |
|---|---|---|
| 23.197 | 8.9 | 0.3831 |
| 26.324 | 2.0 | 0.3382 |
| 27.410 | 1.1 | 0.3250 |
| 29.559 | 100.0 | 0.3019 |
| 31.762 | 3.6 | 0.2815 |
| 33.248 | 1.9 | 0.2692 |
| 36.154 | 11.3 | 0.2482 |
| 39.588 | 14.8 | 0.2274 |
| 43.350 | 11.4 | 0.2085 |
| 45.598 | 2.7 | 0.1987 |
| 46.048 | 1.2 | 0.1969 |
| 47.220 | 3.7 | 0.1923 |
| 47.702 | 17.7 | 0.1904 |
| 48.697 | 17.4 | 0.1868 |
| 56.753 | 2.8 | 0.1620 |
| 57.610 | 5.8 | 0.1598 |
| 60.874 | 4.0 | 0.1520 |
| 61.594 | 1.7 | 0.1504 |
| 63.302 | 1.4 | 0.1467 |
| 方解石-Ⅲ | | |

表4-63 红肉牡蛎壳松散部分

| 2θ(°) | $I/I_0$(%) | d(nm) |
|---|---|---|
| 23.190 | 8.7 | 0.3832 |
| 27.492 | 1.7 | 0.3240 |
| 29.552 | 100.0 | 0.3020 |
| 31.801 | 9.8 | 0.2811 |
| 36.135 | 11.1 | 0.2483 |
| 39.581 | 15.7 | 0.2274 |
| 43.334 | 13.4 | 0.2086 |
| 45.586 | 4.6 | 0.1988 |
| 47.213 | 4.2 | 0.1923 |
| 47.702 | 20.1 | 0.1904 |
| 48.692 | 16.8 | 0.1868 |
| 56.721 | 3.4 | 0.1621 |
| 57.595 | 5.7 | 0.1598 |
| 58.280 | 1.5 | 0.1582 |
| 60.866 | 3.2 | 0.1520 |
| 61.568 | 2.5 | 0.1504 |
| 63.250 | 1.7 | 0.1468 |
| 64.869 | 3.3 | 0.1436 |
| 65.803 | 3.6 | 0.1418 |
| 方解石-Ⅲ | | |

表4-64 白肉牡蛎壳前缘

| 2θ(°) | $I/I_0$(%) | d(nm) |
|---|---|---|
| 23.144 | 8.2 | 0.3839 |
| 29.499 | 100.0 | 0.3026 |
| 31.534 | 5.7 | 0.2835 |
| 36.086 | 8.0 | 0.2486 |
| 39.519 | 13.4 | 0.2278 |
| 43.273 | 9.7 | 0.2089 |
| 47.629 | 37.1 | 0.1907 |
| 48.620 | 19.3 | 0.1871 |
| 56.676 | 2.2 | 0.1622 |
| 57.527 | 5.0 | 0.1600 |
| 58.214 | 2.6 | 0.1583 |
| 60.784 | 3.3 | 0.1522 |
| 61.514 | 3.4 | 0.1506 |
| 63.177 | 1.5 | 0.1470 |
| 64.785 | 3.0 | 0.1437 |
| 65.729 | 6.0 | 0.1419 |
| 69.302 | 1.0 | 0.1354 |
| 70.369 | 2.6 | 0.1336 |
| 73.015 | 2.4 | 0.1294 |
| 方解石 | | |

表4-65 红肉牡蛎壳前缘

| 2θ(°) | $I/I_0$(%) | d(nm) |
|---|---|---|
| 23.113 | 6.7 | 0.3845 |
| 29.470 | 100.0 | 0.3028 |
| 31.499 | 5.6 | 0.2838 |
| 36.060 | 6.9 | 0.2488 |
| 39.497 | 11.9 | 0.2279 |
| 43.252 | 8.6 | 0.2089 |
| 47.590 | 37.8 | 0.1909 |
| 48.594 | 18.7 | 0.1872 |
| 57.506 | 4.2 | 0.1601 |
| 58.175 | 2.9 | 0.1584 |
| 60.791 | 2.8 | 0.1522 |
| 61.472 | 3.4 | 0.1507 |
| 63.166 | 1.5 | 0.1470 |
| 64.775 | 2.7 | 0.1438 |
| 65.684 | 5.8 | 0.1420 |
| 69.311 | 0.9 | 0.1354 |
| 70.325 | 2.6 | 0.1337 |
| 72.989 | 2.0 | 0.1295 |
| 73.788 | 0.5 | 0.1282 |
| 方解石 | | |

表4-66 白肉牡蛎下壳表层

| 2θ(°) | $I/I_0$(%) | d(nm) |
|---|---|---|
| 23.069 | 9.7 | 0.3852 |
| 26.661 | 2.5 | 0.3340 |
| 29.439 | 100.0 | 0.3032 |
| 31.491 | 4.0 | 0.2839 |
| 36.021 | 11.2 | 0.2491 |
| 39.465 | 16.8 | 0.2281 |
| 43.222 | 12.3 | 0.2091 |
| 47.587 | 20.0 | 0.1909 |
| 48.578 | 17.6 | 0.1872 |
| 56.629 | 2.8 | 0.1623 |
| 57.484 | 5.6 | 0.1601 |
| 58.170 | 1.5 | 0.1584 |
| 60.747 | 4.2 | 0.1523 |
| 61.465 | 2.1 | 0.1507 |
| 63.140 | 1.5 | 0.1471 |
| 64.752 | 4.1 | 0.1438 |
| 65.714 | 3.1 | 0.1419 |
| 70.335 | 1.6 | 0.1337 |
| 72.992 | 2.1 | 0.1295 |
| 方解石 | | |

表4-67 红肉牡蛎下壳表层

| 2θ(°) | $I/I_0$(%) | d(nm) |
|---|---|---|
| 23.106 | 8.3 | 0.3846 |
| 26.600 | 1.0 | 0.3347 |
| 29.469 | 100.0 | 0.3028 |
| 31.498 | 4.9 | 0.2838 |
| 36.055 | 9.4 | 0.2488 |
| 39.496 | 14.7 | 0.2279 |
| 43.254 | 10.9 | 0.2089 |
| 45.555 | 0.7 | 0.1989 |
| 47.599 | 32.0 | 0.1908 |
| 48.600 | 18.5 | 0.1871 |
| 50.246 | 1.9 | 0.1814 |
| 56.666 | 2.2 | 0.1622 |
| 57.510 | 5.6 | 0.1601 |
| 58.184 | 2.2 | 0.1584 |
| 60.787 | 3.3 | 0.1522 |
| 61.498 | 3.0 | 0.1506 |
| 63.167 | 1.5 | 0.1470 |
| 64.781 | 3.1 | 0.1437 |
| 65.705 | 5.0 | 0.1419 |
| 方解石 | | |

表4-68 白肉牡蛎上壳鳞片

| 2θ(°) | $I/I_0$(%) | d(nm) |
|---|---|---|
| 23.085 | 8.0 | 0.3849 |
| 29.446 | 100.0 | 0.3031 |
| 31.485 | 4.0 | 0.2839 |
| 36.034 | 10.3 | 0.2490 |
| 39.473 | 15.0 | 0.2280 |
| 43.231 | 13.0 | 0.2090 |
| 47.590 | 20.7 | 0.1909 |
| 48.583 | 17.4 | 0.1872 |
| 56.658 | 2.5 | 0.1623 |
| 57.491 | 5.7 | 0.1601 |
| 58.192 | 1.4 | 0.1583 |
| 60.755 | 3.9 | 0.1523 |
| 61.478 | 2.4 | 0.1506 |
| 64.763 | 3.9 | 0.1438 |
| 65.710 | 3.7 | 0.1419 |
| 70.333 | 1.7 | 0.1337 |
| 73.004 | 1.9 | 0.1294 |
| 77.245 | 2.0 | 0.1234 |
| 81.632 | 1.8 | 0.1178 |
| 方解石 | | |

表4-69 红肉牡蛎上壳鳞片

| 2θ(°) | $I/I_0$(%) | d(nm) |
|---|---|---|
| 23.092 | 8.1 | 0.3848 |
| 26.688 | 6.8 | 0.3336 |
| 27.926 | 1.2 | 0.3192 |
| 29.455 | 100.0 | 0.3030 |
| 31.495 | 4.8 | 0.2838 |
| 35.016 | 1.2 | 0.2560 |
| 36.039 | 10.1 | 0.2490 |
| 39.483 | 15.1 | 0.2280 |
| 42.496 | 1.0 | 0.2125 |
| 43.239 | 12.4 | 0.2090 |
| 47.601 | 21.8 | 0.1908 |
| 48.592 | 16.8 | 0.1872 |
| 50.204 | 0.9 | 0.1815 |
| 54.065 | 0.7 | 0.1694 |
| 56.656 | 2.5 | 0.1623 |
| 57.495 | 5.8 | 0.1601 |
| 60.772 | 3.8 | 0.1522 |
| 61.489 | 2.7 | 0.1506 |
| 64.772 | 3.7 | 0.1438 |
| 方解石 | | |

表 4－70　JCPDS 卡片 17－763

<table>
<tr><td>d(nm)</td><td>0.302</td><td>0.281</td><td>0.357</td><td>0.422</td><td colspan="6" rowspan="2">CaCO<sub></sub>$CaCO_3$－Ⅲ<br>Calcium　Crabonate Calcite－Ⅲ</td></tr>
<tr><td>I/I$_0$(%)</td><td>100</td><td>100</td><td>20</td><td>10</td></tr>
<tr><td colspan="5" rowspan="3">Rad　$M_0K\alpha\lambda$　Filter　Dia<br>Cut　off　$I/I_0$　Diffractometer<br>Ref.　Davis.　Science　<u>145</u>　489－491（1964）</td><td>d(nm)</td><td>$I/I_0$(%)</td><td>hkl</td><td>d(nm)</td><td>$I/I_0$(%)</td><td>hkl</td></tr>
<tr><td>0.422</td><td>10</td><td>020</td><td></td><td></td><td></td></tr>
<tr><td>0.357</td><td>20</td><td>002</td><td></td><td></td><td></td></tr>
<tr><td colspan="5" rowspan="4">Sys.　Orthorhombic　S. G.<br>$a_0$ 8.90　$b_0$　8.42　$c_0$　7.14　$a$　1.057　$c$　0.848<br>$\alpha\beta\gamma$　$z$　10　$Dx$　3.108<br>Ref.　Ibid</td><td>0.302</td><td>100</td><td>220</td><td></td><td></td><td></td></tr>
<tr><td>0.281</td><td>100</td><td>030</td><td></td><td></td><td></td></tr>
<tr><td>0.265</td><td>6</td><td>212</td><td></td><td></td><td></td></tr>
<tr><td>0.253</td><td>10</td><td>131</td><td></td><td></td><td></td></tr>
<tr><td colspan="5" rowspan="3">$\varepsilon\alpha$　n $\omega\beta\varepsilon\gamma$　sign<br>Zv　D　mp　color<br>Ref.</td><td>0.238</td><td>16</td><td>230</td><td></td><td></td><td></td></tr>
<tr><td>0.228</td><td>10</td><td>302</td><td></td><td></td><td></td></tr>
<tr><td>0.208</td><td>6</td><td>023</td><td></td><td></td><td></td></tr>
<tr><td colspan="5" rowspan="3">High　pressure　for m　data　obtained<br>At　18.7±0.5kb　and　25℃</td><td>0.188</td><td>2</td><td>223</td><td></td><td></td><td></td></tr>
<tr><td>0.181</td><td>10</td><td>313</td><td></td><td></td><td></td></tr>
<tr><td>0.164</td><td>5</td><td>051</td><td></td><td></td><td></td></tr>
</table>

## 三、珍珠和贝壳的晶体结构类型

（1）珍珠、贝壳和一些常见碳酸钙物质的晶体结构见表 4－71。

贝壳的珍珠层和棱柱层（除牡蛎壳外）绝大部分是由霰石构成的，海水珍珠贝壳角质层则是由方解石构成的，淡水珍珠蚌壳是由霰石构成的。较特殊的是紫江珧壳中间白色部分的里层是霰石结构，占整个贝壳的小部分；而白色外围的光亮黑色里层和棱柱层都是方解石结构，角质层也为方解石结构。这说明它的外套膜分泌的霰石不够旺盛，难以将它人工插核养殖珍珠。

（2）各种珍珠的晶体结构见表 4－72。珍珠由霰石构成，牡蛎珍珠由方解石构成。

（3）霰石构成的贝壳见表 4－73。

如：三角帆蚌壳、褶纹冠蚌壳、背角无齿蚌壳、背瘤丽蚌壳珠核、佛耳丽蚌壳、鹿角珊瑚、西施舌壳、文蛤壳、翡翠贻贝壳、鳞砗磲壳、金乌贼骨、大马蹄螺壳、泥蚶壳、金口蝾螺壳和厣、蛇首眼球贝壳、黄边糙鸟蛤壳、截形白樱蛤壳、缢蛏壳、河蚬壳和鹦鹉螺壳等都属于这种类型的，这些贝壳不存在方解石结构层，整个贝壳包括珍珠层、棱柱层和角质层都是霰石结构，其中有些贝壳存在少量方解石结构，如大马蹄螺壳、金口蝾螺壳和鳞砗磲壳等。

（4）霰石和方解石构成的贝壳见表 4－74 和表 4－75。

如：马氏珍珠贝壳、白蝶珠母贝壳、企鹅珍珠贝壳、红珠母贝壳、黑珠母贝壳、长耳珠母贝壳、紫色裂江珧壳、杂色鲍鱼壳、渔舟蜒螺壳、贻贝壳、紫斑海菊蛤壳、敦氏猿头蛤壳和深海团结蛤壳等都属这种类型结构，这些贝壳的珍珠层都是由霰石构成的；棱柱层，则有些由霰石构成，例如珍珠贝类的壳，有些则由方解石构成。紫色裂江珧壳虽含霰石珍珠层，但它的霰石结构只是中间部分白色的里层，占整个贝壳的小部分；而白色外围的光亮黑色里层则为方解石结构，这说明它的外套膜分泌的霰石不够旺盛，难以将它人工插核养殖珍珠。角质层基本为方解石结构。

(5)方解石和方解石－Ⅲ构成的贝壳见表4－76。

我们将牡蛎壳分成：坚实里中层、松散部分(里层和中层的松散部分)、前缘、下壳表层和上壳鳞片5部分做实验。除了松散部分是方解石－Ⅲ结构外，其余全部是方解石结构。

(6)方解石、方解石－Ⅲ和霰石构成的贝壳见表4－77。

目前只发现盾形不等蛤壳一种。上壳(小壳)大部分是方解石－Ⅲ结构，小部分是霰石结构，其最强谱线的相对强度：$I_{霰石}/I_{方解石-Ⅲ}=24.1\%$；它的下壳(大壳)大部分是方解石，含少量霰石，其最强谱线的相对强度：$I_{霰石}/I_{方解石}=0.79\%$。

贝壳的珍珠层和棱柱层(除牡蛎壳外)绝大部分由霰石构成，海水珍珠贝壳的角质层由方解石构成，淡水珍珠蚌壳的角质层由霰石构成。较特殊的是紫色裂江珧壳，中间白色部分的里层是霰石结构，占整个贝壳的小部分；而白色外围的光亮黑色里层和棱柱层都是方解石结构，角质层也为方解石结构。这说明它的外套膜分泌的霰石不够旺盛，难以将它人工插核养殖珍珠。

**表4－71　珍珠、贝壳和一些常见碳酸钙物质的晶体结构**(据陈贵卿、陈俊豪，1988)

| 样品 | 晶体结构 | | | 样品 | 晶体结构 | | |
|---|---|---|---|---|---|---|---|
| | 霰石结构(%) | 方解石结构(%) | 方解石-Ⅲ结构(%) | | 霰石结构(%) | 方解石结构(%) | 方解石-Ⅲ结构(%) |
| 马氏贝天然珍珠 | 全部 | | | 深海团结蛤壳珍珠层、棱柱层 | 94.71 | 5.29 | |
| 马氏贝棱柱层珍珠 | 全部 | | | 深海团结蛤壳角质层 | 81.14 | 18.86 | |
| 白蝶贝天然珍珠 | 全部 | | | 鹦鹉螺壳中心圆形黑亮部分 | 全部 | | |
| 企鹅贝天然珍珠 | 全部 | | | 鹦鹉螺壳珍珠层、棱柱层、角质层 | 全部 | | |
| 三角帆蚌珍珠 | 99.78 | 0.22 | | 背瘤丽蚌壳珠核 | 全部 | | |
| 褶纹冠蚌珍珠 | 99.62 | 0.38 | | 佛耳丽蚌壳各部分(白壳和红壳) | 全部 | | |
| 牡蛎珍珠 | | 全部 | | 鹿角珊瑚 | 全部 | | |
| 深圳东山珍珠层粉 | 99.15 | 0.85 | | 西施舌壳 | 99.79 | 0.21 | |
| 澳头珍珠层粉 | 98.96 | 1.04 | | 文蛤壳表层 | 全部 | | |
| 海南新村珍珠层粉 | 99.65 | 0.35 | | 翡翠贻贝壳珍珠层(大电流) | 99.62 | 0.38 | |
| 江西珍珠层粉 | 99.55 | 0.45 | | 翡翠贻贝壳棱柱层 | 全部 | | |
| 奇星药厂珍珠粉 | 99.49 | 0.51 | | 翡翠贻贝壳角质层 | 全部 | | |
| 马氏珍珠贝壳珍珠层 | 99.48 | 0.52 | | 贻贝壳 | 70.08 | 29.92 | |
| 马氏珍珠贝壳棱柱层 | 98.79 | 1.21 | | 鳞砗磲壳 | 全部 | | |
| 马氏珍珠贝壳角质层 | | 全部 | | 金乌贼骨 | 全部 | | |
| 白蝶珠母贝壳珍珠层 | 99.74 | 0.26 | | 高温处理的珍珠层粉 | | 全部 | |
| 白蝶珠母贝壳棱柱层 | 99.37 | 0.63 | | 杂色鲍鱼壳 | 91.69 | 8.31 | |
| 白蝶珠母贝壳角质层 | | 全部 | | 紫色裂江珧壳白色部分 | 全部 | | |
| 企鹅珍珠贝壳珍珠层 | 99.37 | 0.63 | | 紫色裂江珧壳黑色部分 | | 全部 | |
| 企鹅珍珠贝壳棱柱层 | 99.62 | 0.38 | | 渔舟蜒螺壳 | 86.01 | 13.99 | |
| 企鹅珍珠贝壳角质层 | | 全部 | | 紫斑海菊蛤壳 | 91.48 | 8.52 | |

（续上表）

| 样品 | 晶体结构 | | |
|---|---|---|---|
| | 霰石结构（%） | 方解石结构（%） | 方解石-Ⅲ结构(%) |
| 红珠母贝壳珍珠层 | 99.61 | 0.39 | |
| 红珠母贝壳棱柱层 | 98.52 | 1.48 | |
| 红珠母贝壳角质层 | | 全部 | |
| 黑珠母贝壳珍珠层 | 99.51 | 0.49 | |
| 黑珠母贝壳棱柱层 | 99.50 | 0.50 | |
| 黑珠母贝壳角质层 | | 全部 | |
| 长耳珠母贝壳珍珠层 | 99.54 | 0.46 | |
| 长耳珠母贝壳棱柱层 | 99.07 | 0.93 | |
| 长耳珠母贝壳角质层 | | 全部 | |
| 三角帆蚌壳全壳 | 99.03 | 0.97 | |
| 褶纹冠蚌壳全壳 | 全部 | | |
| 褶纹冠蚌壳角质层 | 全部 | | |
| 褶纹冠蚌壳黑软表层(湿取) | 96.24 | 4.76 | |
| 背角无齿蚌壳珍珠层、棱柱层 | 全部 | | |
| 白肉和红肉牡蛎壳坚实里层 | | 全部 | |
| 白肉和红肉牡蛎壳松散部分 | | 部分 | 绝大部分 |
| 白肉和红肉牡蛎壳前缘 | | 全部 | |
| 白肉和红肉牡蛎下壳表层 | | 全部 | |
| 白肉和红肉牡蛎上壳鳞片 | | 全部 | |
| 敦氏猿头蛤壳 | 84.81 | 15.19 | |
| 大马蹄螺壳 | 99.28 | 0.72 | |
| 泥蚶壳 | 全部 | | |
| 金口蝾螺壳珍珠层、棱柱层 | 全部 | | |
| 金口蝾螺壳角质层 | 97.97 | 2.03 | |
| 金口蝾螺厣 | 全部 | | |
| 蛇首眼球贝壳 | 全部 | | |
| 黄边糙鸟蛤壳 | 全部 | | |
| 截形白樱蛤壳 | 全部 | | |
| 盾形不等蛤上壳小 | 大部分 | | |
| 盾形不等蛤下壳大 | 小部分 | 绝大部分 | |
| 缢蛏壳 | 全部 | | |
| 河蚬壳 | 全部 | | |
| 骨鳞鱼耳石 | 霰石结构 | | |
| 骨鳞鱼眼球、鳞、皮、骨和猪骨 | 非晶态物质 | | |
| 北京水垢 | 全部 | | |
| 大理石 | | 全部 | |
| 南宁钟乳石 | | 全部 | |
| 鸡蛋壳 | | 全部 | |

**表 4-72　各种珍珠的晶体结构、晶格常数（nm）和晶胞体积（$nm^3$）**（据陈贵卿、陈俊豪，1986—1988）

| 晶体结构 | 晶格常数（nm）、晶胞体积（$nm^3$） | | | | | | |
|---|---|---|---|---|---|---|---|
| | 马氏贝珍珠 | 白蝶贝珍珠 | 企鹅贝珍珠 | 三角帆蚌珍珠 | 褶纹冠蚌珍珠 | 牡蛎珍珠 | |
| 霰石结构 | $a=0.496$<br>$b=0.796$<br>$c=0.574$<br>$v=0.227$ | $a=0.497$<br>$b=0.798$<br>$c=0.575$<br>$v=0.228$ | $a=0.497$<br>$b=0.791$<br>$c=0.573$<br>$v=0.225$ | $a=0.496$<br>$b=0.797$<br>$c=0.574$<br>$v=0.227$ | $a=0.497$<br>$b=0.797$<br>$c=0.575$<br>$v=0.228$ | | |
| 方解石结构 | | | | | | 六方晶胞<br>$a=0.498$<br>$c=1.709$<br>$v=0.368$ | 菱面体晶胞<br>$a_0=0.638$<br>$\alpha=45°58'$ |

表 4－73　霰石构成的贝壳晶格常数(nm)和晶胞体积($nm^3$)(据陈贵卿、陈俊豪，1986—1988)

| 贝壳种类 | 晶格常数(nm)、晶胞体积($nm^3$) | 贝壳种类 | 晶格常数(nm)、晶胞体积($nm^3$) |
|---|---|---|---|
| 三角帆蚌壳全壳 | $a=0.497, b=0.797$<br>$c=0.575, v=0.228$ | 翡翠贻贝壳角质层 | $a=0.497, b=0.797$<br>$c=0.575, v=0.228$ |
| 褶纹冠蚌壳里中层 | $a=0.497, b=0.797$<br>$c=0.575, v=0.228$ | 鳞砗磲壳 | $a=0.497, b=0.796$<br>$c=0.574, v=0.227$ |
| 褶纹冠蚌壳角质层 | $a=0.501, b=0.803$<br>$c=0.577, v=0.232$ | 金乌贼骨 | $a=0.497, b=0.797$<br>$c=0.575, v=0.228$ |
| 背角无齿蚌壳全壳 | $a=0.496, b=0.796$<br>$c=0.574, v=0.227$ | 大马蹄螺壳 | $a=0.495, b=0.795$<br>$c=0.574, v=0.226$ |
| 背瘤丽蚌壳珠核 | $a=0.497, b=0.789$<br>$c=0.575, v=0.225$ | 泥蚶壳 | $a=0.497, b=0.798$<br>$c=0.575, v=0.228$ |
| 佛耳丽蚌白壳里中层 | $a=0.496, b=0.796$<br>$c=0.575, v=0.227$ | 金口蝾螺壳里层 | $a=0.496, b=0.795$<br>$c=0.574, v=0.226$ |
| 佛耳丽蚌白壳表层 | $a=0.498, b=0.792$<br>$c=0.572, v=0.226$ | 金口蝾螺壳表层 | $a=0.497, b=0.796$<br>$c=0.574, v=0.227$ |
| 佛耳丽蚌红壳里中层 | $a=0.496, b=0.796$<br>$c=0.575, v=0.227$ | 金口蝾螺厣 | $a=0.497, b=0.796$<br>$c=0.574, v=0.227$ |
| 佛耳丽蚌红壳表层 | $a=0.498, b=0.799$<br>$c=0.576, v=0.229$ | 蛇首眼球贝壳 | $a=0.497, b=0.798$<br>$c=0.575, v=0.228$ |
| 鹿角珊瑚 | $a=0.497, b=0.797$<br>$c=0.574, v=0.227$ | 黄边糙鸟蛤壳 | $a=0.498, b=0.799$<br>$c=0.576, v=0.229$ |
| 西施舌壳 | $a=0.497, b=0.797$<br>$c=0.575, v=0.228$ | 截形白樱蛤壳 | $a=0.497, b=0.796$<br>$c=0.575, v=0.227$ |
| 文蛤壳 | $a=0.498, b=0.799$<br>$c=0.576, v=0.229$ | 缢蛏壳 | $a=0.499, b=0.800$<br>$c=0.576, v=0.230$ |
| 翡翠贻贝壳 | $a=0.495, b=0.795$<br>$c=0.573, v=0.225$ | 河蚬壳 | $a=0.498, b=0.800$<br>$c=0.576, v=0.230$ |
| 翡翠贻贝壳珍珠层、棱柱层 | $a=0.495, b=0.796$<br>$c=0.574, v=0.226$ | 鹦鹉螺壳 | $a=0.497, b=0.783$<br>$c=0.577, v=0.225$ |

**表 4－74　霰石和方解石构成的贝壳晶格常数（nm）和晶胞体积（$nm^3$）一（据陈贵卿、陈俊豪 1986—1988）**

<table>
<tr><th rowspan="4">贝壳种类</th><th colspan="5">分层结构</th></tr>
<tr><th>珍珠层</th><th colspan="2">棱柱层</th><th colspan="2">角质层</th></tr>
<tr><th>霰石结构</th><th colspan="2">霰石结构</th><th colspan="2">方解石结构</th></tr>
<tr><th>晶格常数（nm）<br>晶胞体积（$nm^3$）</th><th colspan="2">晶格常数（nm）<br>晶胞体积（$nm^3$）</th><th>六方晶胞</th><th>菱面体晶胞</th></tr>
<tr><td>马氏珍珠贝壳</td><td>$a=0.495$，$b=0.794$<br>$c=0.573$，$v=0.225$</td><td colspan="2">$a=0.496$，$b=0.796$<br>$c=0.574$，$v=0.227$</td><td>$a=0.496$<br>$c=1.699$<br>$v=0.362$</td><td>$a_0=0.635$<br>$\alpha=46^\circ 00'$</td></tr>
<tr><td>白蝶珠母贝壳</td><td>$a=0.496$，$b=0.796$<br>$c=0.574$，$v=0.227$</td><td colspan="2">$a=0.496$，$b=0.795$<br>$c=0.573$，$v=0.226$</td><td>a $=0.498$<br>$c=1.703$<br>$v=0.366$</td><td>$a_0=0.636$<br>$\alpha=46^\circ 07'$</td></tr>
<tr><td>企鹅珍珠贝壳</td><td>$a=0.495$，$b=0.795$<br>$c=0.574$，$v=0.226$</td><td colspan="2">$a=0.495$，$b=0.794$<br>$c=0.573$，$v=0.225$</td><td>$a=0.498$<br>$c=1.703$<br>$v=0.366$</td><td>$a_0=0.636$<br>$\alpha=46^\circ 04'$</td></tr>
<tr><td>红珠母贝壳</td><td>$a=0.497$，$b=0.797$<br>$c=0.574$，$v=0.227$</td><td colspan="2">$a=0.496$，$b=0.795$<br>$c=0.574$，$v=0.226$</td><td>$a=0.494$<br>$c=1.699$<br>$v=0.360$</td><td>$a_0=0.634$<br>$\alpha=45^\circ 53'$</td></tr>
<tr><td>黑珠母贝壳</td><td>$a=0.497$，$b=0.797$<br>$c=0.574$，$v=0.227$</td><td colspan="2">$a=0.497$，b $=0.797$<br>$c=0.575$，$v=0.228$</td><td>$a=0.498$<br>$c=1.701$<br>$v=0.365$</td><td>$a_0=0.636$<br>$\alpha=46^\circ 07'$</td></tr>
<tr><td>长耳珠母贝壳</td><td>$a=0.496$，$b=0.796$<br>$c=0.574$，$v=0.227$</td><td colspan="2">$a=0.495$，$b=0.794$<br>$c=0.573$，$v=0.225$</td><td>$a=0.498$<br>$c=1.701$<br>$v=0.366$</td><td>$a_0=0.636$<br>$\alpha=46^\circ 10'$</td></tr>
<tr><td rowspan="2">紫色裂江珧壳*<br>（白色里层）</td><td rowspan="2">$a=0.497$，$b=0.797$<br>$c=0.575$，$v=0.228$</td><td>六方晶胞</td><td>菱面体晶胞</td><td rowspan="2">$a=0.498$<br>$c=1.702$<br>$v=0.365$</td><td rowspan="2">$a_0=0.636$<br>$\alpha=46^\circ 03'$</td></tr>
<tr><td>$a=0.499$<br>$c=1.703$<br>$v=0.368$</td><td>$a_0=0.637$<br>$\alpha=46^\circ 10'$</td></tr>
</table>

**表 4－75　霰石和方解石构成的贝壳晶格常数（nm）和晶胞体积（$nm^3$）二（据陈贵卿、陈俊豪 1986—1988）**

<table>
<tr><th rowspan="3">贝壳种类</th><th colspan="5">全部贝壳（难分层，不分层）</th></tr>
<tr><th colspan="2">霰石结构</th><th colspan="3">方解石结构</th></tr>
<tr><th>晶格常数（nm）<br>晶胞体积（$nm^3$）</th><th>含量（%）</th><th>六方晶胞<br>（nm，$nm^3$）</th><th>菱面体晶胞<br>（nm，$nm^3$）</th><th>含量（%）</th></tr>
<tr><td>杂色鲍鱼壳</td><td>$a=0.496$，$b=0.796$<br>$c=0.574$，$v=0.227$</td><td>91.69</td><td>$a=0.498$<br>$c=1.701$<br>$v=0.365$</td><td>$a_0=0.636$<br>$\alpha=46^\circ 01'$</td><td>8.31</td></tr>
<tr><td>渔舟蜒螺壳</td><td>$a=0.497$，$b=0.796$<br>$c=0.575$，$v=0.227$</td><td>86</td><td>$a=0.498$<br>$c=1.699$<br>$v=0.366$</td><td>$a_0=0.635$<br>$\alpha=46^\circ 11'$</td><td>14</td></tr>
<tr><td>贻贝壳</td><td>$a=0.499$，$b=0.801$<br>$c=0.577$，$v=0.231$</td><td>70.08</td><td>$a=0.502$<br>$c=1.704$<br>$v=0.373$</td><td>$a_0=0.638$<br>$\alpha=46^\circ 24'$</td><td>29.92</td></tr>
<tr><td>紫斑海菊蛤壳</td><td>$a=0.496$，$b=0.796$<br>$c=0.574$，$v=0.227$</td><td>91.48</td><td>$a=0.498$<br>$c=1.701$<br>$v=0.365$</td><td>$a_0=0.636$<br>$\alpha=46^\circ 05'$</td><td>8.52</td></tr>
<tr><td>敦氏猿头蛤壳</td><td>$a=0.498$，$b=0.799$<br>$c=0.576$，$v=0.229$</td><td>84.81</td><td>$a=0.501$<br>$c=1.703$<br>$v=0.370$</td><td>$a_0=0.637$<br>$\alpha=46^\circ 17'$</td><td>15.19</td></tr>
</table>

（续上表）

| 贝壳种类 | 全部贝壳（难分层，不分层） | | | | |
|---|---|---|---|---|---|
| | 霰石结构 | | 方解石结构 | | |
| | 晶格常数（nm）<br>晶胞体积（$nm^3$） | 含量（%） | 六方晶胞<br>（nm，$nm^3$） | 菱面体晶胞<br>（nm，$nm^3$） | 含量（%） |
| 深海团结蛤壳里中层 | $a=0.497$，$b=0.797$<br>$c=0.575$，$v=0.228$ | 94.71 | $a=0.498$<br>$c=1.702$<br>$v=0.366$ | $a_0=0.636$<br>$\alpha=46°08'$ | 5.29 |
| 深海团结蛤壳表层 | $a=0.498$，$b=0.797$<br>$c=0.575$，$v=0.228$ | 79.97 | $a=0.498$<br>$c=1.702$<br>$v=0.366$ | $a_0=0.636$<br>$\alpha=46°008'$ | 20.03 |

**表 4－76　方解石和方解石－Ⅲ构成的贝壳晶格常数（nm）和晶胞体积（$nm^3$）（据陈贵卿、陈俊豪，1986—1988）**

| 贝壳种类 | 珍珠层、棱柱层坚实部分 | | 松散层 | 里表连接前缘部分 | | 角质层 | | | |
|---|---|---|---|---|---|---|---|---|---|
| | | | | | | 下壳表层 | | 上壳鲅片 | |
| | 方解石结构 | | 方解石－Ⅲ结构 | 方解石结构 | | 方解石结构 | | 方解石结构 | |
| | 六方晶胞（nm，$nm^3$） | 菱面体晶胞（nm，$nm^3$） | | 六方晶胞（nm，$nm^3$） | 菱面体晶胞（nm，$nm^3$） | 六方晶胞（nm，$nm^3$） | 菱面体晶胞（nm，$nm^3$） | 六方晶胞（nm，$nm^3$） | 菱面体晶胞（nm，$nm^3$） |
| 白肉牡蛎壳 | $a=0.499$<br>$c=1.702$<br>$v=0.367$ | $a_0=0.636$<br>$\alpha=46°10'$ | $a=0.864$<br>$b=0.845$<br>$c=0.742$<br>$v=0.542$ | $a=0.497$<br>$c=1.702$<br>$v=0.364$ | $a_0=0.636$<br>$\alpha=46°02'$ | $a=0.499$<br>$c=1.702$<br>$v=0.367$ | $a_0=0.636$<br>$\alpha=46°10'$ | $a=0.498$<br>$c=1.703$<br>$v=0.366$ | $a_0=0.636$<br>$\alpha=46°07'$ |
| 红肉牡蛎壳 | $a=0.497$<br>$c=1.702$<br>$v=0.364$ | $a_0=0.636$<br>$\alpha=45°59'$ | $a=0.866$<br>$b=0.843$<br>$c=0.739$<br>$v=0.539$ | $a=0.497$<br>$c=1.704$<br>$v=0.365$ | $a_0=0.636$<br>$\alpha=45°59'$ | $a=0.498$<br>$c=1.702$<br>$v=0.365$ | $a_0=0.636$<br>$\alpha=46°03'$ | $a=0.498$<br>$c=1.702$<br>$v=0.366$ | $a_0=0.636$<br>$\alpha=46°08'$ |

**表 4－77　方解石、方解石－Ⅲ和霰石构成的贝壳晶格常数（nm）和晶胞体积（$nm^3$）（据陈贵卿、陈俊豪，1988）**

| 贝壳种类 | 整体结构 | | | |
|---|---|---|---|---|
| | 方解石结构 | | 方解石－Ⅲ结构 | 霰石结构 |
| 盾形不等蛤壳 | 六方晶胞<br>（nm，$nm^3$） | 菱面体晶胞<br>（nm，$nm^3$） | 正交晶胞（多数）<br>（nm，$nm^3$） | 正交晶胞<br>（nm，$nm^3$） |
| 上（小）壳 | | | $a=0.860$，$b=0.848$<br>$c=0.745$，$v=0.543$ | $a=0.497$，$b=0.798$<br>$c=0.575$，$v=0.228$ |
| 下（大）壳 | $a=0.498$<br>$c=1.703$<br>$v=0.366nm^3$ | $a_0=0.63$<br>$\alpha=46°07'$ | | $a=0.497$，$b=0.793$，<br>$c=0.576$，$v=0.227$ |

## 四、特殊条件下的贝壳晶体结构和鱼类、猪骨的晶体结构

（一）珍珠层粉高温处理（见表 4－49）

珍珠层粉在 700℃～800℃保温 3 小时。样品由上海海军药学中心张吉德教授提供。

最强谱线：$d=0.3045nm$，$I_0=8193$，为方解石的标识谱线，几乎所有谱线都符合卡片 047－1743，确定样品为：$CaCO_3$，三方晶系，方解石结构。从 $d_{104}=0.3045nm$，$d_{018}=0.1915nm$，计算出六面体晶胞晶格常数 $a=0.502nm$，$c=1.706nm$；菱面体晶胞晶格常数为 $a_0=0.638nm$，$\alpha=46°18'$，晶胞体积 $v=0.372nm^3$。

本来打算在910℃以上处理成氧化钙（CaO），以提高在水中的溶解度92 倍，现在温度不

够，只达450℃，霰石结构转变成方解石结构，不出现霰石谱线，只有一条很弱杂质谱线 $d=0.2230\text{nm}$，$I/I_0(\%)=0.3$，其余谱线全部符合卡片 047－1743，确定为方解石结构。从 $d_{104}=0.3045\text{nm}$ 和 $d_{018}=0.1915\text{nm}$，计算出晶格常数为 $a=0.502\text{nm}$，$c=1.706\text{nm}$，$v=0.372\text{nm}^3$，$a_0=0.638\text{nmn}$，$\alpha=46^0 18'$。而牡蛎珍珠 $d_{104}=0.3037\text{nm}$，$d_{018}=0.1915\text{nm}$，$a=0.498\text{nm}$，$c=1.709\text{nm}$，$v=0.368\text{nm}^3$；$a_0=0.638\text{nm}$，$\alpha=45°58'$。两者相比较，经高温处理的珍珠粉的 $d_{104}$、$a$、$v$ 和 $\alpha$ 都稍微变大，特别是 $d_{104}$ 更大，说明晶面族还没完全达到正常的方解石结构，可能是保温时间不够，还在继续变化中。这里需要说明的是珍珠粉在高温下，从霰石先变成畸变的方解石晶格，内应力很大。经长时间后，内应力会自动逐渐消除，变成正常的方解石晶格。

（二）生活在深水里的贝类贝壳

杓蛤科（Cuspidariidae）和孔螂科（Poromyidae）等贝类生活在几十米深直至1000m以下深海海底；深海贝科（Semelidae）深海团结蛤（Abra profundorum）甚至在5800m水深处被发现。鹦鹉螺（Nautilus pampilium L），属于底栖动物，平时多在100m的深水底层到650m深的水底生活。在暗无天日、压力巨大的环境下，它们的贝壳结构有何变化？

图4－9 鹦鹉螺壳（据陈贵卿、陈俊豪，2016）

现在对这些贝壳进行X－射线衍射实验。

1. 深海团结蛤壳

（1）深海团结蛤壳里中层见表4－78。

表中划杠谱线符合卡片 041－1475。确定为：$CaCO_3$，正交晶系，霰石结构。从其中谱线：$d_{111}=0.3401\text{nm}$，$d_{021}=0.3275\text{nm}$，$d_{012}=0.2704\text{nm}$，计算出晶格常数为：$a=0.497\text{nm}$，$b=0.797\text{nm}$，$c=0.575\text{nm}$，晶胞体积 $v=a\times b\times c=0.228\text{nm}^3$。

表中划虚线谱线符合卡片 047－1743。确定为：$CaCO_3$，三方晶系，方解石结构。从其中谱线：$d_{104}=0.3030\text{nm}$，$d_{018}=0.1908\text{nm}$，计算出六方晶胞晶格常数为：$a=0.498\text{nm}$，$c=1.702\text{nm}$，晶胞体积 $v=0.366\text{nm}^3$；菱面体晶胞晶格常数 $a_0=0.636$，$\alpha=46°08'$。如前面举例的计算：角质素含量 $T_{角质素}=21.98\%$，方解石含量 $T_{方解石}=5.29\%$，霰石含量 $T_{霰石}=94.71\%$。

（2）深海团结蛤壳角质层见表4－79。

表中划杠谱线符合卡片 041－1475。确定为：$CaCO_3$，正交晶系，霰石结构。从其中谱线：$d_{111}=0.3402\text{nm}$，$d_{021}=0.3275\text{nm}$，$d_{012}=0.2704\text{nm}$，计算出晶格常数为：$a=0.498\text{nm}$，$b=0.797\text{nm}$，$c=0.575\text{nm}$，晶胞体积 $v=a\times b\times c=0.228\text{nm}^3$。

表中划虚线谱线符合卡片 047－1743。确定为：$CaCO_3$，三方晶系，方解石结构。从其中谱线：$d_{104}=0.3032\text{nm}$，$d_{018}=0.1908\text{nm}$，计算出六方晶胞晶格常数 $a=0.499\text{nm}$，$c=1.701\text{nm}$，晶胞体积 $v=0.367\text{nm}^3$；菱面体晶胞晶格常数 $a_0=0.636$，$\alpha=46°13'$。

计算出角质素含量 $T_{角质素}=55.45\%$，方解石含量 $T_{方解石}=18.86\%$，霰石含量 $T_{霰石}=$

81.14%。

2. 鹦鹉螺壳

选择样品的部分平面进行衍射，未将样品磨成细粉，可能导致仪器零点数据偏移。

(1)鹦鹉螺壳中心圆形黑亮部分结果见表4-80。

表中划杠谱线符合卡片041-1475。确定为：$CaCO_3$，正交晶系，霰石结构，唯一一条杂质谱线 $d=0.2525$nm，$I/I_0(\%)=1.96$，为方解石谱线，很弱，可忽略不计。从其中谱线：$d_{002}=0.2878$nm，$d_{012}=0.2709$nm，$d_{223}=0.1417$nm，计算出晶格常数为：$a=0.494$nm，$b=0.802$nm，$c=0.576$nm，晶胞体积 $v=a\times b\times c=0.228\text{nm}^3$。

(2)鹦鹉螺壳珍珠层结果见表4-81。

表中划杠谱线符合卡片041-1475。确定为：$CaCO_3$，正交晶系，霰石结构，唯一一条杂质谱线 $d=1.6638$nm，$I/I_0(\%)=10.04$，不知何物，在几十种贝壳的晶体结构中从未见过，可能是在海底粘上的。从其中谱线：$d_{002}=0.2886$nm，$d_{012}=0.2708$nm，$d_{223}=0.1418$nm，计算出晶格常数为：$a=0.497$nm，$b=0.783$nm，$c=0.577$nm，晶胞体积 $v=a\times b\times c=0.225\text{nm}^3$。

(3)鹦鹉螺壳棱柱层结果见表4-82。

表中划杠谱线符合卡片041-1475。确定为：$CaCO_3$，正交晶系，霰石结构，没有杂质谱线。从其中谱线：$d_{002}=0.2896$nm，$d_{012}=0.2723$nm，$d_{223}=0.1420$nm，计算出晶格常数为：$a=0.492$nm，$b=0.800$nm，$c=0.579$nm，晶胞体积 $v=a\times b\times c=0.228\text{nm}^3$。

(4)鹦鹉螺壳角质层结果见表4-83。

表中划杠谱线符合卡片041-1475。确定为：$CaCO_3$，正交晶系，霰石结构，两条杂质谱线 $d=0.3300$nm 和 $d=0.2501$nm 为二氧化硅谱线，不是贝壳的原有结构，是粘上海沙的原因。从其中谱线：$d_{002}=0.2899$nm，$d_{012}=0.2723$nm，$d_{223}=0.1420$nm，计算出晶格常数为：$a=0.493$nm，$b=0.794$nm，$c=0.580$nm，晶胞体积 $v=a\times b\times c=0.227\text{nm}^3$。

3. 深水贝类贝壳小结

一般珍珠贝壳的珍珠层都是里中层为霰石结构，角质层为方解石结构。现在深海团结蛤壳的珍珠层和棱柱层除大部分是霰石结构外，还含有一些方解石结构，而且角质层也大部分是霰石结构，还含有一些方解石结构。鹦鹉螺壳从里到外全部是霰石结构。这说明霰石结构在高压下是稳定的。地质结晶学书籍和教科书中记载的关于“霰石结构物理性质不稳定，终将转变成方解石结构”的结论是不正确的。

(三)棱柱层珍珠(废珠)

珍珠呈淡黄色，无珍珠光泽，犹如珍珠贝壳的棱柱层那样，称为棱柱层珍珠，这是养殖珍珠时珠核的外套膜小片没贴好导致的。日本的小林新二郎、渡部哲光1959年在《珍珠の研究》提出棱柱层珍珠是方解石结构，马红艳教授在她的博士学位论文中说国内外许多论文对此都没有提出异议。其实，从我们几十年来对珍珠和贝壳的研究来看，除了牡蛎珍珠和牡蛎壳外，从未见其他珍珠或珍珠贝壳的棱柱层不是霰石结构。为慎重起见我们近日将有核马氏贝棱柱层珍珠敲碎去核，做了整体粉末和近核的内里表面X-射线衍射。

(1)有核马氏贝棱柱层珍珠去核粉末X-射线衍射结果见表4-84。

表中划杠谱线符合卡片041-1475。确定为：$CaCO_3$，正交晶系，霰石结构。从其中谱线：$d_{111}=0.3402$nm，$d_{021}=0.3278$nm，$d_{012}=0.2708$nm，计算出晶格常数为：$a=0.497$nm，$b=0.797$nm，$c=0.576$nm。霰石为正交晶系，晶胞体积 $v=a\times b\times c=0.228\text{nm}^3$。

(2)有核马氏贝棱柱层珍珠近核内里表面X-射线衍射结果见表4-85。

表中划杠谱线符合卡片041-1475。确定为：$CaCO_3$，正交晶系，霰石结构。从其中谱线：$d_{111}=0.3415\text{nm}$，$d_{012}=0.2716\text{nm}$，$d_{113}=0.1751\text{nm}$，计算出晶格常数为：$a=0.499\text{nm}$，$b=0.801\text{nm}$，$c=0.577\text{nm}$，晶胞体积 $v=a\times b\times c=0.231\text{nm}^3$。

结果全部是霰石谱线，毫无方解石谱线，再次证明日本和我国贝类学界关于棱柱层珍珠是方解石结构的结论是错误的。

其实这两个样品几乎是同一个东西，但近核的内里表面样品（片状）数据稍偏大，说明粉末样品测量比较准确，片状样品零点不易校准。而且片状样品由于贝壳生长的择优取向，谱线比较少。

（3）珍珠质厚度的测量。

①有核马氏贝棱柱层珍珠的珍珠质厚度 $a$ 的测量：$a_1=0.358\text{mm}$，$a_2=0.410\text{mm}$，平均 $\bar{a}=0.384\text{mm}$。

②廉价有核马氏贝珍珠（珍珠质层稍薄）的珍珠质厚度 $e$ 的测量：$e_1=0.566\text{mm}$，$e_2=0.660\text{mm}$，平均 $\bar{e}=0.613\text{mm}$。

③乌珠（蓝黑色等外品马氏贝珍珠，珍珠质层较厚）珍珠质厚度 $e$ 的测量：$e=0.920\text{mm}$。

将有核马氏贝棱柱层珍珠的珍珠质平均厚度与廉价有核马氏贝珍珠的珍珠质平均厚度相比：$\Delta_1=0.384/0.613=62.6\%$；如与乌珠相比：$\Delta_2=0.384/0.92=41.7\%$。可见马氏贝棱柱层珍珠的珍珠质厚度是很薄的，层状结构也少许多，所以缺少珍珠光泽和油脂光泽；还由于层数少，使得珍珠核具较强反射光，干涉后呈现了土黄色，这就是棱柱层珍珠呈土黄色、无珍珠光泽的原因。

表 4－78～表 4－85 据陈贵卿、陈俊豪，1989、2016。

表 4－78 深海团结蛤壳里中层

| $2\theta$(°) | $I/I_0$(%) | $d$(nm) |
|---|---|---|
| 无显示 | 10 | 0.3848 |
| 无显示 | 100.0 | 0.3401 |
| 无显示 | 28 | 0.3275 |
| 无显示 | 61 | 0.3030 |
| 无显示 | 24 | 0.2875 |
| 无显示 | 92 | 0.2704 |
| 无显示 | 65 | 0.2488 |
| 无显示 | 61 | 0.2374 |
| 无显示 | 22 | 0.2334 |
| 无显示 | 19 | 0.2278 |
| 无显示 | 24 | 0.2108 |
| 无显示 | 25 | 0.2087 |
| 无显示 | 61 | 0.1977 |
| 无显示 | 11 | 0.1908 |
| 无显示 | 23 | 0.1877 |
| 无显示 | 53 | 0.1744 |
| 无显示 | 20 | 0.1726 |
| 霰石 94.71%，方解石 5.29% | | |

表 4－79 深海团结蛤壳角质层

| $2\theta$(°) | $I/I_0$(%) | $d$(nm) |
|---|---|---|
| 无显示 | 13.9 | 0.3852 |
| 无显示 | 36.6 | 0.3402 |
| 无显示 | 11.6 | 0.3275 |
| 无显示 | 100.0 | 0.3032 |
| 无显示 | 10 | 0.2878 |
| 无显示 | 27.3 | 0.2704 |
| 无显示 | 70.1 | 0.2490 |
| 无显示 | 21.4 | 0.2374 |
| 无显示 | 30.3 | 0.2281 |
| 无显示 | 36.2 | 0.2090 |
| 无显示 | 25.1 | 0.1977 |
| 无显示 | 19.8 | 0.1908 |
| 无显示 | 24.1 | 0.1873 |
| 无显示 | 6.6 | 0.1815 |
| 无显示 | 16.9 | 0.1744 |
| 无显示 | 6.9 | 0.1726 |
| 无显示 | 10.9 | 0.1623 |
| 霰石 81.14%，方解石 18.86% | | |

表 4－80 鹦鹉螺壳中心圆形黑亮部分

| $2\theta$(°) | $I/I_0$(%) | $d$(nm) |
|---|---|---|
| 31.0758 | 16.0 | 0.2878 |
| 32.5952 | 42.8 | 0.2747 |
| 33.0714 | 100.0 | 0.2709 |
| 35.5501 | 2.0 | 0.2525 |
| 37.2943 | 3.7 | 0.2411 |
| 38.0573 | 7.1 | 0.2355 |
| 52.3618 | 22.5 | 0.1747 |
| 52.9097 | 15.3 | 0.1731 |
| 65.9915 | 11.6 | 0.1417 |
| 69.3592 | 3.7 | 0.1355 |
| 77.3075 | 3.5 | 0.1235 |
| 霰石 | | |

表 4－81 鹦鹉螺壳珍珠层

| $2\theta$(°) | $I/I_0$(%) | $d$(nm) |
|---|---|---|
| 5.3119 | 10.0 | 1.6638 |
| 30.9836 | 100.0 | 0.2886 |
| 31.6569 | 20.4 | 0.2826 |
| 33.0816 | 4.6 | 0.2708 |
| 64.6884 | 16.2 | 0.1441 |
| 65.8949 | 43.2 | 0.1418 |
| 霰石 | | |

表 4-82 鹦鹉螺壳棱柱层

| 2θ(°) | $I/I_0$(%) | d(nm) |
|---|---|---|
| 30.8732 | 100.0 | 0.2896 |
| 32.8921 | 5.7 | 0.2723 |
| 64.6018 | 5.8 | 0.1443 |
| 65.7702 | 18.1 | 0.1420 |

表 4-83 鹦鹉螺壳角质层

| 2θ(°) | $I/I_0$(%) | d(nm) |
|---|---|---|
| 26.0121 | 100.0 | 0.3426 |
| 27.0177 | 56.8 | 0.3300 |
| 30.8458 | 5.0 | 0.2899 |
| 32.8899 | 70.0 | 0.2723 |
| 35.9148 | 40.1 | 0.2501 |
| 37.0736 | 19.7 | 0.2425 |
| 37.6396 | 49.9 | 0.2390 |
| 38.3802 | 27.3 | 0.2345 |
| 40.9446 | 14.5 | 0.2204 |
| 42.6763 | 24.1 | 0.2119 |
| 45.6231 | 80.3 | 0.1989 |
| 48.1338 | 43.7 | 0.1891 |
| 49.9846 | 28.9 | 0.1825 |
| 52.1843 | 38.1 | 0.1753 |
| 52.7484 | 21.8 | 0.1735 |
| 65.7911 | 7.9 | 0.1420 |

表 4-84 有核马氏贝棱柱层珍珠去核粉末

| 2θ(°) | $I/I_0$(%) | d(nm) |
|---|---|---|
| 26.1968 | 95.0 | 0.3402 |
| 27.2056 | 50.4 | 0.3278 |
| 31.0677 | 20.6 | 0.2879 |
| 33.0835 | 100.0 | 0.2708 |
| 36.1309 | 35.9 | 0.2486 |
| 37.2483 | 10.4 | 0.2414 |
| 37.8305 | 40.9 | 0.2378 |
| 38.3817 | 21.2 | 0.2343 |
| 38.5619 | 22.4 | 0.2335 |
| 42.8698 | 18.0 | 0.2110 |
| 45.8503 | 40.4 | 0.1979 |
| 48.3070 | 24.3 | 0.1884 |
| 50.2208 | 17.5 | 0.1817 |
| 52.4127 | 34.1 | 0.1746 |
| 52.9740 | 18.3 | 0.1729 |
| 68.9443 | 7.9 | 0.1362 |

表 4-85 有核马氏贝棱柱层珍珠近核内里面表

| 2θ(°) | $I/I_0$(%) | d(nm) |
|---|---|---|
| 26.0969 | 6.9 | 0.3415 |
| 32.4977 | 20.3 | 0.2755 |
| 32.9790 | 100.0 | 0.2716 |
| 35.9360 | 19.9 | 0.2499 |
| 37.744 | 19.4 | 0.2383 |
| 38.4576 | 8.0 | 0.2341 |
| 45.7849 | 6.5 | 0.1982 |
| 48.2396 | 9.7 | 0.1887 |
| 50.0652 | 17.0 | 0.1822 |
| 52.2572 | 41.2 | 0.1751 |
| 52.8435 | 19.5 | 0.1733 |
| 65.7976 | 11.1 | 0.1419 |
| 68.8111 | 16.0 | 0.1364 |

(四)骨鳞鱼硬质部分和猪骨的晶体结构

今对骨鳞鱼硬质部分(鱼眼球、鱼鳞、鱼皮、鱼骨和鱼耳石)和猪骨进行X-射线衍射实验。

鱼眼球：呈连续衍射图谱，从低角度到高角度逐渐减弱，几乎没有明显的标识谱线，说明它不是晶体，而是一种非晶体，类似于塑料和玻璃的结构。

鱼鳞：只有3条谱线：0.3454nm、0.3039nm、0.2826nm，谱线都很弱，看来是非晶体有机物，可能是固定的胶纸导致的。

鱼皮：只有2条谱线：0.4198nm、0.4087nm，谱线很弱，是非晶体有机物，可能是固定的胶纸引起的。

鱼骨：只有3条谱线：0.2812nm、0.3433nm、0.2704nm，最强的是第1条谱线，但强度也不大，不知是什么物质。第2和第3条谱线是霰石结构，都很弱，看来主要是非晶体有机物。

鱼耳石：最强的几条谱线：0.3407nm、0.3284nm、0.2710nm、0.2487nm、0.2379nm、0.2344nm、0.2110nm，0.1980nm，全是霰石结构。确定它是碳酸钙的霰石结构。

猪骨：只有2条谱线：0.3448nm、0.2803nm，谱线很弱，是非晶体有机物。

(五)北京水垢、大理石、南宁钟乳石、鸡蛋壳的晶体结构

北京水垢是霰石结构，大理石、南宁钟乳石、鸡蛋壳都是方解石结构。

## 五、应用X-射线探索古贝壳

贝壳在地里埋藏千百年后，它们会发生哪些变化？书上记载霰石结构物理性质不稳定，终将转变为方解石，这已经成为普遍的常识。如果晶体结构真的发生变化，那应该是逐渐进

行的，是一个漫长的过程，霰石晶格常数逐渐产生畸变，成为畸变的方解石晶格，最后成为正常的方解石晶格。

"文石宝石"(结晶学中说文石结构就是霰石结构，这里只是沿用古名称而已，不是指文石结构)由霰石、方解石和铁的氧化物等矿物组成，属次生矿物，其中以霰石为主要成分。

澎湖文石驰名海内外，有"天然的猫眼"之称，备受青睐。世界上，只有我国西藏、台湾的澎湖群岛和意大利的西西里岛出产"文石宝石"。

依照上述理论，世界上似乎不应存在"文石宝石"，因为这些矿石经历亿万年，它们含的霰石结构早已全部变成方解石结构了，可实际上它们依然存在。

诚然，在高温下我们检测到，霰石结构逐渐转变成方解石结构的稍有畸变晶格，但在深海高压下，鹦鹉螺壳依然全部是霰石晶体，说明霰石结构在高压下是稳定的，也由此质疑此理论的正确性。

我们现在采用 X－射线衍射法对古贝壳的晶体结构进行探测，看看是否可以检测到霰石畸变晶格或方解石畸变晶格，以便验证上述理论的正确性。

另外，我们想采用电子探针(electron microprobe)进行探讨，以便了解贝壳在地里埋藏千百年后，它们还会发生哪些变化。

(一)X－射线衍射法

20 世纪 80 年代由南京古生物研究所黄宝玉研究员提供实验材料：裂齿蛤、射线裂脊蚌、圆顶珠蚌和丽蚌 4 种古贝壳，采用新型 X－射线衍射仪衍射。

1. 裂齿蛤壳

山西襄汾丁村 102 点，野外号码 ADY201，1983/9/9。年代：几百年至几千年。裂齿蛤壳棱柱层结果见表 4－86，全部谱线符合卡片 041－1475，为霰石结构，不存在杂质谱线。从其中谱线：$d_{111}=0.3400$nm，$d_{021}=0.3275$nm，$d_{012}=0.2702$nm．计算出晶格常数为：$a=0.497$nm，$b=0.797$nm，$c=0.574$nm，晶胞体积 $v=a\times b\times c=0.227\text{nm}^3$。

2. 射线裂脊蚌壳

山西襄汾丁村 102 点，1986/12/16。年代：几百年至几千年。射线裂脊蚌壳棱柱层结果见表 4－87，全部谱线符合卡片 041－1475，为霰石结构，不存在杂质谱线。从其中谱线：$d_{111}=0.3398$nm，$d_{021}=0.3274$nm，$d_{012}=0.2702$nm，计算出晶格常数为：$a=0.497$nm，$b=0.797$nm，$c=0.574$nm，晶胞体积 $v=a\times b\times c=0.227\text{nm}^3$。

3. 圆顶珠蚌

野外号码 ADY201，1986/12/16。年代：几百年至几千年。

(1)圆顶珠蚌壳珍珠层结果见表 4－88，出现唯一一条方解石弱谱线 $d_{104}=0.3038$nm，$I/I_0=1.64\%$；其余全部谱线符合卡片 041－1475，为霰石结构。从其中谱线：$d_{111}=0.3399$nm，$d_{021}=0.3275$nm，$d_{012}=0.2702$nm，计算出晶格常数为：$a=0.497$nm，$b=0.797$nm，$c=0.574$nm，晶胞体积 $v=a\times b\times c=0.227\text{nm}^3$。

(2)圆顶珠蚌壳角质层结果见表 4－89，全部谱线符合卡片 041－1475，为霰石结构，不存在杂质谱线。从其中谱线：$d_{111}=0.3397$nm，$d_{021}=0.3274$nm，$d_{012}=0.2700$nm，计算出晶格常数为：$a=0.497$nm，$b=0.797$nm，$c=0.574$nm，晶胞体积 $v=a\times b\times c=0.227\text{nm}^3$。

4. 丽蚌壳

野外号码 ADY193，1986/12/16。年代：几百年至几千年。

(1)丽蚌壳珍珠层结果见表 4－90，全部谱线符合卡片 041－1475，为霰石结构，不存在杂质谱线。从其中谱线：$d_{111}$ =0.3399nm，$d_{021}$ =0.3274nm，$d_{012}$ =0.2702nm，计算出晶格常数为：$a$ =0.497nm，$b$ =0.797nm，$c$ =0.574nm，晶胞体积 $v = a \times b \times c$ =0.227$nm^3$。

(2)丽蚌壳棱柱层结果见表4-91，出现唯一一条方解石谱线 $d_{104}$ =0.3034nm，$I/I_0$ = 2.6%；其余全部谱线符合卡片041-1475，为霰石结构。从其中谱线：$d_{111}$ =0.3401nm，$d_{021}$ =0.3277nm，$d_{012}$ =0.2703nm，计算出晶格常数为：$a$ =0.497nm，$b$ =0.798nm，$c$ = 0.575nm，晶胞体积 $v = a \times b \times c$ =0.228$nm^3$。

(3)丽蚌壳角质层结果见表4-92，出现唯一一条方解石弱谱线 $d_{104}$ =0.3024nm，$I/I_0$ = 1.9%；其余全部谱线符合卡片041-1475，为霰石结构。从其中谱线：$d_{111}$ =0.3397nm，$d_{021}$ =0.3274nm，$d_{012}$ =0.2700nm，计算出晶格常数为：$a$ =0.497nm，$b$ =0.797nm，$c$ = 0.574nm，晶胞体积 $v = a \times b \times c$ =0.227$nm^3$。

(4)现代丽蚌壳珠核结果见表4-93，全部谱线符合卡片041-1475，为霰石结构，不存在杂质谱线。从其中谱线：$d_{111}$ =0.3395nm，$d_{021}$ =0.3273nm，$d_{012}$ =0.2700nm，计算出晶格常数为：$a$ =0.496nm，$b$ =0.797nm，$c$ =0.574nm，晶胞体积 $v = a \times b \times c$ =0.227$nm^3$。与古丽蚌壳没有区别。

表4-86~表4-93据陈贵卿、陈俊豪，1990。

**表4-86　裂齿蛤壳棱柱层**

| 2θ(°) | $I/I_0$(%) | $d$(nm) |
|---|---|---|
| 21.030 | 3.3 | 0.4220 |
| 22.313 | 2.3 | 0.3980 |
| 26.195 | 91.4 | 0.3400 |
| 27.201 | 48.4 | 0.3275 |
| 31.114 | 19.5 | 0.2872 |
| 33.124 | 100.0 | 0.2702 |
| 36.120 | 52.9 | 0.2484 |
| 37.258 | 12.9 | 0.2411 |
| 37.680 | 55.4 | 0.2373 |
| 38.510 | 28.5 | 0.2335 |
| 41.190 | 11.3 | 0.2189 |
| 42.917 | 22.2 | 0.2105 |
| 45.858 | 52.9 | 0.1977 |
| 48.382 | 31.1 | 0.1879 |
| 50.238 | 25.7 | 0.1814 |
| 52.461 | 40.4 | 0.1742 |
| 53.034 | 21.4 | 0.1725 |
| 59.254 | 5.48 | 0.1558 |
| 最强谱线 $d$ =0.2702，$I$ =2155 | | |

**表4-87　射线裂脊蚌壳棱柱层**

| 2θ(°) | $I/I_0$(%) | $d$(nm) |
|---|---|---|
| 21.060 | 2.21 | 0.4215 |
| 26.202 | 73.2 | 0.3398 |
| 27.209 | 43.6 | 0.3274 |
| 31.110 | 12.1 | 0.2872 |
| 33.129 | 100.0 | 0.2702 |
| 36.113 | 42.9 | 0.2484 |
| 37.275 | 9.33 | 0.2410 |
| 37.881 | 46.9 | 0.2373 |
| 38.566 | 27.9 | 0.2332 |
| 41.193 | 7.98 | 0.2189 |
| 42.918 | 13.3 | 0.2105 |
| 45.875 | 39.5 | 0.1976 |
| 48.386 | 22.6 | 0.1879 |
| 50.248 | 19.5 | 0.1814 |
| 52.468 | 38.9 | 0.1742 |
| 53.048 | 20.2 | 0.1724 |
| 59.280 | 3.78 | 0.1557 |
| 66.103 | 8.39 | 0.1412 |
| 最强谱线 $d$ =0.2702，$I$ =266 | | |

**表4-88　圆顶珠蚌壳珍珠层**

| 2θ(°) | $I/I_0$(%) | $d$(nm) |
|---|---|---|
| 21.073 | 2.27 | 0.4212 |
| 26.199 | 66.6 | 0.3399 |
| 27.202 | 35 | 0.3275 |
| 29.370 | 1.64 | 0.3038 |
| 31.107 | 23.5 | 0.2873 |
| 33.125 | 100.0 | 0.2702 |
| 36.122 | 40.4 | 0.2484 |
| 37.258 | 8.68 | 0.2411 |
| 37.882 | 41.2 | 0.2373 |
| 38.559 | 19.6 | 0.2332 |
| 41.205 | 8.05 | 0.2188 |
| 42.940 | 10.7 | 0.2104 |
| 45.871 | 34.7 | 0.1976 |
| 48.389 | 21.8 | 0.1879 |
| 50.250 | 15.9 | 0.1814 |
| 52.461 | 35.7 | 0.1742 |
| 53.041 | 18.6 | 0.1725 |
| 66.081 | 9.35 | 0.1412 |
| 最强谱线 $d$ =0.2702，$I$ =2684 | | |

**表4-89　圆顶珠蚌壳角质层**

| 2θ(°) | $I/I_0$(%) | $d$(nm) |
|---|---|---|
| 21.070 | 2.7 | 0.4212 |
| 26.211 | 100.0 | 0.3397 |
| 27.211 | 51.6 | 0.3274 |
| 31.115 | 12.3 | 0.2872 |
| 33.139 | 63.2 | 0.2700 |
| 36.141 | 38.3 | 0.2483 |
| 37.291 | 13.9 | 0.2409 |
| 37.896 | 37.6 | 0.2371 |
| 38.503 | 27.2 | 0.2335 |
| 41.194 | 11.2 | 0.2189 |
| 42.929 | 20.5 | 0.2105 |
| 45.886 | 61 | 0.1976 |
| 48.387 | 34 | 0.1879 |
| 50.259 | 20.6 | 0.1813 |
| 52.471 | 23.3 | 0.1742 |
| 53.037 | 15.6 | 0.1725 |
| 59.282 | 5.4 | 0.1557 |
| 63.380 | 5.3 | 0.1466 |
| 最强谱线 $d$ =0.3397，$I$ =2268 | | |

表 4－90　丽蚌壳珍珠层

| 2θ(°) | $I/I_0$(%) | d(nm) |
|---|---|---|
| 22.240 | 1.4 | 0.3993 |
| 26.199 | 58.9 | 0.3399 |
| 27.208 | 31.3 | 0.3274 |
| 31.102 | 12.9 | 0.2873 |
| 33.127 | 100.0 | 0.2702 |
| 36.114 | 37.3 | 0.2484 |
| 37.258 | 8.4 | 0.2411 |
| 37.883 | 40.3 | 0.2373 |
| 38.568 | 21.7 | 0.2332 |
| 41.200 | 7.2 | 0.2189 |
| 42.935 | 9.9 | 0.2104 |
| 45.872 | 29.4 | 0.1976 |
| 48.394 | 17.2 | 0.1879 |
| 50.249 | 16.7 | 0.1814 |
| 52.470 | 34.1 | 0.1742 |
| 53.041 | 18.4 | 0.1725 |
| 56.313 | 2.4 | 0.1632 |
| 66.092 | 8.4 | 0.1412 |
| 69.040 | 5.5 | 0.1359 |
| 最强谱线 d = 0.2702, I = 3080 | | |

表 4－91　丽蚌壳棱柱层

| 2θ(°) | $I/I_0$(%) | d(nm) |
|---|---|---|
| 26.184 | 100.0 | 0.3401 |
| 27.188 | 51 | 0.3277 |
| 29.420 | 2.6 | 0.3034 |
| 31.090 | 11.4 | 0.2874 |
| 33.110 | 61 | 0.2703 |
| 36.118 | 38.3 | 0.2484 |
| 37.263 | 14.4 | 0.2410 |
| 37.365 | 39.8 | 0.2373 |
| 38.473 | 31.8 | 0.2387 |
| 41.176 | 12.8 | 0.2190 |
| 42.898 | 22.3 | 0.2106 |
| 45.858 | 64.8 | 0.1977 |
| 48.367 | 34.4 | 0.1880 |
| 50.225 | 23.9 | 0.1815 |
| 52.442 | 26.2 | 0.1743 |
| 53.009 | 15.8 | 0.1726 |
| 59.274 | 5.9 | 0.1557 |
| 60.213 | 3.0 | 0.1535 |
| 61.807 | 5.1 | 0.1499 |
| 最强谱线 d = 0.3401, I = 200 | | |

表 4－92　丽蚌壳角质层

| 2θ(°) | $I/I_0$(%) | d(nm) |
|---|---|---|
| 21.045 | 19 | 0.4218 |
| 26.214 | 100.0 | 0.3397 |
| 27.211 | 51 | 0.3274 |
| 29.513 | 1.9 | 0.3024 |
| 31.100 | 3.1 | 0.2873 |
| 33.140 | 26 | 0.2700 |
| 36.155 | 31.4 | 0.2482 |
| 37.280 | 15.4 | 0.2409 |
| 37.887 | 23 | 0.2372 |
| 38.457 | 35 | 0.2338 |
| 41.193 | 14 | 0.2189 |
| 42.932 | 29.1 | 0.2104 |
| 45.882 | 76.3 | 0.1976 |
| 48.377 | 35.8 | 0.1879 |
| 50.247 | 21.2 | 0.1814 |
| 52.465 | 12.8 | 0.1742 |
| 53.007 | 12.6 | 0.1726 |
| 59.288 | 6.2 | 0.1557 |
| 61.866 | 6.2 | 0.1498 |
| 最强谱线 d = 0.3397, I = 2261 | | |

表 4－93　现代丽蚌壳珠核

| 2θ(°) | $I/I_0$(%) | d(nm) |
|---|---|---|
| 26.226 | 53.9 | 0.3395 |
| 27.218 | 31.9 | 0.3273 |
| 31.120 | 16.8 | 0.2872 |
| 33.142 | 100.0 | 0.2700 |
| 36.141 | 32.9 | 0.2483 |
| 37.286 | 7.5 | 0.2409 |
| 37.901 | 31.6 | 0.2371 |
| 38.608 | 18 | 0.2329 |
| 41.220 | 4.5 | 0.2187 |
| 42.945 | 10.7 | 0.2104 |
| 45.877 | 31.9 | 0.1976 |
| 48.410 | 20.6 | 0.1878 |
| 50.277 | 14.1 | 0.1813 |
| 52.471 | 39.2 | 0.1742 |
| 53.055 | 18 | 0.1724 |
| 61.860 | 4.4 | 0.1498 |
| 66.140 | 6.4 | 0.1411 |
| 69.010 | 8.5 | 0.1359 |
| 75.210 | 4.5 | 0.1262 |
| 最强谱线 d = 0.2700, I = 683 | | |

最近由广州南海海洋研究所陈志云博士提供了纹班棱蛤、光滑蓝蛤、河蚬和大蚬 4 种古贝壳，我们采用新式的 X－射线衍射仪对它们进行衍射。

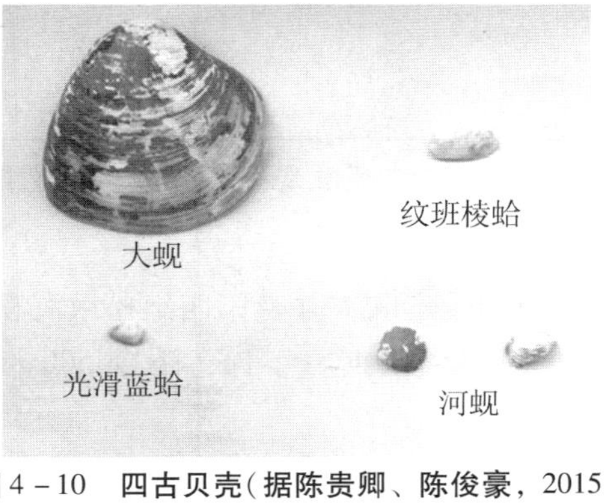


图 4－10　四古贝壳（据陈贵卿、陈俊豪，2015）

古贝壳不能破坏，只能片状衍射，零点偏移较大。将数据对照衍射图更加一目了然。

5. 纹班棱蛤壳角质层

广东顺德龙北滘伦教大队袁周生产队1井晚第四纪松散沉积岩中心。采集者：吴文中、赵焕庭。采集时间：20 世纪 70 年代初期。年代：距今 500 ~ 1000 年。测量日期/时间：2015/11/27，8:48:35。

纹班棱蛤壳角质层结果见图 4 – 11。出现 2 条较强的二氧化硅谱线 $d$ = 0.3370nm，$I/I_0$（%）= 70.2；$d$ = 0.1824nm，$I/I_0$（%）= 56.0，这是古贝壳在土壤中多年粘上的二氧化硅，因为现代干贝壳从来不见这些谱线，也没有这么强；其余谱线全部符合卡片 041 – 1475，为霰石结构。如果去掉粘上的二氧化硅，则它只含碳酸钙的霰石结构，不存在其他杂质。从其中谱线：$d_{111}$ = 0.3418nm，$d_{021}$ = 0.3299nm，$d_{012}$ = 0.2711nm，计算出晶格常数为：$a$ = 0.500nm，$b$ = 0.805nm，$c$ = 0.576nm，晶胞体积 $v = a \times b \times c$ = 0.232nm$^3$。

从图中低角度背景连续谱很强，可知非晶态物质很多。下同。

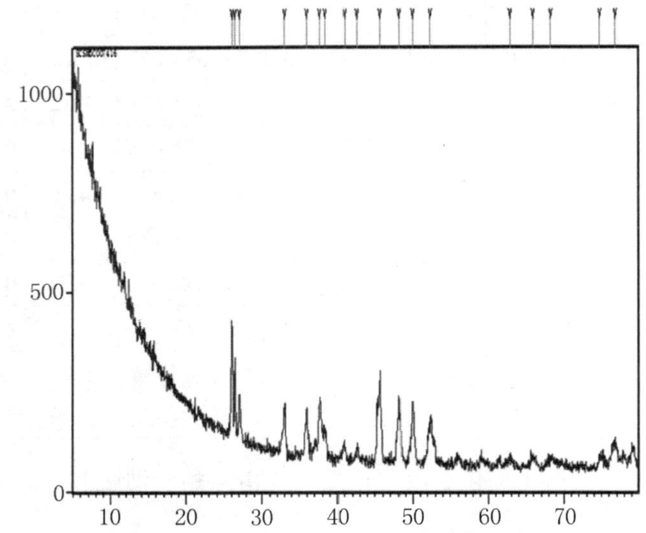


| 2θ(°) | d(nm) | I/I₀(%) |
|---|---|---|
| 26.073 | 0.3418 | 100.0 |
| 26.430 | 0.3370 | 70.2 |
| 27.025 | 0.3299 | 38.1 |
| 33.039 | 0.2711 | 45.5 |
| 35.962 | 0.2497 | 43.0 |
| 37.648 | 0.2389 | 52.4 |
| 38.408 | 0.2344 | 25.3 |
| 41.039 | 0.2199 | 11.4 |
| 42.623 | 0.2121 | 13.9 |
| 45.622 | 0.1989 | 78.7 |
| 48.140 | 0.1890 | 59.9 |
| 50.009 | 0.1824 | 56.0 |
| 52.317 | 0.1749 | 38.7 |
| 62.874 | 0.1478 | 9.7 |
| 65.952 | 0.1416 | 10.5 |
| 68.260 | 0.1374 | 10.8 |
| 74.765 | 0.1270 | 11.1 |
| 76.828 | 0.1241 | 21.9 |

**图 4 – 11 纹班棱蛤壳角质层 X – 射线衍射（据陈贵卿，2015）**

6. 光滑蓝蛤壳角质层

广东顺德龙北滘伦教大队袁周生产队1井晚第四纪松散沉积岩中心。采集者：吴文中、赵焕庭。采集时间：20 世纪 70 年代初期。年代：距今 500 ~ 1000 年。测量日期/时间：2015/11/27，9:01:27。

光滑蓝蛤壳角质层结果见图 4 – 12。全部谱线符合卡片 041 – 1475，为霰石结构，不存在杂质谱线。从其中谱线：$d_{111}$ = 0.3411nm，$d_{021}$ = 0.3282nm，$d_{012}$ = 0.2705nm，计算出晶格常数为：$a$ = 0.500nm，$b$ = 0.799nm，$c$ = 0.575nm，晶胞体积 $v = a \times b \times c$ = 0.230nm$^3$。

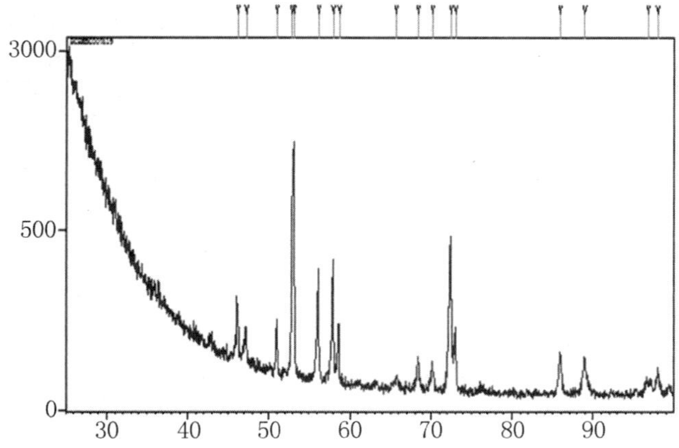


| $2\theta$(°) | $d$(nm) | $I/I_0$(%) |
|---|---|---|
| 26. 125 | 0. 3411 | 22. 7 |
| 27. 173 | 0. 3282 | 15. 7 |
| 31. 000 | 0. 2885 | 23. 5 |
| 32. 867 | 0. 2725 | 76. 0 |
| 33. 12 | 0. 2705 | 100. 0 |
| 36. 104 | 0. 2488 | 49. 6 |
| 37. 878 | 0. 2375 | 54. 3 |
| 38. 614 | 0. 2332 | 25. 2 |
| 45. 617 | 0. 1989 | 4. 2 |
| 48. 370 | 0. 1882 | 14. 3 |
| 50. 165 | 0. 1819 | 12. 8 |
| 52. 413 | 0. 1746 | 64. 6 |
| 52. 998 | 0. 1728 | 26. 5 |
| 65. 896 | 0. 1417 | 18. 6 |
| 68. 955 | 0. 1362 | 17. 0 |
| 76. 750 | 0. 1242 | 4. 8 |
| 77. 908 | 0. 1226 | 8. 1 |

**图 4－12　光滑蓝蛤壳角质层 X－射线衍射(据陈贵卿、陈俊豪，2015)**

7. 河蚬壳

广东顺德龙北滘伦教大队袁周生产队 1 井晚第四纪松散沉积岩中心。采集者：吴文中、赵焕庭。采集时间：20 世纪 70 年代初期。年代：距今 500～1000 年。测量日期/时间：2015/11/27，9:14:37。

①河蚬壳棱柱层结果见图 4－13。全部谱线符合卡片 041－1475，为霰石结构，不存在杂质谱线。从其中谱线：$d_{111}=0.3404$nm，$d_{021}=0.3282$nm，$d_{012}=0.2706$nm，计算出晶格常数为：$a=0.497$nm，$b=0.799$nm，$c=0.575$nm，晶胞体积 $v=a\times b\times c=0.228$nm$^3$。

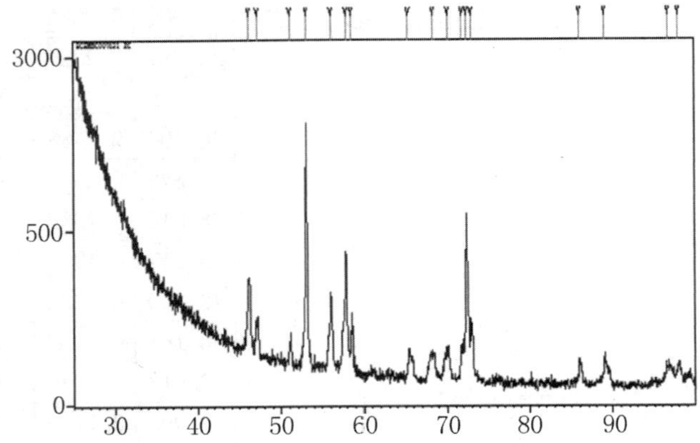


| $2\theta$(°) | $d$(nm) | $I/I_0$(%) |
|---|---|---|
| 26.178 | 0.3404 | 31.9 |
| 27.168 | 0.3282 | 15.2 |
| 31.098 | 0.2876 | 11.0 |
| 33.103 | 0.2706 | 100 |
| 36.056 | 0.2491 | 31.4 |
| 37.846 | 0.2377 | 51.4 |
| 38.610 | 0.2332 | 22.7 |
| 45.387 | 0.1998 | 11.9 |
| 48.370 | 0.1882 | 11.7 |
| 50.113 | 0.1820 | 13.4 |
| 51.883 | 0.1761 | 14.1 |
| 52.414 | 0.1746 | 69.1 |
| 53.006 | 0.1728 | 23.7 |
| 65.995 | 0.1416 | 11.3 |
| 69.005 | 0.1361 | 12.8 |
| 76.709 | 0.1242 | 6.5 |
| 78.000 | 0.1225 | 6.0 |

**图 4－13 河蚬壳棱柱层 X－射线衍射（据陈贵卿、陈俊豪，2015）**

②河蚬壳角质层结果见图 4－14。图中次强以下的绝大部分谱线符合卡片 041－1475，为霰石结构。从其中谱线：$d_{111}=0.3388$nm，$d_{021}=0.3268$nm，$d_{012}=0.2697$nm，计算出晶格常数为：$a=0.494$nm，$b=0.795$nm，$c=0.573$nm，晶胞体积 $v=a\times b\times c=0.225\text{nm}^3$。

出现 2 条弱方解石谱线：$d_{104}=0.3033$nm，$I/I_0$(%)＝8.71 和 $d_{113}=0.2282$nm，$I/I_0$(%)＝7.26，计算出晶格常数为：$a=0.499$nm，$c=1.705$nm，$v=\sqrt{3/2}\times a^2\times c=0.368\text{nm}^3$；菱面体晶胞晶格常数为 $a_0=0.637$nm，$\alpha=46°06'$。其中方解石的最强标识谱线 $d_{104}$(0.3033nm) 的相对强度 $I_{0.3033}/I_0$(%)＝8.71，霰石的最强标识谱线 $d_{111}$(0.3388nm) 的相对强度 $I_{0.3388}/I_0$(%)＝32.23，方解石含量 $Q=(I_{0.3033}/I_{0.3388})\times100=(I_{0.3033}/I_0)\div(I_{0.3388}/I_0)\times100=8.71\div32.23=27.02$。从表 4－57，$Q$ 值 27.02 在 0～54.20 之间，成分在 0～4.85 之间，这一段斜率 $M_1=11.18$，$T_{方解石}=(27.02-0)/11.18=2.42\%$，即方解石含量为霰石的 2.42%。而样品的霰石谱线的相对强度才 32.23%，霰石含量本来就不多，所以方解石含量是很少的。

其中最强谱线 $d=0.3336$nm 是二氧化硅的最强谱线 $d_{101}=0.33435$nm，也可能是石墨 C 的最强谱线 $d_{002}=0.3356$nm。谱线 $d=0.4249$nm 是二氧化硅的次强谱线 $d_{100}=0.4255$nm。

石墨 5 条最强谱线：$d=0.3356$nm，$I/I_0$(%)＝100；$d=0.2034$nm，$I/I_0$(%)＝17.1；$d=0.1157$nm，$I/I_0$(%)＝6.7；$d=0.1232$nm，$I/I_0$(%)＝4.8；$d=0.1678$nm，$I/I_0$(%)＝3.9，但石墨的其余 4 条谱线没有出现，说明 $d=0.3336$nm 不是石墨的谱线，样品不存在石墨。

表中下划双线的如 0.3336 符合 PDF 卡片 46－1045，为二氧化硅的谱线，下同。

氧化铝的 3 条最强谱线：$d=0.1601$nm，$I/I_0$(%)＝100；$d=0.2085$nm，$I/I_0$(%)＝94；

$d=0.2551$nm，$I/I_0$(%)=74 都没出现，说明样品不存在氧化铝。二氧化硅和三氧化铝在地球上大量存在。

在土壤中高岭土(含 $SiO_2$% ≥ 50，$Al_2O_3$% =45 ~48)的微晶、石墨的微晶(即炭黑)等都具有较强的表面吸附能力。但石墨在地球上的含量远不如二氧化硅。

还有一条杂质谱线 $d=0.3205$nm，$I/I_0$(%)=18.38，不知是什么物质，是现代贝壳所没有的，可能是埋藏在地里粘上的。

如果去掉河蚬壳角质层粘上的二氧化硅和那条杂质谱线，它还是较完整的霰石结构，与现代河蚬壳的谱线一样，没多大变化。

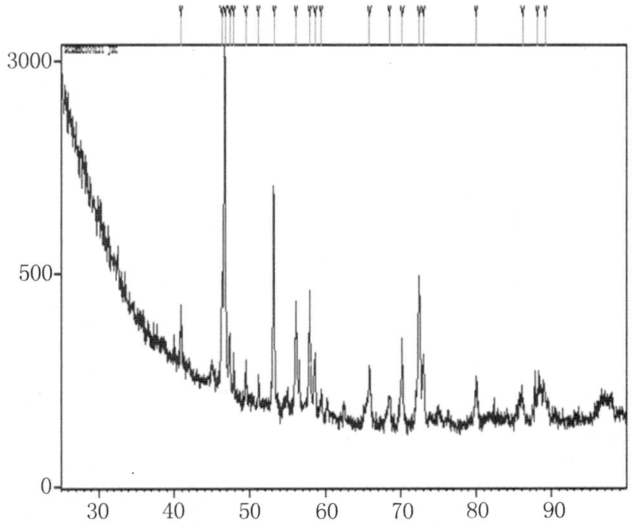


| 2θ(°) | d(nm) | $I/I_0$(%) |
|---|---|---|
| 20.909 | 0.4249 | 17.4 |
| 26.286 | 0.3388 | 32.2 |
| 26.725 | 0.3336 | 100 |
| 27.288 | 0.3268 | 18.2 |
| 27.814 | 0.3205 | 13.4 |
| 29.448 | 0.3033 | 8.7 |
| 31.172 | 0.2869 | 9.2 |
| 33.217 | 0.2697 | 67.1 |
| 36.143 | 0.2485 | 30.7 |
| 37.944 | 0.2372 | 39.8 |
| 38.641 | 0.2330 | 18.1 |
| 39.488 | 0.2282 | 7.3 |
| 45.846 | 0.1979 | 18.5 |
| 48.472 | 0.1878 | 9.2 |
| 50.231 | 0.1816 | 23.8 |
| 52.480 | 0.1744 | 43.4 |
| 53.007 | 0.1728 | 19.7 |
| 59.988 | 0.1542 | 13.8 |
| 66.115 | 0.1413 | 8.2 |
| 68.108 | 0.1377 | 10.5 |
| 69.229 | 0.1357 | 8.4 |

图 4－14　河蚬壳角质层 X－射线衍射(据陈贵卿、陈俊豪，2015)

采用 Cu $K\alpha$，$\lambda=0.15406$nm。

以下据有关书籍资料。

表 4－94 $\alpha-SiO_2$ PDF 46－1045

| 2θ(°) | d(nm) | $I/I_0$(%) | hkl |
|---|---|---|---|
| 20.86 | 0.42550 | 16 | 100 |
| 26.64 | 0.33435 | 100 | 101 |
| 36.54 | 0.24569 | 9 | 110 |
| 39.46 | 0.22815 | 8 | 102 |
| 40.3 | 0.22361 | 4 | 111 |
| 42.45 | 0.21277 | 6 | 200 |
| 45.79 | 0.19799 | 4 | 201 |
| 50.14 | 0.18180 | 13 | 112 |
| 50.62 | 0.18017 | < 1 | 003 |
| 54.88 | 0.16717 | 4 | 202 |
| 55.32 | 0.16592 | 2 | 103 |
| 57.23 | 0.16083 | < 1 | 210 |
| 59.96 | 0.15415 | 9 | 121 |
| 64.04 | 0.14529 | 2 | 113 |
| 65.79 | 0.14184 | < 1 | 300 |
| 67.74 | 0.13821 | 6 | 212 |
| 68.14 | 0.13750 | 7 | 203 |
| 68.32 | 0.13719 | 5 | 301 |
| 73.47 | 0.12879 | 2 | 104 |
| 75.66 | 0.12559 | 3 | 302 |
| 77.68 | 0.12283 | 1 | 220 |
| 79.88 | 0.11998 | 2 | 213 |

表 4－95 石墨图谱

| d(nm) | I | $I/I_0$(%) | hkl |
|---|---|---|---|
| 0.33555 | 999 | 100.0 | 002 |
| 0.21339 | 36 | 3.6 | 100 |
| 0.20336 | 171 | 17.1 | 101 |
| 0.18006 | 30 | 3.0 | 102 |
| 0.16777 | 39 | 3.9 | 004 |
| 0.15440 | 37 | 3.7 | 103 |
| 0.13189 | 5 | 0.5 | 104 |
| 0.12320 | 48 | 4.8 | 110 |
| 0.11565 | 67 | 6.7 | 112 |
| 0.11361 | 6 | 0.6 | 105 |
| 0.11185 | 4 | 0.4 | 006 |
| 0.10669 | 2 | 0.2 | 200 |
| 0.10537 | 10 | 1.0 | 201 |
| 0.10168 | 3 | 0.3 | 202 |
| 0.09930 | 28 | 2.8 | 114 |
| 0.09907 | 15 | 1.5 | 106 |
| 0.09630 | 6 | 0.6 | 203 |
| 0.09003 | 2 | 0.2 | 204 |
| 0.08745 | 1 | 0.1 | 107 |
| 0.08389 | 1 | 0.1 | 008 |
| 0.08352 | 3 | 0.3 | 205 |
| 0.08281 | 13 | 1.3 | 116 |
| 0.08065 | 3 | 0.3 | 210 |
| 0.08008 | 15 | 1.5 | 211 |

表 4－96 $Al_2O_3$ 图谱

| 2θ(°) | d(nm) | $I/I_0$(%) | hkl |
|---|---|---|---|
| 25.566 | 0.34800 | 39 | 012 |
| 35.136 | 0.25510 | 74 | 104 |
| 37.761 | 0.23790 | 34 | 110 |
| 41.660 | 0.21650 | 1 | 006 |
| 43.336 | 0.20850 | 94 | 113 |
| 46.159 | 0.19640 | 1 | 202 |
| 52.529 | 0.17398 | 47 | 024 |
| 57.475 | 0.16014 | 100 | 116 |
| 59.715 | 0.15461 | 3 | 211 |
| 61.104 | 015147 | 6 | 122 |
| 61.276 | 0.15109 | 9 | 018 |
| 66.489 | 0.14045 | 42 | 214 |
| 68.179 | 0.13738 | 64 | 300 |
| | 0.12390 | 20 | 1010 |
| | 0.12341 | 9 | 119 |
| | 0.11898 | 8 | 220 |
| | 0.11990 | 9 | 0210 |
| | 0.10782 | 11 | 134 |
| | 0.10427 | 22 | 226 |
| | 0.09978 | 18 | 2110 |
| | 0.09078 | 19 | 324 |
| | 0.09054 | 15 | 0114 |
| | 0.08582 | 23 | 1310 |
| | 0.08305 | 38 | 416 |

③现代河蚬壳棱柱层结果见表 4－97：出现唯一一条弱杂质谱线 $d=0.3632$nm，$I/I_0$(%)$=3.2$，其余全部符合卡片 041－1475，为霰石结构。从其中谱线：$d_{111}=0.3409$nm，$d_{021}=0.3285$nm，$d_{012}=0.2709$nm，计算出晶格常数为：$a=0.498$nm，$b=0.800$nm，$c=0.576$nm，晶胞体积 $v=a\times b\times c=0.229\text{nm}^3$。对比起古贝壳来，这没什么差异。

表 4－97 现代河蚬壳棱柱层(据陈贵卿、陈俊豪,1986)

| 2θ(°) | I | d(nm) | $I/I_0$(%) | 2θ(°) | I | d(nm) | $I/I_0$(%) |
|---|---|---|---|---|---|---|---|
| 24.480 | 374 | 0.3632 | 3.2 | 48.312 | 3554 | 0.1882 | 30.6 |
| 26.112 | 11633 | 0.3409 | 100.0 | 50.161 | 2690 | 0.1817 | 23.1 |
| 27.116 | 5892 | 0.3285 | 50.6 | 52.372 | 4677 | 0.1745 | 40.2 |
| 29.704 | 399 | 0.3005 | 3.4 | 52.943 | 2507 | 0.1728 | 21.6 |

（续上表）

| 2θ(°) | I | d(nm) | I/I₀(%) | 2θ(°) | I | d(nm) | I/I₀(%) |
|---|---|---|---|---|---|---|---|
| 31.016 | 1499 | 0.2880 | 12.9 | 53.877 | 399 | 0.1700 | 3.4 |
| 33.034 | 10933 | 0.2709 | 94 | 56.121 | 394 | 0.1637 | 3.4 |
| 36.026 | 4932 | 0.2490 | 42.4 | 59.181 | 553 | 0.1559 | 4.8 |
| 37.192 | 1611 | 0.2415 | 13.8 | 60.216 | 342 | 0.1535 | 2.9 |
| 37.794 | 6239 | 0.2377 | 53.6 | 61.770 | 506 | 0.1500 | 4.4 |
| 38.455 | 3266 | 0.2338 | 28.1 | 62.810 | 382 | 0.1478 | 3.3 |
| 41.101 | 1297 | 0.2194 | 11.1 | 63.320 | 510 | 0.1467 | 4.4 |
| 42.835 | 2123 | 0.2109 | 18.2 | 64.864 | 216 | 0.1436 | 1.9 |
| 45.783 | 6090 | 0.1980 | 52.4 | 66.001 | 804 | 0.1414 | 6.9 |

8. 大蚬壳

广东顺德龙眼村水利工程挖掘出土。采集者：赵焕庭等。采集时间：1961 年 2 月。年代：距今 500 ~ 1000 年。测量日期/时间：2015/11/27，9:48:41。

①大蚬壳珍珠层结果见图 4 – 15。从其中谱线：$d_{002}$ = 0.2875nm，$d_{012}$ = 0.2706nm，$d_{312}$ = 0.1415nm，计算出晶格常数为：$a$ = 0.498nm，$b$ = 0.801nm，$c$ = 0.575nm，晶胞体积 $v = a \times b \times c = 0.229\text{nm}^3$。

大蚬壳珍珠层 X – 射线衍射图看来十分特殊，谱线很强、很窄、很少，全部谱线符合卡片 041 – 1475，说明它有“单晶化趋向”，不存在杂质。不像地质结晶学所述：霰石晶体结构不稳定，终将变成方解石；而是向更高的结晶程度发展，说明霰石结构是稳定的。

从晶体 X 射线衍射理论 Scherrer 公式：谱线变强、变窄和变少是由晶粒在该衍射方向上的长大变厚（择优取向生长）引起的，我们称为“单晶化趋向”。

贝壳珍珠层的生长过程就是霰石晶体的生长过程，不断处于不平衡状态，或者由于缺位或杂质填进晶格引起晶格扭曲改变了晶面族间距 $d$，使谱线变宽，一直产生新内应力。贝类死亡后，晶体停止生长，不再产生新内应力。贝壳内应力逐渐释放，缺位逐渐被填补或杂质逐渐被排除到晶粒边界以消除内应力，此时内应力也集中到晶粒边界，所以此处容易被风化掉。霰石晶粒不断长大，使得谱线变强、变窄和变少。为了便于了解情况，这里列出更详细的数据。

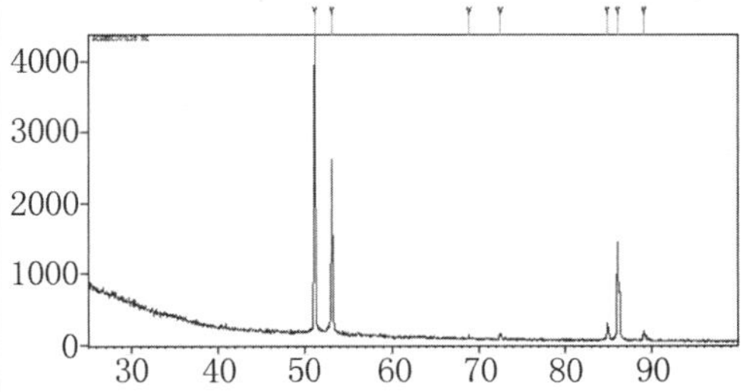


| 2θ(°) | 强度 | 半高宽 | d(nm) | 相对强度 | 谱线面积 |
|---|---|---|---|---|---|
| 31.104 | 4290.7 | 0.154 | 0.2875 | 100.0 | 649.71 |
| 33.109 | 2491.1 | 0.179 | 0.2706 | 58.1 | 440.08 |
| 48.886 | 63.33 | 0.120 | 0.1862 | 1.5 | 7.60 |
| 52.482 | 89.74 | 0.205 | 0.1744 | 2.1 | 18.12 |
| 64.852 | 247.48 | 0.102 | 0.1438 | 5.8 | 24.98 |
| 66.020 | 1408.0 | 0.102 | 0.1415 | 32.8 | 142.13 |
| 69.028 | 137.54 | 0.102 | 0.1361 | 3.2 | 13.88 |

**图 4 – 15　大蚬壳珍珠层 X – 射线衍射（据陈贵卿、陈俊豪，2015）**

②大蚬壳棱柱层结果见图 4 - 16。全部谱线符合卡片 041 - 1475，为霰石结构，不存在杂质。从其中谱线：$d_{111}$ = 0. 3407nm，$d_{021}$ = 0. 3287nm，$d_{012}$ = 0. 2709nm，计算出晶格常数为：$a$ =0. 498nm，$b$ =0. 801nm，$c$ =0. 576nm，晶胞体积 $v = a \times b \times c$ =0. 230nm$^3$。

大蚬壳棱柱层也类似珍珠层那样，年代久了谱线会变强、变窄。但因棱柱层在贝壳中间，受压在珍珠层和角质层之间，内应力释放较慢，"单晶化趋向"较珍珠层慢，所以谱线稍多，但从它的 X - 射线衍射图来看许多弱谱线已经变得几乎平了，正向"单晶化趋向"发展，如上面珍珠层那样。

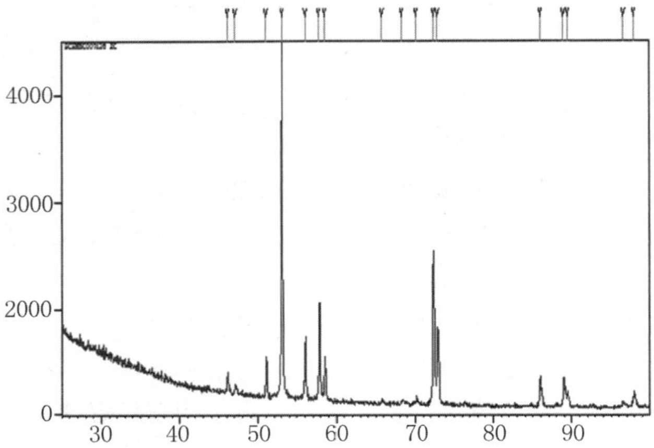


| $2\theta$(°) | $d$(nm) | $I/I_0$(%) |
|---|---|---|
| 26. 159 | 0. 3407 | 5. 3 |
| 27. 130 | 0. 3287 | 2. 6 |
| 31. 061 | 0. 2879 | 11. 0 |
| 33. 072 | 0. 2709 | 100. 0 |
| 36. 044 | 0. 2492 | 17. 0 |
| 37. 826 | 0. 2378 | 27. 4 |
| 38. 568 | 0. 2334 | 13. 1 |
| 45. 861 | 0. 1979 | 1. 3 |
| 48. 400 | 0. 1881 | 1. 5 |
| 50. 198 | 0. 1817 | 2. 5 |
| 52. 382 | 0. 1747 | 43. 0 |
| 52. 951 | 0. 1729 | 21. 7 |
| 65. 981 | 0. 1416 | 8. 3 |
| 68. 973 | 0. 1362 | 8. 5 |
| 69. 475 | 0. 1353 | 4. 6 |
| 76. 613 | 0. 1244 | 1. 4 |
| 77. 934 | 0. 1226 | 4. 1 |

**图 4 - 16 大蚬壳棱柱层 X - 射线衍射(据陈贵卿、陈俊豪，2015)**

③大蚬壳角质层结果见图 4 - 17。全部谱线符合卡片 041 - 1475，为霰石结构，不存在杂质。从其中谱线：$d_{111}$ = 0. 3399nm，$d_{021}$ = 0. 3279nm，$d_{012}$ = 0. 2703nm，计算出晶格常数为：$a$ =0. 496nm，$b$ =0. 799nm，$c$ =0. 575nm，晶胞体积 $v = a \times b \times c$ =0. 228nm$^3$。

由于所含有机物较多发生散射，减少了"单晶化趋向"，降低了标识谱线强度。

全部杂质谱线都不见了，再次证明了古贝壳的"单晶化趋向"！

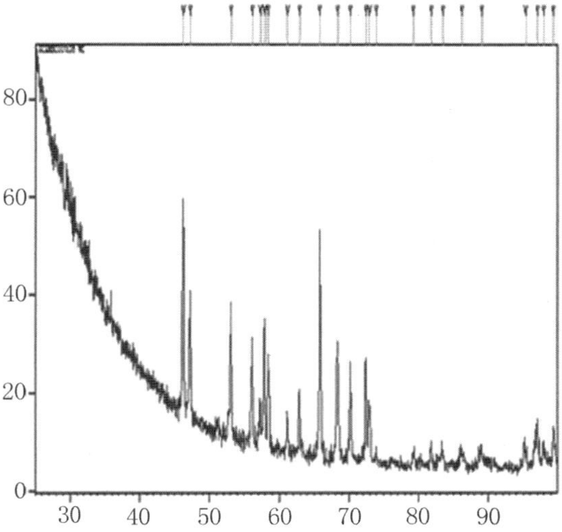


| 2θ(°) | d(nm) | I/I₀(%) |
|---|---|---|
| 26. 221 | 0. 3399 | 90. 8 |
| 27. 196 | 0. 3279 | 54. 8 |
| 33. 147 | 0. 2703 | 54. 5 |
| 36. 160 | 0. 2484 | 46. 3 |
| 37. 266 | 0. 2413 | 20. 5 |
| 37. 855 | 0. 2377 | 56. 4 |
| 38. 380 | 0. 2345 | 36. 8 |
| 41. 174 | 0. 2193 | 16. 1 |
| 42. 863 | 0. 2110 | 28. 1 |
| 45. 818 | 0. 1980 | 100. 0 |
| 48. 345 | 0. 1883 | 50. 9 |
| 50. 162 | 0. 1819 | 41. 6 |
| 52. 405 | 0. 1746 | 46. 3 |
| 52. 962 | 0. 1729 | 26. 0 |
| 53. 940 | 0. 1698 | 10. 5 |
| 59. 268 | 0. 1559 | 6. 1 |
| 61. 783 | 0. 1502 | 9. 9 |
| 63. 401 | 0. 1467 | 7. 7 |
| 66. 152 | 0. 1413 | 7. 2 |
| 68. 990 | 0. 1361 | 8. 9 |
| 75. 307 | 0. 1262 | 7. 2 |
| 76. 983 | 0. 1239 | 16. 4 |
| 77. 959 | 0. 1226 | 6. 0 |
| 79. 301 | 0. 1208 | 12. 8 |

图 4－17　大蚬壳角质层 X－射线衍射（据陈贵卿、陈俊豪，2015）

表 4-98 古今贝壳的晶格常数(nm)和晶胞体积($nm^3$)(据陈贵卿、陈俊豪，1986、2015)

| 贝壳种类 | | 霰石结构（nm，$nm^3$）正交晶胞 |
|---|---|---|
| 古代贝壳 | 裂齿蛤壳棱柱层 | $a=0.497$，$b=0.797$，$c=0.574$，$v=0.227$ |
| | 射线裂脊蚌壳棱柱层 | $a=0.497$，$b=0.797$，$c=0.574$，$v=0.227$ |
| | 圆顶珠蚌壳珍珠层 | $a=0.497$，$b=0.797$，$c=0.574$，$v=0.227$ |
| | 圆顶珠蚌壳角质层 | $a=0.497$，$b=0.797$，$c=0.574$，$v=0.227$ |
| | 丽蚌壳珍珠层 | $a=0.497$，$b=0.797$，$c=0.574$，$v=0.227$ |
| | 丽蚌壳棱柱层 | $a=0.497$，$b=0.798$，$c=0.575$，$v=0.228$ |
| | 丽蚌壳角质层 | $a=0.497$，$b=0.797$，$c=0.574$，$v=0.227$ |
| | 纹班棱蛤壳角质层 | $a=0.500$，$b=0.805$，$c=0.576$，$v=0.232$ |
| | 光滑蓝蛤壳角质层 | $a=0.500$，$b=0.799$，$c=0.575$，$v=0.230$ |
| | 河蚬壳棱柱层 | $a=0.497$，$b=0.799$，$c=0.575$，$v=0.228$ |
| | 河蚬壳角质层 | $a=0.494$，$b=0.795$，$c=0.573$，$v=0.225$ |
| | 大蚬壳珍珠层 | $a=0.498$，$b=0.801$，$c=0.575$，$v=0.229$ |
| | 大蚬壳棱柱层 | $a=0.498$，$b=0.801$，$c=0.576$，$v=0.230$ |
| | 大蚬壳角质层 | $a=0.496$，$b=0.799$，$c=0.575$，$v=0.228$ |
| 现代贝壳 | 河蚬壳 | $a=0.498$，$b=0.800$，$c=0.576$，$v=0.230$ |
| | 马氏贝天然珍珠 | $a=0.496$，$b=0.796$，$c=0.574$，$v=0.227$ |
| | 马氏珍珠贝壳珍珠层 | $a=0.495$，$b=0.794$，$c=0.573$，$v=0.225$ |
| | 马氏珍珠贝壳棱柱层 | $a=0.496$，$b=0.796$，$c=0.574$，$v=0.227$ |
| | 杂色鲍鱼壳 | $a=0.496$，$b=0.796$，$c=0.574$，$v=0.227$ |
| | 贻贝壳 | $a=0.499$，$b=0.801$，$c=0.577$，$v=0.231$ |
| | 现代丽蚌壳珠核 | $a=0.496$，$b=0.797$，$c=0.574$，$v=0.227$ |

| 贝壳种类 | | 方解石结构（nm，$nm^3$） | |
|---|---|---|---|
| | | 六方晶胞 | 菱面体晶胞 |
| 古代贝壳 | 河蚬壳角质层 | $a=0.499$，$c=1.705$，$v=0.368$ | $a_0=0.637$，$\alpha=46°06'$ |
| 现代贝壳 | 马氏珍珠贝壳角质层 | $a=0.496$，$c=1.699$，$v=0.362$ | $a_0=0.635$，$\alpha=46°00'$ |
| | 企鹅珍珠贝壳角质层 | $a=0.498$，$c=1.703$，$v=0.366$ | $a_0=0.636$，$\alpha=46°04'$ |
| | 杂色鲍鱼壳角质层 | $a=0.498$，$c=1.701$，$v=0.365$ | $a_0=0.636$，$\alpha=46°01'$ |
| | 贻贝壳 | $a=0.502$，$c=1.704$，$v=0.373$ | $a_0=0.638$，$\alpha=46°24'$ |

（二）电子探针探讨

1. 裂齿蛤壳（山西襄汾丁村 102 点）

**表 4－99　裂齿蛤壳氧化物**（据陈贵卿、陈俊豪，1992）

| 氧化物 | $Na_2O$ | $K_2O$ | $Fe_2O_3$ | MnO | $SiO_2$ | MgO | $TiO_2$ | $Al_2O_3$ | CaO | $CaCO_3$ | 总和 | $CC$ | $\overline{CC}$ |
|---|---|---|---|---|---|---|---|---|---|---|---|---|---|
| 里层 | 0.254 | 0.000 | 0.000 | 0.028 | 0.058 | 0.040 | 0.045 | 0.066 | 48.165 | 85.964 | 86.455 | 13.54 | 15.9 |
| 表层 | 0.188 | 0.024 | 0.092 | 0.000 | 0.571 | 0.146 | 0.022 | 0.142 | 45.125 | 80.538 | 81.723 | 18.28 | |

原子序数 11（Na）以下的元素测不出，因此，$CaCO_3$ 只能从 CaO 分子式计算出来。

$CaO + CO_2 \longrightarrow CaCO_3$

56.0794　　　100.0892

$M_{CaCO_3} = (100.0892 \div 56.0794) \times M_{CaO} = 1.78478 \times M_{CaO}$。

里层：$M_{CaCO_3} = 1.78478 \times 48.165 = 85.9639$；表层：$M_{CaCO_3} = 1.78478 \times 45.125 = 80.5382$。下同。

表中总和为碳酸钙和其余氧化物的和。现代贝壳的电子探针测量结果总和都在 100% 左右，如不是 100% 则是某些因素引起的误差所致，可以通过归一化成 100%，但古贝壳的结果都与 100% 有一定距离，这是古贝壳经千百年风化的结果，我们定义为“双陈风化洞”（$CC$）：$CC = 100 - \Sigma$，古贝壳的各部分不尽相同，取平均值$\overline{CC}$来表示。根据我们测试的几十个现代贝壳，一般结果为 $\Sigma \geqslant 97$，因此设想 $CC \leqslant 5$，可忽略不计，即无“双陈风化洞”。因为电子探针测试范围很小，重要数据需要测试几点求平均值。下同。

2. 射线裂脊蚌壳（山西襄汾丁村 102 点）

**表 4－100　射线裂脊蚌壳氧化物**（据陈贵卿、陈俊豪，1992）

| 氧化物 | $Na_2O$ | $K_2O$ | $Fe_2O_3$ | MnO | $SiO_2$ | MgO | $TiO_2$ | $Al_2O_3$ | CaO | $CaCO_3$ | 总和 | $CC$ | $\overline{CC}$ |
|---|---|---|---|---|---|---|---|---|---|---|---|---|---|
| 里层 | 0.151 | 0.005 | 0.000 | 0.000 | 0.044 | 0.034 | 0.000 | 0.040 | 43.156 | 77.024 | 77.298 | 22.70 | 19.9 |
| 表层 | 0.168 | 0.008 | 0.046 | 0.028 | 0.103 | 1.227 | 0.000 | 0.046 | 45.512 | 81.229 | 82.855 | 17.14 | |

3. 圆顶珠蚌壳

**表 4－101　圆顶珠蚌壳氧化物**（据陈贵卿、陈俊豪，1992）

| 氧化物 | $Na_2O$ | $K_2O$ | $Fe_2O_3$ | MnO | $SiO_2$ | MgO | $TiO_2$ | $Al_2O_3$ | CaO | $CaCO_3$ | 总和 | $CC$ | $\overline{CC}$ |
|---|---|---|---|---|---|---|---|---|---|---|---|---|---|
| 里层 | 0.113 | 0.026 | 0.031 | 0.042 | 0.029 | 0.046 | 0.000 | 0.061 | 45.758 | 81.668 | 82.016 | 17.98 | 19.3 |
| 表层 | 0.104 | 0.000 | 0.015 | 0.028 | 0.073 | 0.012 | 0.000 | 0.030 | 44.361 | 79.175 | 79.437 | 20.56 | |

4. 丽蚌壳

**表 4－102　丽蚌壳氧化物**（据陈贵卿、陈俊豪，1992）

| 氧化物 | $Na_2O$ | $K_2O$ | $Fe_2O_3$ | MnO | $SiO_2$ | MgO | $TiO_2$ | $Al_2O_3$ | CaO | $CaCO_3$ | 总和 | $CC$ | $\overline{CC}$ |
|---|---|---|---|---|---|---|---|---|---|---|---|---|---|
| 里层 | 0.254 | 0.000 | 0.092 | 0.042 | 0.029 | 0.035 | 0.000 | 0.046 | 46.730 | 83.403 | 83.901 | 16.10 | 12.8 |
| 表层 | 0.217 | 0.005 | 0.230 | 0.000 | 0.059 | 0.047 | 0.000 | 0.086 | 50.298 | 89.771 | 90.415 | 9.58 | |

5. 马氏珍珠贝壳

**表 4－103　现代马氏珍珠贝壳氧化物**（据陈贵卿、陈俊豪，1992）

| 氧化物 | $Na_2O$ | $K_2O$ | $Fe_2O_3$ | MnO | $SiO_2$ | MgO | $Al_2O_3$ | CaO | $CaCO_3$ | 总和 | $CC$ | $\overline{CC}$ | |
|---|---|---|---|---|---|---|---|---|---|---|---|---|---|
| 珍珠层 | 0. 516 | 0. 007 | 0. 020 | 0. 018 | 0. 038 | 0. 058 | 0. 030 | 55. 644 | 99. 312 | 99. 999 | 0 | | |
| 棱柱层 | 0. 429 | 0. 023 | 0. 039 | 0. 000 | 0. 000 | 0. 085 | 0. 065 | 55. 670 | 99. 359 | 100. 000 | 0 | | 0 |
| 角质层 | 0. 282 | 0. 039 | 0. 000 | 0. 000 | 0. 019 | 1. 205 | 0. 048 | 55. 137 | 98. 407 | 100. 000 | 0 | | |

6. 佛耳丽蚌壳

**表 4－104　现代佛耳丽蚌壳氧化物**（据陈贵卿、陈俊豪，1992）

| 氧化物 | $Na_2O$ | $K_2O$ | $Fe_2O_3$ | MnO | $SiO_2$ | MgO | $Al_2O_3$ | CaO | $CaCO_3$ | 总和 | $CC$ | $\overline{CC}$ | |
|---|---|---|---|---|---|---|---|---|---|---|---|---|---|
| 珍珠层 | 0. 38 | 0. 03 | 0. 08 | 0. 07 | 0. 37 | 0. 06 | 0. 11 | 55. 65 | 99. 323 | 100. 423 | 0 | | |
| 棱柱层 | 0. 59 | 0. 09 | 0. 06 | 0. 11 | 0. 43 | 0. 05 | 0. 12 | 55. 67 | 99. 359 | 100. 809 | 0 | | 0 |
| 角质层 | 0. 25 | 0. 00 | 0. 00 | 0. 04 | 0. 42 | 0. 03 | 0. 08 | 55. 38 | 98. 841 | 99. 661 | 0 | | |

7. 西施舌壳

**表 4－105　现代西施舌壳氧化物**（据陈贵卿、陈俊豪，1992）

| 氧化物 | $Na_2O$ | $K_2O$ | $Fe_2O_3$ | MnO | $SiO_2$ | MgO | $Al_2O_3$ | CaO | $CaCO_3$ | 总和 | $CC$ | $\overline{CC}$ | |
|---|---|---|---|---|---|---|---|---|---|---|---|---|---|
| A 区 | 0. 62 | 0. 02 | 0. 03 | 0. 00 | 0. 02 | 0. 04 | 0. 05 | 55. 59 | 99. 216 | 99. 996 | 0 | | 0 |
| B 区 | 0. 60 | 0. 03 | 0. 00 | 0. 02 | 0. 03 | 0. 00 | 0. 00 | 55. 65 | 99. 323 | 100. 003 | 0 | | |

8. 泥蚶壳

**表 4－106　现代泥蚶壳氧化物**（据陈贵卿、陈俊豪，1986）

| 氧化物 | $Na_2O$ | $K_2O$ | $Fe_2O_3$ | MnO | $SiO_2$ | MgO | $Al_2O_3$ | CaO | $CaCO_3$ | 总和 | $CC$ | $\overline{CC}$ | |
|---|---|---|---|---|---|---|---|---|---|---|---|---|---|
| A 区 | 0. 56 | 0. 01 | 0. 00 | 0. 04 | 0. 03 | 0. 07 | 0. 03 | 55. 61 | 99. 252 | 99. 992 | 0 | | 0 |
| B 区 | 0. 53 | 0. 01 | 0. 00 | 0. 00 | 0. 00 | 0. 07 | 0. 03 | 55. 67 | 99. 359 | 99. 999 | 0 | | |

**表 4－107　古今贝壳“双陈风化洞$\overline{CC}$”对比**（据陈贵卿、陈俊豪，1992）

| | 贝壳种类 | 氧化物总和 | 双陈风化洞$\overline{CC}$ |
|---|---|---|---|
| 古代贝壳 | 裂齿蛤壳 | 84. 09 | 15. 9 |
| | 射线裂脊蚌壳 | 80. 08 | 19. 9 |
| | 圆顶珠蚌壳 | 80. 73 | 19. 3 |
| | 丽蚌壳 | 87. 16 | 12. 8 |
| 现代贝壳 | 马氏珍珠贝壳 | 99. 03 | 0 |
| | 佛耳丽蚌壳 | 100. 30 | 0 |
| | 西施舌壳 | 100. 00 | 0 |
| | 泥蚶壳 | 100. 00 | 0 |

（三）古贝壳讨论

（1）我们研究了 8 种古贝壳的 X－射线衍射，结果如表 4－98 所示。绝大部分是碳酸钙的霰石结构，而且晶粒比较厚，个别含有很少的方解石结构，只有纹班棱蛤壳角质层和河蚬壳角质层粘上了二氧化硅及一点杂质。古贝壳的晶体结构、晶格常数和晶胞体积与现代贝壳并没有什么差异，方解石含量极少，既不见方解石的畸变晶格常数，也不见霰石晶格出现异常。

(2)大蚬壳珍珠层和棱柱层在地里埋藏千百年后霰石结构却向更高的结晶程度——“单晶化”发展，使得谱线变强、变少、变窄。其他古贝壳绝大部分谱线完全符合卡片 041－1475，甚至比现代贝壳还更少杂质，这些说明霰石晶粒是越久越大，因而越稳定。进一步推翻了《结晶学和矿物学》和《矿物学(下册)》等教科书关于霰石晶体结构不稳定，终将变成方解石的结论。

总体说来，古贝壳方解石谱线比现代贝壳少，很可能是方解石结构不稳定，最终变成了霰石吧！

(3)贝类在生长寻食过程中贝壳角质层粘上海洋或河流中许多藻类或鱼贝类排泄物等非结晶有机物。因此，在低角度时具有很强的连续谱线，可见这些有机物并不因经历长远年代而消失，这与我们平常的概念——有机物很容易随时间的流逝而消失——是相反的。在 X－射线低角度衍射时由于斜射使穿过表层的非结晶有机物特别厚，因此背景连续谱线强度从低角度的高位到 $2\theta\leq40°$ 的低位不断下降。

$2\theta\leq25°$ 以下的谱线也很少，没有太大意义。

(4)我们研究了 4 种古贝壳的 8 个样品的电子探针探测，结果发现了许多空洞“双陈风化洞 $\overline{CC}$”如表 4－99～表 4－102 所示。我们希望它能够成为又一种运用到古贝壳，甚至古文物年代检测的方法。

电子探针因检测范围很小，需要多取几个点平均起来才行。另外，由于古贝壳所处环境不同，风化情况也不一样，需要添加校正因子，如碳 14 测定法。

双壳纲起源于距今 5 亿年前的显生宙古生代寒武纪初期，本方法对于古生代、中生代的贝壳，可能因风化严重，$CC$ 值太大而无法分辨，也许较适合新生代贝壳的年代鉴别。

(5)电子探针样品必须切割成平面小块才能置入样品台，还得进行抛光、喷碳处理才能进行实验，电镜能谱检测也需作此处理。最近我们向中科院南海海洋研究所借了几个古贝壳样品，因不能破坏样品，无法进行以上实验。

## 六、晶格常数和晶胞体积的计算

计算晶格常数是非常麻烦的一件事，为了便于计算，我们采用电脑计算。选用一些比较强的谱线，它们常常能够出现；同时，尽量选用一些劳尔常数($hkl$)带 0 的，方便运算。现在推出便于运算的简化公式，如下所示。

(一)计算公式简化

1．三方晶系，方解石结构晶格常数和晶胞体积

(1)三方晶系，六方晶胞晶格常数和晶胞体积计算公式：$1/d^2=(4/3)[(h^2+hk+k^2)/a^2]+l^2/c^2$，

设 $x=1/a^2$，$z=1/c^2$，$1/d^2=(4/3)(h^2+hk+k^2)x+l^2z$，

选用 $d_{104}$ 和 $d_{116}$。

$(1/d_{104}^2)=(4/3)x+16z$　①

$(1/d_{116}^2)=4x+36z$　②

①×3 得：$(3/d_{104}^2)=4x+48z$　③

将③ - ② 得：$12z=(3/d_{104}^2)-(1/d_{116}^2)$，$z=(1/4d_{104}^2)-(1/12d_{116}^2)$，代入②，

$(1/d_{116}^2)=4x+36\times[(1/4d_{104}^2)-(1/12d_{116}^2)]$，

$\therefore 4x=(1/d_{116}^2)-36\times[(1/4d_{104}^2)-(1/12d_{116}^2)]=(1/d_{116}^2)-(9/d_{104}^2)+(3/d_{116}^2)=(4/d_{116}^2)-(9/d_{104}^2)$，

$x=(1/d_{116}^2)-(9/4d_{104}^2)$，$z=(1/4d_{104}^2)-(1/12d_{116}^2)$，

$x=1/a^2$，$a=\sqrt{1/x}$；$z=1/c^2$，$c=\sqrt{1/z}$，$v=\sqrt{3/2}\times a^2\times c$。

计算的结果 $a$ 值稍偏大，$c$ 值稍偏小，与常用的有小差异。

另选用 $d_{104}$ 和 $d_{018}$。

$(1/d_{104}^2)=(4/3)x+16z$　①

$(1/d_{018}^2)=4/3x+64z$　②

将② - ① 得：$48z=(1/d_{018}^2)-(1/d_{104}^2)$，$z=[(1/d_{018}^2)-(1/d_{104}^2)]/48$，代入①，

$(1/d_{104}^2)=(4/3)x+16\times[(1/d_{018}^2)-(1/d_{104}^2)]/48$，

$\therefore (4/3)x=(1/d_{104}^2)-16\times(1/d_{018}^2)-(1/d_{104}^2)/48=(1/d_{104}^2)+(1/3d_{104}^2)-(1/3d_{018}^2)=(4/3d_{104}^2)-(1/3d_{018}^2)$，

$x=(1/d_{104}^2)-(1/4d_{018}^2)$，$z=[(1/d_{018}^2)-(1/d_{104}^2)]/48$，

$x=1/a^2$，$a=\sqrt{1/x}=1/\sqrt{x}$；$z=1/c^2$，$c=\sqrt{1/z}=1/(\sqrt{z})$，$v=\sqrt{3/2}\times a^2\times c$。

这个计算结果与常用的比较一致，我们就采用它。这里得出的晶格常数与上式的第 3 位稍有不同。

(2)三方晶系，菱面体晶胞晶格常数计算公式：

$a=2a_0\sin(\alpha/2)$，$c=3a_0\sqrt{1-(4/3)\sin^2(\alpha/2)}$。设：$w=\sin(\alpha/2)$，

$\therefore a=2a_0w$　①

$c=3a_0\sqrt{1-(4/3)w^2}\to c/3a_0=\sqrt{1-(4/3)w^2}$　②

平方：$(c/3a_0)^2=[1-(4/3)w^2]=c^2/9a_0^2\to 1-c^2/9a_0^2=(4/3)w^2\to w^2=(3/4)(1-c^2/9a_0^2)=3/4-c^2/12a_0^2$　③

从①得 $w^2=a^2/4a_0^2$ 代入③，得：$a^2/4a_0^2=3/4-c^2/12a_0^2\to a^2/a_20=3-c^2/3a_0^2\to a^2=3a_0^2-c^2/3$，

$\therefore a_0^2=a^2/3+c^2/9$，$a_0=\sqrt{a^2/3+c^2/9}$。代入①：$w=a/2a_0=a/(2\sqrt{a^2/3+c^2/9})$。

$w=\sin(\alpha/2)$，$\alpha$(弧度)$=2\sin^{-1}w$，$\alpha$(角度)$=(180/\pi)\times 2\sin^{-1}w=(360/\pi)\times\sin^{-1}w$。

$a_0=\sqrt{a^2/3+c^2/9}$。按公式晶胞体积 $v=\sqrt{3/2}\times a^2\times c$。

2. 正交晶系，霰石结构晶格常数和晶胞体积

正交晶系，晶格常数计算公式：$1/d^2=h^2/a^2+k^2/b^2+l^2/c^2$。为了方便计算，设 $x=1/a^2$，$y=1/b^2$，$z=1/c^2$。$1/d^2=h^2x+k^2y+l^2z$。我们尽量选用一些劳尔常数带 0 的：$d_{111}$、$d_{021}$ 和 $d_{012}$。

$(1/d_{111}^2)=x+y+z$　①

$(1/d_{021}^2)=4/b^2+1/c^2=4y+z$　②

$(1/d_{012}^2)=1/b^2+4/c^2=y+4z$　③

③ ×4 得 $(4/d_{012}^2)=4y+16z$　④

④ - ②：$15z=(4/d_{012}^2)-(1/d_{021}{}^2)$，$z=(4/15d_{012}^2)-(1/15d_{021}^2)$，代入②，

$(1/d_{021}^2)=4y+(4/15d_{012}^2)-(1/15d_{021}^2)$，$y=[(1/d_{021}^2)+(1/15d_{021}^2)-(4/15d_{012}^2)]/4=(4/15d_{021}^2)-(1/15d_{012}^2)$，

代入①，$x=(1/d_{111}^2)-[(4/15d_{021}^2)-(1/15^2d_{012})+(4/15d_{012}^2)-(1/15d_{021}{}^2)]=(1/d_{111}^2)-(1/5d_{021}^2)-(1/5d_{012}^2)$，

$x=(1/d_{111}^2)-(1/5d_{021}^2)-(1/5d_{012}^2)$，$y=(4/15d_{021}^2)-(1/15d_{012}^2)$，$z=(4/15d_{012}^2)-(1/15d_{021}^2)$，

$x=1/a^2$，$a=\sqrt{1/x}$；$y=1/b^2$，$b=\sqrt{1/y}$；$z=1/c^2$，$c=\sqrt{1/z}$，晶胞体积 $v=a\times b\times c$。

3．正交晶系，方解石－Ⅲ结构晶格常数和晶胞体积

正交晶系，晶格常数计算公式：$1/d^2=h^2/a^2+k^2/b^2+l^2/c^2$。仍设 $x=1/a^2$，$y=1/b^2$，$z=1/c^2$。

$1/d^2=h^2x+k^2y+l^2z$，选 $d_{220}$、$d_{030}$和 $d_{302}$。

$(1/d_{220}^2)=4x+4y$　①

$(1/d_{030}^2)=9y$　②

$(1/d_{302}^2)=9x+4z$　③

由②，$y=(1/9d_{030}^2)$，代入①，$4x=(1/d_{220}^2)-4\times(1/9d_{030}^2)$，$x=(1/4d_{220}^2)-(1/9d_{030}^2)$，代入③，

$4z=(1/d_{302}^2)-9\times[(1/4d_{220}^2)-(1/9d_{030}^2)]$，

$z=(1/4d_{302}^2)-(9/4)\times[(1/4d_{220}^2)-(1/9d_{030}^2)]=(1/4d_{302}^2)+(1/4d_{030}^2)-9/(16d_{220}^2)$，

$x=(1/4d_{220}^2)-(1/9d_{030}^2)$，$y=(1/9d_{030}^2)$，$z=(1/4d_{302}^2)+(1/4d_{030}^2)-9/(16d_{220}^2)$，

$x=1/a^2$，$a=\sqrt{1/x}$；$y=1/b^2$，$b=\sqrt{1/y}$；$z=1/c^2$，$c=\sqrt{1/z}$，晶胞体积 $v=a\times b\times c$。

（二）用计算机计算晶格常数和晶胞体积

Microsoft Office 办公软件中的 Microsoft Office Excel 计算功能非常强大，计算十分方便、迅速。在表的左下方有 Sheet1、Sheet2、Sheet3 三个表，可以任选一个使用，如下设置后还可以保存起来以后使用。这里的计算方法在生物学统计上十分有用，可以提高效率，所以特别在此介绍。

1．方解石结构计算

（1）设置：如图 4－18 所示，Sheet1，Sheet2 和 Sheet3（见左下方），可分别存三组数据，我们打开 Sheet1，在第一行输入名称，如表 4－108 中的第 1 行所示：

在 A1 输入 $d_{104}$，B1 输入 $d_{018}$，C1 输入 $1/d_{104}^2$，D1 输入 $1/d_{018}^2$，E1 输入 $x=1/d_{104}^2-1/(4\times d_{018}^2)$，F1 输入 $z=(1/d_{018}^2-1/d_{104}^2)/48$，G1 输入 $a=1/\sqrt{x}$，H1 输入 $c=1/\sqrt{z}$，I1 输入 $a_0=\sqrt{a^2/3+c^2/9}$，J1 输入 $w=a/(2\times\sqrt{a^2/3+c^2/9})$，K1 输入 $\alpha=(360/\pi)\times\sin^{-1}w$，L1 输入 $v=\sqrt{3/2}\times a^2\times c$。这里的输入千万不要按 Enter。

Sheet1 每列第二行的输入内容如表 4－108 的第 2 行所示：A2 和 B2 先不输入，C2 输入＝1/(A2×A2)，D2 输入＝1/(B2×B2)，E2 输入＝C2－D2/4，F2 输入＝(D2－C2)/48，G2 输入＝1/SQRT E2，H2 输入＝1/SQRT F2，I2 输入＝SQRT[(G2×G2)/3＋(H2×H2)/9]，J2 输入＝G2/{2×SQRT[(G2×G2)/3＋(H2×H2)/9]}，K2 输入＝(360/3.1416)×ASIN(J2)。L2 输入＝SQRT(3)/2×G2×G2×H2。在输下一项时系统会自动“确定”，不必按 Enter，最后才按 Enter。完成第 2 行后不能显出数字，只有符号。如图 4－18 所示。

这里的输入“平方—power”不好用，只能自乘。等号和括号一定要注意填写，例如

1/(A2 × A2)，如不填写括号，就有可能变成(1/A2) × A2。函数可在表格左上角找到如图 4－19所示圆圈处，单击打开 $f_x$ 寻找到所要用的函数，点击以确定。例如要写开平方则点击打开 $f_x$，选 SQRT 点击以确定，接着出现两次版面都点击"确定"。然后在 SQRT( )的括号中填写所要开平方的项目；要写 $\sin^{-1}$ 则打开 $f_x$，选 ASIN 点击以确定，同样出现两次版面都点击"确定"，然后在 ASIN( )的括号中填写所要的项目。

(2)用鼠标点住左边 A2 处，拖到右边选定区域 L，如图 4－19 右边所示。

(3)用鼠标点住 L 与 M 交界灰框区右下角圆圈处，如图 4－19 所示，下拉至所要计算区域(此处计算 9 组数据，第一排不能计算数据)，如图 4－20 所示。如不够用可继续下拉，松手。

(4)检查操作是否成功。用鼠标随意点住某处，例如 J5 处，如图 4－21 中黑框所示，观察图上方左边显示 $f_x$。在同列的 J2 处刚才设置的是 = G2/{2 × SQRT[(G2 × G2)/3 + (H2 × H2)/9]}，如今在第 5 列，应该变成如图中黑圈处的式子： = G5/{2 × SQRT[(G5 × G5)/3 + (H5 × H5)/9]}才是。最好每列都检查到，如有不对，就说明操作不当，必须重新操作。

(5)计算。以马氏贝壳角质层为例：$d_{104}$ = 0.3020nm，$d_{018}$ = 0.1904nm，填入表中，如图 4－22 左边黑圈处所示，马上得到：$a$ = 0.496nm，$c$ = 1.699nm，$a_0$ = 0.635nm，$\alpha$ = 45°98′，$v$ = 0.362nm$^3$，如图 4－22 中右边黑圈所示。1 度等于 60 分。继续在 A3、B3；A4、B4；……输入其他样品的 $d_{104}$、$d_{018}$ 值，立即可以得出所需要的数据，提高计算效率几十倍甚至百倍。

**表 4－108　方解石结构输入 Excel 中的数据**(据陈贵卿、陈俊豪，2000)

| | A | B | C | D |
|---|---|---|---|---|
| 1 | $d_{104}$ | $d_{018}$ | $1/d_{104}^2$ | $1/d_{018}^2$ |
| 2 | | | = 1/(A2 × A2) | = 1/(B2 × B2) |

| | E | F | G | H |
|---|---|---|---|---|
| 1 | $x = 1/d_{104}^2 - 1/(4 \times d_{018}^2)$ | $z = (1/d_{018}^2 - 1/d_{104}^2)/48$ | $a = 1/\sqrt{x}$ | $c = 1/\sqrt{z}$ |
| 2 | = C2 － D2/4 | = (D2 － C2)/48 | = 1/SQRT E2 | = 1/SQRT F2 |

| | I | J |
|---|---|---|
| 1 | $a_0 = \sqrt{a^2/3 + c^2/9}$ | $w = a/(2 \times \sqrt{a^2/3 + c^2/9})$ |
| 2 | = SQRT[(G2 × G2)/3 + (H2 × H2)/9] | = G2/{2 × SQRT[(G2 × G2)/3 + (H2 × H2)/9]} |

| | K | L |
|---|---|---|
| 1 | $\alpha = (360/\pi) \times \sin^{-1} u$ | $v = \sqrt{3/2} \times a^2 \times c$ |
| 2 | = (360/3.1416) × ASIN(J2) | = SQRT(3)/2 × G2 × G2 × H2 |

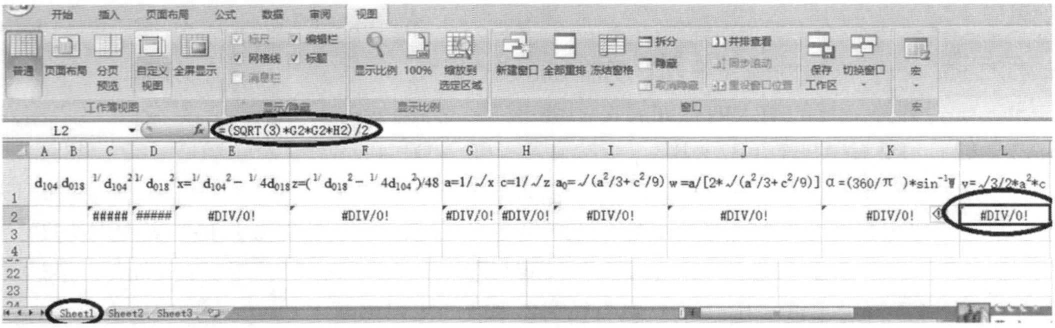


图 4－18　输入公式(据陈贵卿、陈俊豪，2000)

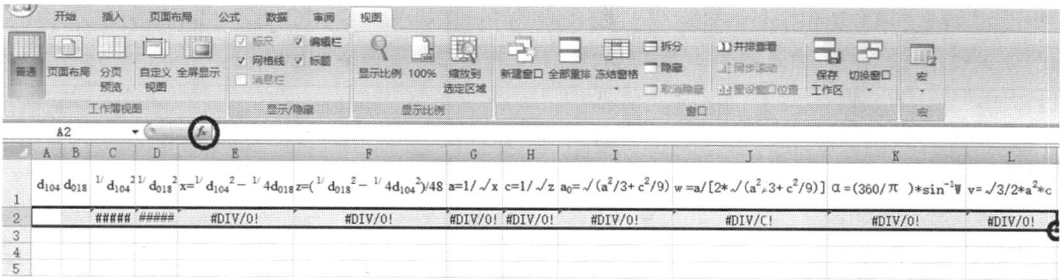

图 4－19　选择函数（据陈贵卿、陈俊豪，2000）

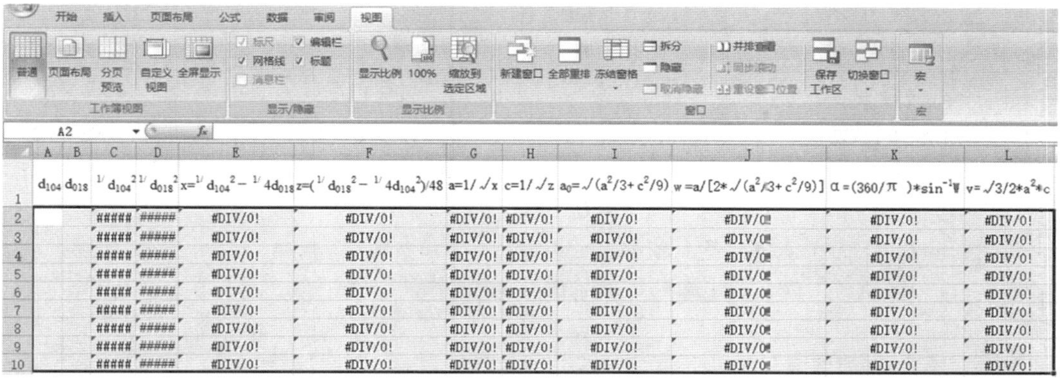

图 4－20　选择计算区域（据陈贵卿、陈俊豪，2000）

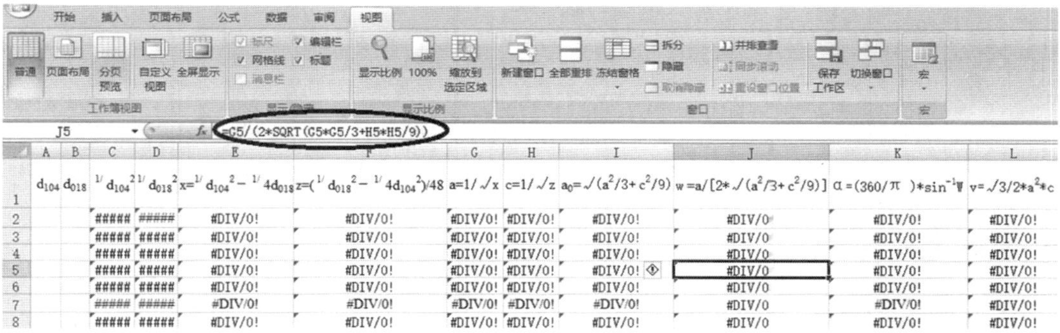


图 4－21　检查公式设置（据陈贵卿、陈俊豪，2000）

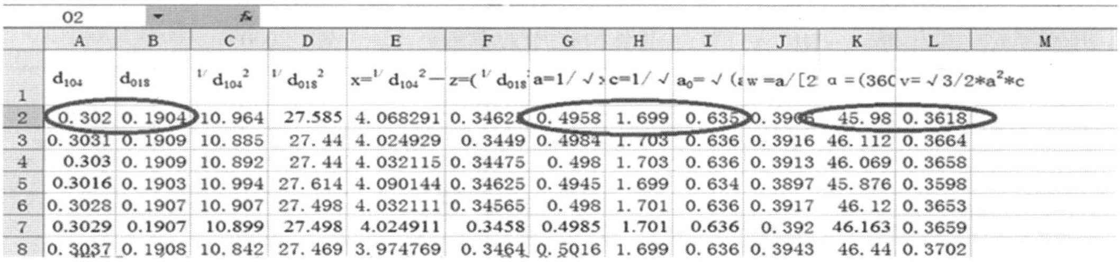

| | A | B | C | D | E | F | G | H | I | J | K | L | M |
|---|---|---|---|---|---|---|---|---|---|---|---|---|---|
| 1 | $d_{104}$ | $d_{018}$ | 1/ $d_{104}^2$ | 1/ $d_{018}^2$ | x=1/ $d_{104}^2$－ | z=( 1/ $d_{018}$ | a=1/ √ x | c=1/ √ | $a_0$= √ ( | w =a/[2 | α =(360 | v= √ 3/2*$a^2$*c | |
| 2 | 0. 302 | 0. 1904 | 10. 964 | 27.585 | 4. 068291 | 0. 3462 | 0. 4958 | 1. 699 | 0. 635 | 0. 39[illegible] | 45. 98 | 0. 3618 | |
| 3 | 0. 3031 | 0. 1909 | 10. 885 | 27. 44 | 4. 024929 | 0. 3449 | 0. 4984 | 1. 703 | 0. 636 | 0. 3916 | 46. 112 | 0. 3664 | |
| 4 | 0.303 | 0. 1909 | 10. 892 | 27. 44 | 4. 032115 | 0. 34475 | 0. 498 | 1. 703 | 0. 636 | 0. 3913 | 46. 069 | 0. 3658 | |
| 5 | 0.3016 | 0. 1903 | 10. 994 | 27. 614 | 4. 090144 | 0. 34625 | 0. 4945 | 1. 699 | 0. 634 | 0. 3897 | 45. 876 | 0. 3598 | |
| 6 | 0. 3028 | 0. 1907 | 10. 907 | 27. 498 | 4. 032111 | 0. 34565 | 0. 498 | 1. 701 | 0. 636 | 0. 3917 | 46. 12 | 0. 3653 | |
| 7 | 0.3029 | 0.1907 | 10.899 | 27.498 | 4.024911 | 0.3458 | 0.4985 | 1.701 | 0.636 | 0. 392 | 46.163 | 0. 3659 | |
| 8 | 0. 3037 | 0. 1908 | 10. 842 | 27. 469 | 3. 974769 | 0. 3464 | 0. 5016 | 1. 699 | 0. 636 | 0. 3943 | 46. 44 | 0. 3702 | |

图 4－22　计算结果（据陈贵卿、陈俊豪，2000）

2．霰石结构计算

用同样方法将表 4－109 的霰石结构数据置入 Book1 的 Sheet 2 表中，如图 4－23 所示，并将实验数据 $d_{111}$、$d_{021}$ 和 $d_{012}$ 输入表中左边，就可计算出结果来。也可如前面检查操作是否成功。用鼠标随意点住某处，例如 G3 处（图中黑方框），观察图上方右边显示处。刚才在

G2 处设置的是“ = D2 - E2/5 - F2/5”，如今应为“ = D3 - E3/5 - F3/5”，是正确的。

**表 4 - 109　霰石结构数据**(据陈贵卿、陈俊豪，2000)

| | A | B | C | D | E | F |
|---|---|---|---|---|---|---|
| 1 | $d_{111}$ | $d_{021}$ | $d_{012}$ | $1/d_{111}{}^2$ | $1/d_{021}{}^2$ | $1/d_{012}{}^2$ |
| 2 | | | | = 1/(A2 × A2) | = 1/(B2 × B2) | = 1/(C2 × C2) |

| | G | H | I |
|---|---|---|---|
| 1 | $x = 1/d_{111}{}^2 - 1/5d_{021}{}^2 - 1/5d_{012}{}^2$ | $y = 4/15d_{021}{}^2 - 1/15d_{012}{}^2$ | $z = 4/15d_{012}{}^2 - 1/15d_{021}{}^2$ |
| 2 | = D2 - E2/5 - F2/5 | = 4 × E2/15 - F2/15 | = 4 × F2/15 - E2/15 |

| | J | K | L | M |
|---|---|---|---|---|
| 1 | $a = 1/\sqrt{x}$ | $b = 1/\sqrt{y}$ | $c = 1/\sqrt{z}$ | $v = a \times b \times c$ |
| 2 | = 1/SQRT(G2) | = 1/SQRT(H2) | = 1/SQRT(I2) | = J2 × K2 × L2 |

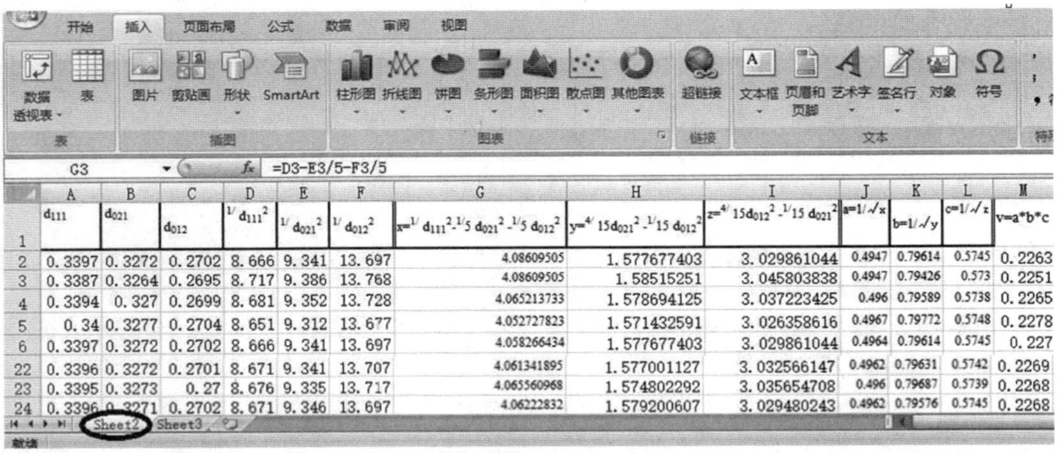

G3 =D3-E3/5-F3/5

| | A | B | C | D | E | F | G | H | I | J | K | L | M |
|---|---|---|---|---|---|---|---|---|---|---|---|---|---|
| 1 | $d_{111}$ | $d_{021}$ | $d_{012}$ | $1/d_{111}{}^2$ | $1/d_{021}{}^2$ | $1/d_{012}{}^2$ | $x=1/d_{111}{}^2-1/5\ d_{021}{}^2-1/5\ d_{012}{}^2$ | $y=4/15d_{021}{}^2-1/15\ d_{012}{}^2$ | $z=4/15d_{012}{}^2-1/15\ d_{021}{}^2$ | $a=1/\sqrt{x}$ | $b=1/\sqrt{y}$ | $c=1/\sqrt{z}$ | v=a*b*c |
| 2 | 0.3397 | 0.3272 | 0.2702 | 8.666 | 9.341 | 13.697 | 4.08609505 | 1.577677403 | 3.029861044 | 0.4947 | 0.79614 | 0.5745 | 0.2263 |
| 3 | 0.3387 | 0.3264 | 0.2695 | 8.717 | 9.386 | 13.768 | 4.08609505 | 1.58515251 | 3.045803838 | 0.4947 | 0.79426 | 0.573 | 0.2251 |
| 4 | 0.3394 | 0.327 | 0.2699 | 8.681 | 9.352 | 13.728 | 4.065213733 | 1.578694125 | 3.037223425 | 0.496 | 0.79589 | 0.5738 | 0.2265 |
| 5 | 0.34 | 0.3277 | 0.2704 | 8.651 | 9.312 | 13.677 | 4.052727823 | 1.571432591 | 3.026358616 | 0.4967 | 0.79772 | 0.5748 | 0.2278 |
| 6 | 0.3397 | 0.3272 | 0.2702 | 8.666 | 9.341 | 13.697 | 4.058266434 | 1.577677403 | 3.029861044 | 0.4964 | 0.79614 | 0.5745 | 0.227 |
| 22 | 0.3396 | 0.3272 | 0.2701 | 8.671 | 9.341 | 13.707 | 4.061341895 | 1.577001127 | 3.032566147 | 0.4962 | 0.79631 | 0.5742 | 0.2269 |
| 23 | 0.3395 | 0.3273 | 0.27 | 8.676 | 9.335 | 13.717 | 4.065560968 | 1.574802292 | 3.035654708 | 0.496 | 0.79687 | 0.5739 | 0.2268 |
| 24 | 0.3396 | 0.3271 | 0.2702 | 8.671 | 9.346 | 13.697 | 4.06222832 | 1.579200607 | 3.029480243 | 0.4962 | 0.79576 | 0.5745 | 0.2268 |

Sheet2 Sheet3

**图 4 - 23　计算结果**(据陈贵卿、陈俊豪，2000)

3. 方解石 - Ⅲ结构计算

用同样方法将表 4 - 110 中的方解石 - Ⅲ结构数据置入 Book2 的 Sheet 2 表中，如图 4 - 24 所示，并将实验数据 $d_{220}$、$d_{030}$ 和 $d_{302}$ 输入表中左边，就可计算出结果来。

**表 4 - 110　方解石 - Ⅲ结构数据**(据陈贵卿、陈俊豪，2000)

| | A | B | C | D | E | F |
|---|---|---|---|---|---|---|
| 1 | $d_{220}$ | $d_{030}$ | $d_{302}$ | $1/d_{220}^2$ | $1/d_{030}^2$ | $1/d_{302}^2$ |
| 2 | | | | = 1/(A2 × A2) | = 1/(B2 × B2) | = 1/(C2 × C2) |

| | G | H | I |
|---|---|---|---|
| 1 | $x = 1/4d_{220}^2 - 1/9d_{030}^2$ | $y = 1/9d_{030}^2$ | $z = 1/4d_{302}^2 + 1/4d_{030}^2 - 9/16d_{220}^2$ |
| 2 | = D2/4 - E2/9 | = E2/9 | = F2/4 + E2/4 - 9 × D2/16 |

| | J | K | L | M |
|---|---|---|---|---|
| 1 | $a = 1/\sqrt{x}$ | $b = 1/\sqrt{y}$ | $c = 1/\sqrt{z}$ | $v = a \times b \times c$ |
| 2 | = 1/SQRT(G2) | = 1/SQRT(H2) | = 1/SQRT(I2) | = J2 × K2 × L2 |

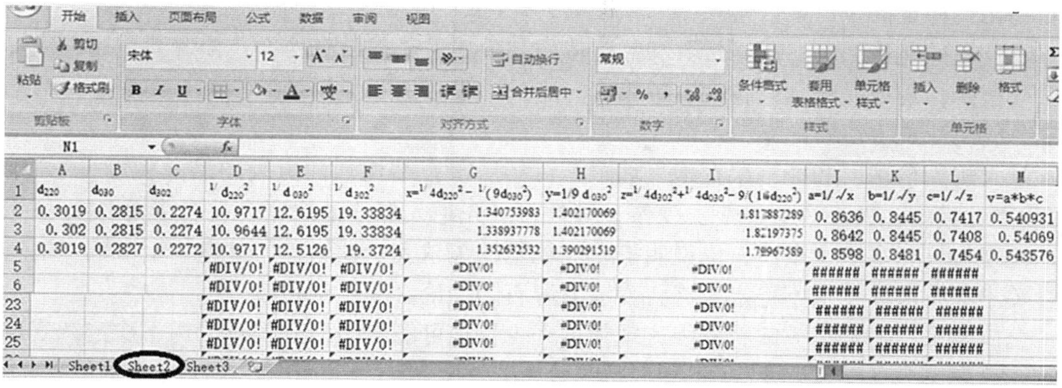

| | A | B | C | D | E | F | G | H | I | J | K | L | M |
|---|---|---|---|---|---|---|---|---|---|---|---|---|---|
| 1 | $d_{220}$ | $d_{030}$ | $d_{302}$ | $1/d_{220}^2$ | $1/d_{030}^2$ | $1/d_{302}^2$ | $x=1/4d_{220}^2-1/(9d_{030}^2)$ | $y=1/9d_{030}^2$ | $z=1/4d_{302}^2+1/4d_{030}^2-9/(16d_{220}^2)$ | $a=1/\sqrt{x}$ | $b=1/\sqrt{y}$ | $c=1/\sqrt{z}$ | v=a*b*c |
| 2 | 0.3019 | 0.2815 | 0.2274 | 10.9717 | 12.6195 | 19.33834 | 1.340753983 | 1.402170069 | 1.817887289 | 0.8636 | 0.8445 | 0.7417 | 0.540931 |
| 3 | 0.302 | 0.2815 | 0.2274 | 10.9644 | 12.6195 | 19.33834 | 1.338937778 | 1.402170069 | 1.82197375 | 0.8642 | 0.8445 | 0.7408 | 0.54069 |
| 4 | 0.3019 | 0.2827 | 0.2272 | 10.9717 | 12.5126 | 19.3724 | 1.352632532 | 1.390291519 | 1.79967589 | 0.8598 | 0.8481 | 0.7454 | 0.543576 |
| 5 | | | | #DIV/0! | #DIV/0! | #DIV/0! | #DIV/0! | #DIV/0! | #DIV/0! | ###### | ###### | ###### | |
| 6 | | | | #DIV/0! | #DIV/0! | #DIV/0! | #DIV/0! | #DIV/0! | #DIV/0! | ###### | ###### | ###### | |
| 23 | | | | #DIV/0! | #DIV/0! | #DIV/0! | #DIV/0! | #DIV/0! | #DIV/0! | ###### | ###### | ###### | |
| 24 | | | | #DIV/0! | #DIV/0! | #DIV/0! | #DIV/0! | #DIV/0! | #DIV/0! | ###### | ###### | ###### | |
| 25 | | | | #DIV/0! | #DIV/0! | #DIV/0! | #DIV/0! | #DIV/0! | #DIV/0! | ###### | ###### | ###### | |



图 4－24　计算结果（据陈贵卿、陈俊豪，200C）

（三）晶格常数的有效数字

如果马氏贝珍珠采用 $d_{111}=0.3397$nm，$d_{021}=0.3272$nm，$d_{012}=0.2702$nm，计算出霰石晶格常数为：$a=0.496$nm，$b=0.796$nm，$c=0.574$nm，晶胞体积 $v_1=a\times b\times c=0.227$nm$^3$。如果选用 $d_{220}=0.2104$nm，$d_{221}=0.1976$nm，$d_{231}=0.1725$nm 计算晶格常数，霰石晶格常数为 $a=0.497$nm，$b=0.791$nm，$c=0.575$nm，晶胞体积 $v_2=a\times b\times c=0.226$nm$^3$，晶格常数第 3 位就会出现误差；从晶胞体积看来，相对误差 $(v_1-v_2)/v_1=0.25\%$，误差不大。

马氏珍珠贝壳珍珠层 $a=0.495$nm，$b=0.794$nm，$c=0.573$nm，晶胞体积 $v_3=a\times b\times c=0.225$nm$^3$，和马氏贝珍珠晶胞体积的相对误差为 $(v_1-v_3)/v_1=0.7\%$，误差也不大。

## 七、结论

（一）为珍珠层粉正名

贝类学认为占珍珠贝壳大部分的棱柱层具方解石结构，也就是说不是珍珠的霰石结构。这么说来，全国厂家用珍珠贝壳生产珍珠层粉是错误的。我们现在发现海水珍珠贝壳和淡水珍珠蚌壳的珍珠层和棱柱层一样，它们都含 98% 左右的碳酸钙，绝大部分是霰石结构，与珍珠十分接近，所含氨基酸也接近，“珍珠层粉”就是由它们制成的。因此，它们都类似于珍珠，皆可作药物。

（二）碳酸钙六种同质异构体

霰石、球霰石、方解石（方解石－Ⅰ）、方解石－Ⅱ、方解石－Ⅲ和方解石－Ⅳ。其中球霰石很少见，方解石－Ⅱ和方解石－Ⅳ在常温下不存在。我们只探讨霰石、方解石和方解石－Ⅲ就行了。利用它们最强的几条谱线是否出现就可以鉴别各种样品碳酸钙的晶体结构。

20℃时，在水中的饱和溶解度：霰石为 $7.753\times10^{-4}$g/100mL，方解石为 $6.170\times10^{-4}$g/100mL。

（三）贝壳四种类型晶体结构

①霰石结构的贝壳。②霰石和方解石构成的贝壳。③方解石和方解石－Ⅲ构成的贝壳，这是牡蛎壳所独具的。④方解石、方解石－Ⅲ和霰石构成的贝壳。目前只找到盾形不等蛤这一种贝壳。方解石－Ⅲ结构十分罕见。

（四）与地质结晶学书和教科书的不同结论

地质结晶学书籍和教科书认为霰石晶体结构不稳定，终将变成方解石。

深水贝壳深海团结蛤壳存在大量霰石结构，以及鹦鹉螺壳全是霰石结构，说明在高压下霰石结构是稳定的。

古贝壳的晶体结构、晶格常数和晶胞体积与现代贝壳并没有什么差异，甚至比现代贝壳的杂质还少，霰石晶粒越久越大、越稳定。这进一步否定了地质结晶学关于霰石晶体结构不稳定，终将变成方解石的结论。

从大蚬壳珍珠层和棱柱层在地里埋藏千百年后霰石结构却向更高的结晶程度——“单晶化”发展，使得谱线变强、变少、变窄；其他古贝壳绝大部分谱线完全符合卡片 041 – 1475，甚至比现代贝壳还更少杂质，也说明霰石晶粒是越久越大、越稳定。这进一步推翻了地质结晶学关于霰石晶体结构不稳定，终将变成方解石的结论。

总体说来，古贝壳方解石谱线比现代贝壳少，很可能是因为方解石结构不稳定，变成了霰石。

（五）与我国权威的教科书和日本小林新二郎不同的结论

我国权威的教科书——张玺、齐钟彦著的《贝类学纲要》认为，贝壳的构造一般可以分为三层，最外一层称为角质层或皮层，仅由贝壳素构成。中间一层为壳层，又称棱柱层，占据壳的大部分，由角柱状的方解石构成。最下面的一层（里层）通常由叶状的霰石构成，称为壳底或珍珠质层，它随着动物的生长而增加厚度，富有光泽，珍珠便是由珍珠质层形成的。这个理论被广泛引用。

日本小林新二郎、渡部哲光 1959 年在《珍珠の研究》提出棱柱层珍珠（缺乏光泽，类似贝壳棱柱层那样）是方解石结构，马红艳教授在她的博士学位论文中说国内外许多论文对此都没有提出异议。

其实，我们几十年来对珍珠和贝壳的研究证明以上理论都有问题，根据我们的实验结果，我们得出如下结论。

（1）贝壳的珍珠层结构。马氏珍珠贝壳珍珠层、白蝶珠贝母壳珍珠层、企鹅珍珠贝壳珍珠层、红珠母贝壳珍珠层、黑珠母贝壳珍珠层、长耳珠母贝壳珍珠层、三角帆蚌全壳、背角无齿蚌全壳、褶纹冠蚌壳珍珠层和棱柱层、佛耳丽蚌壳珍珠层和棱柱层表、鹿角珊瑚、西施舌壳、文蛤壳、翡翠贻贝壳珍珠层、鳞砗磲壳、金乌贼骨、鹦鹉螺壳中心圆形黑亮部分、鹦鹉螺壳珍珠层、圆顶珠蚌壳珍珠层、丽蚌壳珍珠层、大蚬壳珍珠层等全是霰石结构；杂色鲍鱼壳、大马蹄螺壳、金口蝾螺壳、金口蝾螺厣、蛇首眼球贝壳、黄边糙鸟蛤壳、截形白樱蛤壳、缢蛏壳和河蚬壳等的珍珠层也几乎全是霰石结构。说明上述理论是正确的。

白肉和红肉牡蛎壳里层（珍珠层）是方解石结构。紫色裂江珧壳的白色里层也是霰石结构，但它只在贝壳的中央部分，周边黑色光亮部分却是方解石结构，按理它也是珍珠层。说明极少数贝壳不符合上述理论。

（2）贝壳的棱柱层结构。马氏珍珠贝壳棱柱层、白蝶珍珠贝壳棱柱层、企鹅珍珠贝壳棱柱层、红珠母贝壳棱柱层、黑珠母贝壳棱柱层、长耳珍珠贝壳棱柱层、三角帆蚌全壳、背角无齿蚌全壳、褶纹冠蚌壳珍珠层和棱柱层、佛耳丽蚌壳珍珠层和棱柱层、鹿角珊瑚、西施舌壳、文蛤壳、翡翠贻贝壳棱柱层、鳞砗磲壳、金乌贼骨、紫色裂江珧壳黑亮里中层、鹦鹉螺壳棱柱层、裂齿蛤壳棱柱层、射线裂脊蚌棱柱层、丽蚌壳棱柱层、河蚬壳棱柱层、现代河蚬壳棱柱层、大蚬壳棱柱层；杂色鲍鱼壳、大马蹄螺壳、金口蝾螺壳、蛇首眼球贝壳、黄边糙鸟蛤壳、截形白樱蛤壳、缢蛏壳和河蚬壳等壳的棱柱层也几乎全是霰石结构。说明上述理论是错误的。

目前只发现紫色裂江珧壳里中层是方解石结构，白肉和红肉牡蛎壳松散部分是方解石－Ⅲ结构，符合上述理论。

(3)贝壳的角质层结构。贝壳的角质层含有一些非晶态有机物，从图4－17大蚬壳角质层X－射线衍射图看出背景连续谱线强度从高向低迅速递减，这大概就是所谓的“贝壳素”吧。

马氏珍珠贝壳角质层、白蝶珠母贝壳角质层、企鹅珍珠贝壳角质层、红珠母贝壳角质层、黑珠母贝壳角质层、长耳珠母贝壳角质层、紫色裂江珧壳角质层、白肉和红肉牡蛎下壳表层、上壳鳞片等的角质层都是方解石结构。而三角帆蚌全壳、背角无齿蚌壳、佛耳丽蚌壳角质层、鹿角珊瑚、西施舌壳、文蛤壳、翡翠贻贝壳角质层、鳞砗磲壳、金乌贼骨、鹦鹉螺壳角质层、圆顶珠蚌壳角质层、丽蚌壳角质层、纹斑棱蛤壳角质层、光滑蓝蛤壳角质层、河蚬壳角质层、大蚬壳角质层、大马蹄螺壳、金口蝾螺壳、蛇首眼球贝壳、黄边糙鸟蛤壳、截形白樱蛤壳、缢蛏壳和河蚬壳等壳的角质层全是霰石结构。贻贝壳、杂色鲍鱼壳、渔舟蜒螺壳、紫斑海菊蛤壳、敦氏猿头蛤壳等的大部分也是霰石结构，小部分是方解石结构。

上面理论说贝壳的角质层仅由“贝壳素”构成，现在发现有方解石或霰石结构，说明此理论有很大缺陷。所谓“贝壳素”大概就是前面谈的非晶态物质吧。

(4)棱柱层珍珠的结构。为慎重起见我们近日将有核马氏棱柱层珍珠敲碎去核，做了整体粉末和近核的内里小片X－射线衍射。

结果显示马氏棱柱层珍珠去核的珍珠粉末和马氏棱柱层珍珠近核的内里小片全部是霰石结构。

其实这两个样品几乎是同一个东西，但近核的内里表面样品(片状)数据偏大，说明粉末样品测量比较准确，片状样品不平零点不易校准。谱线整体偏移。而且片状样品由于贝壳生长的择优取向，谱线比较少。结果全部是霰石谱线，毫无方解石谱线。

小林新二郎的结论与贝类学界一贯认为贝壳的棱柱层是方解石结构的结论一致，所以棱柱层珍珠无光泽应该是方解石结构的理论也是错误的。

(六)霰石结构在高温下不稳定

只要温度高于450℃，保温时间够长，霰石结构就会变成方解石结构，珍珠层粉高温处理的结果就是证明。

(七)“双陈风化洞*CC*”

我们研究了4种古贝壳的8个样品的电子探针探测，结果发现了许多空洞——“双陈风化洞*CC*”，如表4－99至表4－107所示。我们希望它能够成为又一种运用到古贝壳，甚至古文物检测年代的方法！

(八)具药用价值的碳酸钙结构

许多贝壳具药用价值，例如珍珠、珍珠层粉、金乌贼壳粉(墨鱼骨粉，海螵蛸)和泥蚶壳粉都是碳酸钙的霰石结构；鲍鱼壳(石阙明)大部分是碳酸钙的霰石结构，少部分是方解石结构；牡蛎壳粉是碳酸钙的方解石或方解石－Ⅲ结构；蛋壳粉是碳酸钙的方解石结构。所以碳酸钙的几种结构都有可能作为药物。

(九)几种可用的霰石结构贝壳(见表4－2)

背瘤丽蚌壳珠核含99.63%的碳酸钙，全是珍珠的霰石结构。可以作为海水养殖珍珠的珠核。

佛耳丽蚌红壳里中层含98.90%的碳酸钙，全部是珍珠的霰石结构。可以加工成珍珠核，作珍珠层粉不划算。

鹿角珊瑚在互联网查不到晶格常数，网上甚至有人说它是碳酸钙的方解石结构，看来很少人研究过它。为了更加确定，我们于2015年1月13日第三次在中山大学测试中心作X－射线衍射，确定它含99.23%的碳酸钙，全部是珍珠的霰石结构（见表4－41），有可能制作“珍珠层粉”。

西施舌壳含99.22%的碳酸钙，全是珍珠的霰石结构，方解石含量十分少。壳有可能制作“珍珠层粉”；西施舌个体大，有可能人工插核养殖珍珠。

文蛤壳含99.18%的碳酸钙，全是珍珠的霰石结构，方解石含量十分少。文蛤个体太小，不适于人工插核养殖珍珠，制作“珍珠层粉”要磨去表层，也不方便。

翡翠贻贝壳含99.12%的碳酸钙，从里层到外层全是珍珠的霰石结构。壳有可能制作“珍珠层粉”；翡翠贻贝有可能人工插核养殖珍珠。

鳞砗磲壳含99.66%的碳酸钙，全是珍珠的霰石结构，方解石含量十分少。鳞砗磲壳光泽很差，国外有人在它体内发现大珍珠，但无光泽。壳颇贵重，不合适制作“珍珠层粉”。

金乌贼骨（墨鱼骨，中药海螵蛸）含98.08%的碳酸钙，全是珍珠的霰石结构，方解石含量十分少。有可能制作“珍珠层粉”，但颜色不够白。

大马蹄螺壳、金口蝾螺壳和杂色鲍鱼壳等则几乎完全由霰石所构成，都有可能从它们体内养殖出珍珠来。鲍鱼珍珠特别漂亮，价值很高，其产地主要在新西兰、美国的加利福尼亚、墨西哥、日本及韩国。但鲍鱼只有单壳，吸附在岩石上，难以人工插核养殖珍珠。金口蝾螺壳的珍珠层金光灿烂，别具一格；大马蹄螺壳也很闪亮，如果能从它们体内养殖出珍珠来将会特别贵重，不过对螺类人工插核很难。

（十）破除了关于“缺乏光泽的物体就不是霰石结构”的概念

以往有个错误概念，认为珍珠没有珍珠光泽就不是霰石结构，例如贝壳棱柱层和棱柱层珍珠都缺乏光泽，就不是霰石结构。其实并非如此，而是因为：

（1）贝壳的棱柱层是由角柱状（见《贝类学纲要》）的霰石构成的，层状结构不好，缺乏双折射效应，因此缺乏珍珠光泽和油脂光泽。而贝壳的珍珠层是由叶状（见《贝类学纲要》）的霰石构成，层状结构好，所以双折射效应好，因此珍珠光泽和油脂光泽好。

（2）棱柱层珍珠的珍珠层太薄，仅为廉价珍珠的62.6%，为乌珠的41.7%。因而当光线入射后经过较少的珍珠层就到达珍珠核反射出来，因此双折射效应不够多，也就缺少珍珠光泽和油脂光泽，这就是有核马氏棱柱层珍珠呈淡黄色无珍珠光泽的原因。

《贝类学纲要》是用显微镜来确定结构的，只能看到形态，不能确定晶体结构。

（十一）鱼耳石等的晶体结构

鱼耳石是霰石结构，鱼眼珠、鱼鳞、鱼鳞皮、鱼骨和猪骨是非晶体，类似于塑料和玻璃的结构。

（十二）其他

北京水垢是霰石结构，大理石、南宁钟乳石、鸡蛋壳都是方解石结构。

表4－38至表4－48列出了几种可能利用的霰石结构贝壳的X－射线衍射结果。

# 第五章　珍珠和珍珠层粉的鉴别

## 第一节　观赏珍珠的常识和鉴别

珍珠市场鱼目混珠，以塑料珠冒充珍珠、以淡水珍珠冒充海水珍珠的现象屡见不鲜。顾客最怕买到假货，因此，对于珍珠的鉴别是很重要的。然而许多论文用珍珠的弹跳力、光照、盐酸浸泡等来鉴别珍珠，这都不准确或缺乏科学根据。

现在流传假珍珠是由“贝壳粉”压制而成的。粉末不可能压制或多层状结构，它不透明，不折射光线，没有玻璃光泽和油脂光泽，不可能产生光彩四射、晶莹夺目的珍珠光泽。

以前只依靠人工肉眼鉴别珍珠，但这需要丰富的经验。

采用 X－射线衍射仪来鉴别观赏珍珠是不行的，因为珍珠的表面是弧形的，必须将样品研磨成粉。这必然要破坏所要鉴别的昂贵珍珠，最好采用比重法和金相显微镜法这两种物理鉴别方法。

我们鉴别的样品为马氏贝天然珍珠、正品马氏贝珍珠、薄皮（次品）马氏贝珍珠和乌珠（蓝黑色等外品马氏贝珍珠）、三角帆蚌珍珠、褶纹冠蚌珍珠、背瘤丽蚌壳珠核、塑料珠、香港塑料纽扣珠等。

### 一、比重法

（一）用灵敏天平测量珍珠比重

将珍珠用细尼龙线穿好，挂在左边天平臂挂称盘处，称得重量 $M_{珠}$；在与天平垂直方向，用桥型支架将盛蒸馏水的小烧杯架在天平左边称盘上方，将珍珠挂在左边天平臂挂称盘处，没入水中，称得重量 $M_{珠-水中}$。据阿基米德原理：浸入静止流体中的物体受到一个浮力，其大小等于该物体所排开的流体重量。即珍珠在水中的重量 $M_{珠-水中}$ 等于珍珠重量 $M_{珠}$ 减去浮力（＝珍珠所排开的水重量＝珍珠同体积水的重量），$M_{珠-水中} = M_{珠}$ － 珍珠同体积水的重量，所以珍珠同体积水的重量 $= M_{珠} - M_{珠-水中}$。比重：$C = M_{珠}$/珍珠同体积水的重量 $= M_{珠}/(M_{珠} - M_{珠-水中})$。

如珍珠没钻孔可用尼龙线小网兜。测珍珠和网兜重量 $M_{珠+网兜}$，网兜重量 $M_{网兜}$，得 $M_{珠} = M_{珠+网兜} - M_{网兜}$，将网兜没入水中，称得重量 $M_{网兜-水中}$；网兜盛珍珠，测得重量 $M_{总} = M_{珠} + M_{网兜}$；将网兜与珍珠没入水中，测得重量：$M_{总-水中} = M_{珠-水中} + M_{网兜-水中}$，$M_{总} - M_{总-水中} = M_{珠} - M_{珠-水中} + M_{网兜} - M_{网兜-水中}$，$M_{珠} - M_{珠-水中} = (M_{总} - M_{总-水中}) - (M_{网兜} - M_{网兜-水中})$，从 $C = M_{珠}/(M_{珠} - M_{珠-水中})$，算出比重。

其实，$M_{网兜} - M_{网兜-水中}$ 为网兜在水中所排开的水的重量，可以忽略不计。

（二）结果讨论

根据卡片 041－1475，霰石的密度 $Dx = 2.93$，硬度 3.5～4（互联网数据）；根据卡片 047－1743，方解石的密度 $Dx = 2.72$，硬度 2.7～3（互联网数据）；根据卡片 17－763，方解石－Ⅲ的

密度 $Dx=3.106$。看来珍珠因具霰石结构，密度和硬度都比具方解石结构的牡蛎珍珠大。

珍珠的霰石结构不是单晶，而是多晶，而且含有机质，因此密度和硬度都有所下降，正如以下所示。

背瘤丽蚌壳珠核比重为 2.79 ~ 2.88。而珍珠质的比重应与马氏贝天然珍珠（比重为 1.94）相仿。养殖马氏贝珍珠是由背瘤丽蚌壳珠核涂上无数层珍珠质而形成的，是以珠核为珍珠的主体，所以养殖马氏贝珍珠比重较接近于珠核的比重，在 1.94 至 2.88 之间，靠近 2.88。我们测得正品马氏贝珍珠比重为 2.54 ~ 2.79；薄皮（次品）马氏贝珍珠比重也稍大，比重在 2.61 ~ 2.80，因珠核所占分量较多；乌珠比重在 2.49 ~ 2.68，因含较多的有机质，比重较轻。马氏贝天然珍珠、三角帆蚌珍珠和褶纹冠蚌珍珠这三种都是无核珍珠，马氏贝天然珍珠比重为 1.94 左右，三角帆蚌珍珠比重为 1.85 ~ 2.77，褶纹冠蚌珍珠比重为 1.94 ~ 2.03，三者相近，都离霰石比重 2.93 较大，因它们的珠核都是由小虫、外套膜小片等组成的，有机质、多晶间的空隙占据的空间较大，所以比重较纯霰石结构小得多。塑料珠比重为 0.95，香港塑料纽扣珠的比重也相仿，为 0.96。它们都比水轻，拿在手里掂掂很容易觉察出来，用水一泡就浮起来了。用比重法可以很容易鉴别出各种类型的珍珠、珠核和塑料珠等，要假造也不容易。一串闪闪发光类似珍珠的假珍珠项链——塑料珠项链和香港塑料纽扣珠，挂在女士们的颈上或镶在衣服上，看上去的确真假难辨，但拿起来一掂量或放在水里一浸立见分晓。塑料珠比重仅为正品马氏贝珍珠的三分之一。

## 二、金相显微镜法

### （一）金相显微镜照相

利用入射光照射在样品表面产生反射像，根据观察到的图像花纹来鉴别装饰珍珠的品种、质量和真假。

仪器采用重庆光学仪器厂的 XJZ－1 型正置金相显微镜，摄影仪采用 ZB－1 型，相机采用美能达 300 型除去镜头。物镜用 X10，摄影目镜用 X6.4，这样底片的放大倍数为 64 倍，然后放大 4 倍洗出相片来，结果相片的总放大倍数为 64×4 即 256 倍。如果放大倍数太大则花纹太粗，看不到全貌，倍数太小则花纹过于密集，不够清楚，在 256 倍左右就差不多了。光源用 12V 50W 溴钨灯泡，电压调在 6 ~ 7V 之间。不加滤色片、毛玻璃或偏光器，在暗场条件下，调整视场光栏、孔径光栏和焦距等，使样品图像的花纹清晰，就可以照相了。试验了几种曝光时间：当光源为 6V 时，马氏贝珍珠曝光时间采用 2.5 秒就可以，有一张正品马氏贝珍珠采用曝光 1.25 秒也不错，但背瘤丽蚌壳珠核由于表面反光性很差，曝光时间需要多达 10 秒才行，褶纹冠蚌珍珠的反光性也稍差，因此需曝光 5 秒。实验结果如图 5－1 至图 5－10 所示。

**表 5－1　样品比重测定**（据陈贵卿、陈俊豪，1989）

| 样品 | 比重 | 样品 | 比重 | 样品 | 比重 |
|---|---|---|---|---|---|
| 霰石 | 2.93 | 薄皮（次品）马氏贝珍珠 B | 2.80 | 背瘤丽蚌壳珠核 A | 2.88 |
| 方解石 | 2.72 | 乌珠（蓝黑色等外品马氏贝珍珠）A | 2.53 | 背瘤丽蚌壳珠核 B | 2.79 |
| 正品马氏贝珍珠 A | 2.76 | 乌珠（蓝黑色等外品马氏贝珍珠）B | 2.58 | 三角帆蚌珍珠 A | 1.85 |
| 正品马氏贝珍珠 B | 2.73 | 乌珠（蓝黑色等外品马氏贝珍珠）C | 2.65 | 三角帆蚌珍珠 B | 2.77 |
| 正品马氏贝珍珠 C | 2.54 | 乌珠（蓝黑色等外品马氏贝珍珠）D | 2.68 | 褶纹冠蚌珍珠 A | 1.94 |
| 正品马氏贝珍珠 D | 2.73 | 乌珠（蓝黑色等外品马氏贝珍珠）E | 2.49 | 褶纹冠蚌珍珠 B | 2.03 |
| 正品马氏贝珍珠 E | 2.79 | 乌珠（蓝黑色等外品马氏贝珍珠）F | 2.50 | 塑料珠 | 0.95 |
| （次品）马氏贝珍珠 A | 2.61 | 马氏贝天然珍珠 | 1.94 | 香港塑料纽扣珠 | 0.96 |

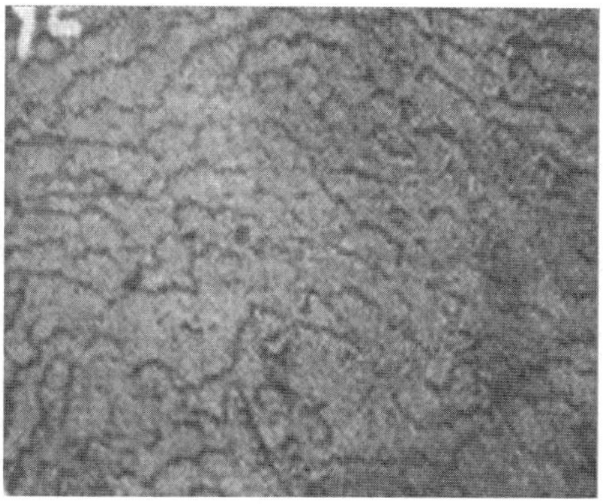

图 5－1　正品马氏贝珍珠 A
（据陈贵卿、陈俊豪，2000）

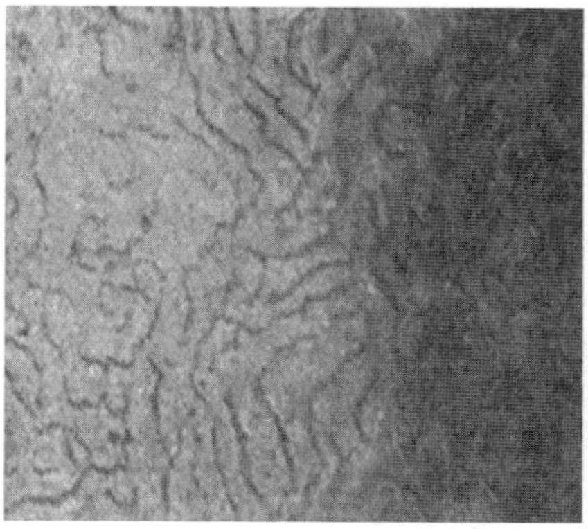

图 5－2　正品马氏贝珍珠 B
（据陈贵卿、陈俊豪，2000）

图 5－3　乌珠（蓝黑色等外品马氏贝珍珠）
（据陈贵卿、陈俊豪，2000）

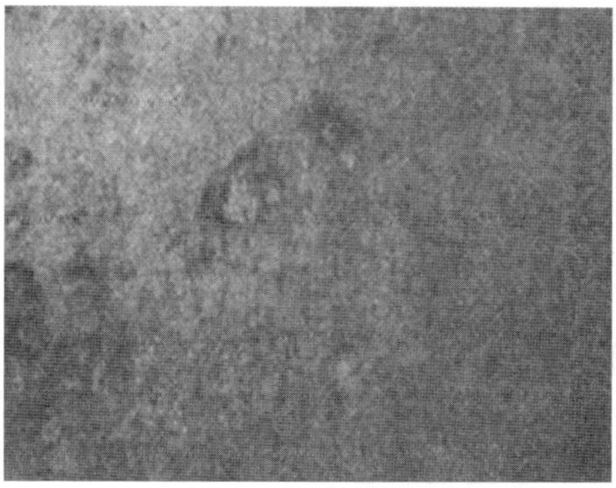

图 5－4　薄皮（次品）马氏贝珍珠 A
（据陈贵卿、陈俊豪，2000）

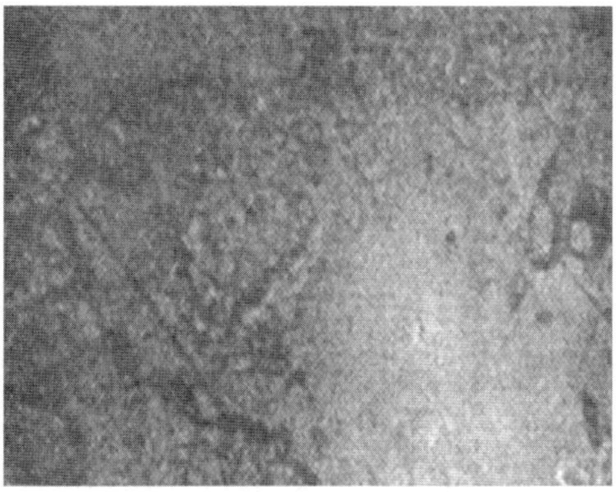

图 5－5　薄皮（次品）马氏贝珍珠 B
（据陈贵卿、陈俊豪，2000）

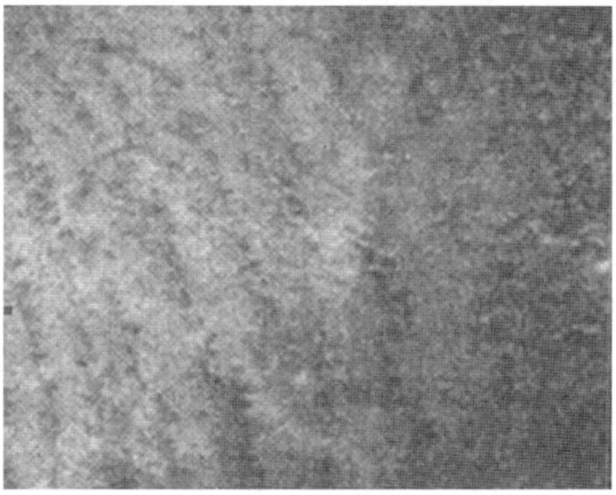

图 5－6　三角帆蚌珍珠
（据陈贵卿、陈俊豪，2000）

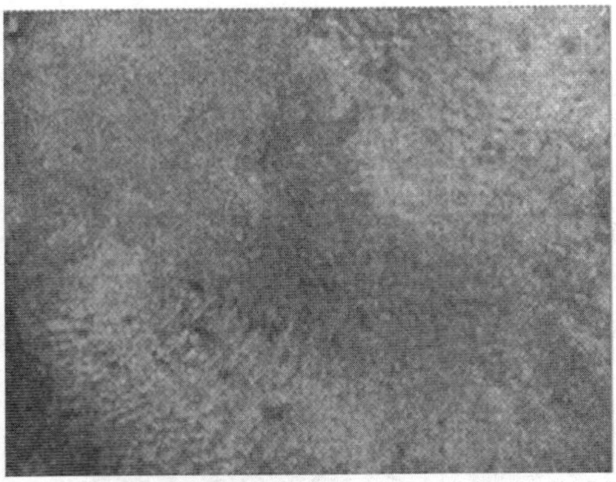

图 5－7 褶纹冠蚌珍珠(据陈贵卿、陈俊豪，2000)

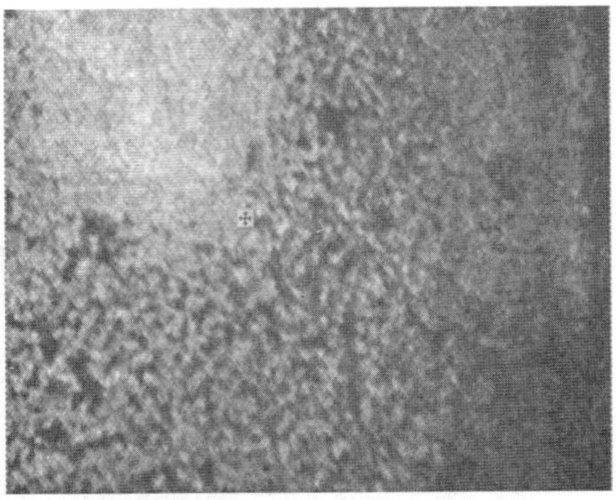

图 5－8 背瘤丽蚌壳珠核(据陈贵卿、陈俊豪，2000)

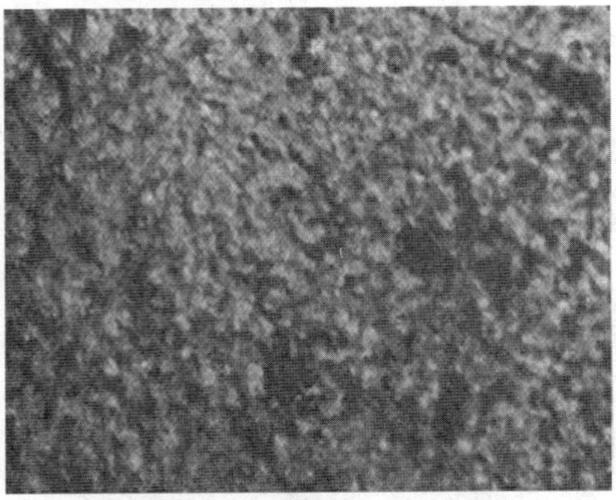

图 5－9 塑料珠(据陈贵卿、陈俊豪，2000)

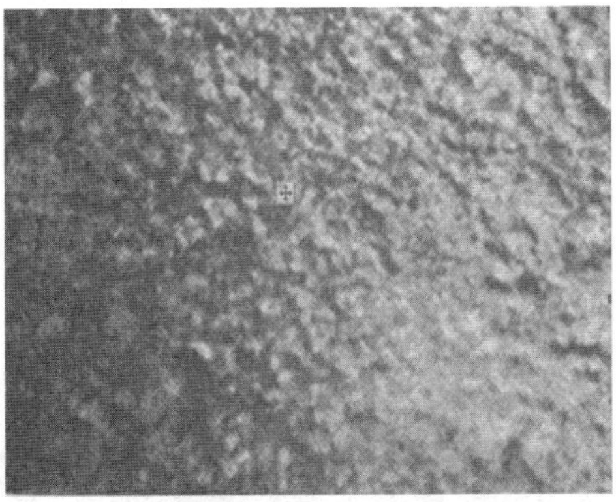

图 5－10 香港塑料纽扣珠(据陈贵卿、陈俊豪，2000)

(二)相片分析

从样品的金相照相(图 5－1 至图 5－3)可以看出正品马氏贝珍珠表面花纹最清楚，它是由各层珍珠的边缘呈现出来的，说明它们的珍珠层都很好。乌珠的花纹差了点。乌珠在珠核和珍珠层之间存在许多蓝黑色有机物层，使珍珠呈现蓝黑色，这可能是在珍珠形成的过程中，珍珠贝体因插核而感染发炎所致。由于有机物层在各方向厚度不均匀，所形成的珍珠不够圆，往往拖了一条或几条尾巴，因而成为废品，因此我们很容易用肉眼将正品马氏贝珍珠和乌珠加以区别。薄皮(次品)马氏贝珍珠由于珍珠层很薄，从相片(图 5－4 和图 5－5)看来其不具完整的层状花纹，因此，它的光泽差得多，质量也就差得多，很容易用肉眼将它们与正品马氏贝珍珠加以区分。三角帆蚌珍珠的相片(图 5－6)花纹另具一格，说明它的养殖贝类品种不同，相片花纹清晰说明它的珍珠层状结构明显，它的光泽、质量还可以；但从花纹可以看出它不如正品马氏贝珍珠。褶纹冠蚌珍珠的相片(图 5－7)，层状结构不明显，似乎呈颗粒状结构，使得这种珍珠光泽较差，因此它的价值也低了好多，当然褶纹冠蚌珍珠也有质量好的，但不多。背瘤丽蚌壳珠核用肉眼看很光滑，但在金相显微镜下照相(图 5－8)显示出它不存在层状花纹。这是因为背瘤丽蚌壳是由一层层与蚌壳外形一致的珍珠层形成的，现在将它切割成方形后，研磨成圆形珠核，它的表面也像书本的侧面那样，出现无数断层，虽然对它的表面进行了抛光，但表面反光性能依然不好，曝光须选 10 秒。塑料珠和香港塑料纽扣珠用肉眼看表面虽然发光，但在金相显微镜下照相(图 5－9 和图 5－10)显示出它们的表面不具层状花纹，出现一些鼓起的颗粒，和背瘤丽蚌壳珠核一样粗糙。因此，它们的光泽较珍珠差，特别是缺乏光磷光效应，仔细观察是不难用肉眼区别的，照相则很容易区别出来。

用比重法和金相显微镜法再与简单的肉眼观察配合起来，就能很好地鉴别正品马氏贝珍珠、薄皮(次品)马氏贝珍珠、乌珠(蓝黑色等外品马氏贝珍珠)、马氏贝天然珍珠、三角帆蚌珍珠、褶纹冠蚌珍珠、背瘤丽蚌壳珠核、塑料珠、香港塑料纽扣珠以及其他装饰珍珠。

### 三、简单的鉴别方法

将正品珍珠和要鉴别的珍珠在手里分别掂量一下，大致可以判断出比重是否相同。然后再用肉眼观察珍珠表面光泽，和正品珍珠加以比较就大致可以分辨出真假。

## 第二节　药用珍珠粉和珍珠层粉的鉴别

### 一、市场现状

中医中药是我国的宝贵财富，然而对于中药珍珠粉的鉴别却往往缺乏近代科学手段和标准依据。

珍珠粉是暴利行业。到全国最大的珍珠市场——浙江诸暨或苏州渭塘珍珠市场购买外形不佳、不宜作装饰品的所谓“药用珍珠”，每公斤不过几十元。粉碎成360目以上的珍珠粉末，包装成每支0.3g的药品“珍珠粉”，在药店可卖4000～5000元；每公斤花100多元就可以买到有光泽、高质量的“药用珍珠”。有些药厂强调他们的“珍珠粉”原料好、成本高，这是骗人的。在南方湛江海康可以买到磨光的马氏珍珠贝壳，每公斤10元左右，粉碎成360目以上的粉，是质量很好的“珍珠层粉”，包装成每支3g的药品“诊珠层粉”，在药店可卖数百元至千元。也有包装成每支0.3g的假冒“珍珠粉”，在药店可卖数千元！用褶纹冠蚌壳或三角帆蚌壳磨光粉碎的成本更低，这就是所谓的“贝壳粉”。用淡水珍珠磨的珍珠粉的氨基酸含量可能还不如马氏珍珠层粉的含量高。

将假冒珍珠粉用来做药品、化妆品、食品添加剂、饮料常有报道，因为国家药典无法鉴别区分它们。湛江地区甚至传闻将滑石粉或面粉掺入珍珠粉中。

### 二、2005年国家药典对珍珠粉的鉴别

(1)本品粉末类、白色。不规则碎块，半透明，具彩虹样光泽。表面显颗粒性，由数至十数薄层重叠，片层结构排列紧密，可见致密的成层线条或极细密的微波状纹理。本品磨片具同心层纹。

(2)取本品粉末，加稀盐酸，即产生大量气泡。过滤滤液显钙盐的鉴别反应(药典附录Ⅵ)。

(3)取本品，置紫外光灯(365nm)下观察，显浅蓝紫色或亮黄绿色荧光，通常环周部分较明亮。

其实，当珍珠粉末在360目以上时，其既无片层结构，也难显现浅蓝紫色或亮黄绿色荧光；而只要是石灰、碳酸钙(蛋壳、大理石、钟乳石、水垢)等，加稀盐酸都会立即产生大

量气泡，过滤液是钙盐，符合珍珠定义。从这里根本无法鉴别“珍珠粉”与这些材料有何区别。

这部药典有关“珍珠粉的鉴别”基本和新中国成立初上海药检所包雪声教授主编的药典《珍珠鉴别》相似。我们曾在1988年于上海同包雪声教授讨论这个问题，他认同我们用X-射线衍射鉴别珍珠粉的方法。

## 三、我们鉴别珍珠粉与珍珠层粉的理论根据

鉴别珍珠粉与珍珠层粉可依据以下几方面检测：碳酸钙含量、霰石含量、方解石含量和氨基酸含量。

(1)检测样品的碳酸钙含量。采用X-射线能谱仪、X-射线光谱仪或其他化学分析方法，检测样品无机成分的碳酸钙含量应该在98%左右，少了就是有质量问题或是掺入了无机物。

(2)采用X-射线标识谱线鉴别珍珠粉和珍珠层粉。如果呈现强烈的霰石标识谱线 $d=0.3397nm$，$0.2702nm$，不出现方解石的最强标识谱线 $d=0.3036nm$，那就是“珍珠粉”；如果同时还出现方解石的最强标识谱线 $d=0.3036nm$，那就是“珍珠层粉”。该谱线越强粉的质量越差。

(3)检测样品的氨基酸含量和品种。氨基酸含量应在1.5%以上。其中甘氨酸、丙氨酸、天冬氨酸、精氨酸和亮氨酸这5种氨基酸占氨基酸总量的一大半。

(4)贝壳粉问题。所谓贝壳粉其实就是淡水珍珠层粉，因为其他任何贝壳都没有河蚌(褶纹冠蚌、三角帆蚌、背角无齿蚌)的产量高且容易加工；用别的贝壳制成粉末成本更高，不划算。

## 四、我们的鉴别实践

(1)非碳酸钙材料假冒珍珠粉和珍珠层粉的鉴别。滑石粉、石膏和水垢等假冒珍珠粉和珍珠层粉，有四种检测方法。

①氨基酸含量鉴别：以上物质都不含有机物，最简单的方法是测量氨基态氮含量；如果人工掺入有机物，则需要检测样品的氨基酸含量和品种，如果其中甘氨酸、丙氨酸、天冬氨酸、精氨酸和亮氨酸占氨基酸总量小于一大半，那就可能是掺蛋白质或氨基酸了。

②利用X-射线能谱仪就可以检测出样品碳酸钙含量，如远低于98%就不对了。

③面粉、滑石粉和石膏加稀盐酸后，不产生气泡。

④X-射线衍射检测：滑石粉的标识谱线：$d=0.934nm$，$0.312nm$，$0.466nm$；石膏的标识谱线：$d=0.306nm$，$0.753nm$，$0.426nm$。如果出现这些谱线，就是造假。

(2)用碳酸钙材料假冒珍珠粉和珍珠层粉，如蛋壳粉、大理石粉、牡蛎壳粉等。用X-射线衍射，就会出现很强的方解石谱线 $d=0.3036nm$；如果还出现方解石-Ⅲ谱线 $d=0.302nm$ 或 $d=0.281nm$，那就是掺入了牡蛎壳粉。

(3)掺淀粉的鉴别。将碘酒滴入样品，如果出现紫色那就是掺淀粉(面粉或米粉)了。

(4)用翡翠贻贝壳、西施舌壳、鳞砗磲壳、文蛤壳、鹿角珊瑚等霰石结构的贝壳假冒珍珠层粉问题。这些壳有的也许产量不那么大，有的也许不那么容易加工，有的比马氏珍珠贝

壳还贵，用来假冒珍珠层粉不划算。

金乌贼骨（墨鱼骨）则比较松散，洁白度也稍差，仔细观察就可辨别出来。

（5）用海水珍珠层粉冒充珍珠粉的鉴别。海水珍珠层粉含方解石，谱线 $d=0.3036$nm 较明显，很容易鉴别出是珍珠层粉。

（6）用淡水珍珠层粉冒充珍珠粉。淡水珍珠层粉的方解石含量很少，但在露天晒场往往会混入方解石，由其标识谱线 $d_{104}=0.3036$nm 的强弱可确定其质量好坏。

（7）当场监督厂家加工珍珠粉。冒充珍珠粉利润丰厚，只要有这方面的研究，要假冒并不十分困难，那只能当场监督厂家加工珍珠粉了。

（8）珍珠粉和珍珠层粉药效基本相同。平心而论，珍珠粉和珍珠层粉都是由珍珠贝的外套膜分泌的。它们的有机质含量和氨基酸的组成基本一致；它们的无机质含量也相仿，都是含 98% 左右的碳酸钙的正交晶系，霰石结构，差别仅在于珍珠层粉的碳酸钙含很少量的方解石结构，而珍珠粉没有。因此，它们的疗效应该基本一致，没有任何根据证明方解石结构就没有疗效，何况只含很少量的方解石。牡蛎壳粉和鸡蛋壳粉入药就是例证，它们都不是碳酸钙的霰石结构，而是方解石或方解石－Ⅲ结构。因此，我们认为用上述的珍珠层粉假冒珍珠粉对疗效危害不大，但是扰乱了市场，牟取了暴利！

其实海水的马氏贝壳珍珠层粉，各方面含量如有机质的角壳蛋白含量、无机质的碳酸钙霰石含量，都不比淡水珍珠层粉差，甚至更好一些，而且污染也更少一些，完全没有必要采用淡水珍珠粉，更没有必要采用十分昂贵的海水珍珠粉。

## 第三节 珍珠类化妆品的鉴别

珍珠广泛使用在高级化妆品中，如珍珠霜、珍珠膏、珍珠面膜等。其实，在化妆品生产中不可能采用较贵的珍珠磨成珍珠粉，而是选取珍珠贝（蚌）壳的珍珠层和棱柱层所研磨成的珍珠层粉，因为它很便宜。化妆品中是否含有珍珠粉或珍珠层粉是很难确认的，因为量太少。但有些厂家却制造一些不含珍珠层粉的化妆品，美名为“珍珠化妆品”。我们现在探讨鉴别珍珠类化妆品是否真含珍珠层粉。

珍珠类化妆品约含 4% 的珍珠层粉，而在珍珠层粉中含量最高的丙氨酸和甘氨酸才各占近 1%，这样在化妆品中丙氨酸和甘氨酸的含量约 0.4‰，化妆品的主要成分为碳酸钙、硬脂酸、氢氧化钾、碳酸钠、蜂蜡和滑石粉等。这些成分要通过氨基酸分析仪又细（比头发还细得多）又长的管子是不可能的。所以通过测量化妆品中氨基酸的存在来确定它是否含珍珠层粉是不可能的，只能通过检测其中的霰石晶体的存在来确定珍珠层粉的存在，因为目前绝大部分珍珠层粉是未经水解直接加入的。因此，采用 X－射线衍射仪衍射，通过检测霰石标识谱线来确定化妆品中是否含珍珠层粉的鉴别方法是可行的。

至于珍珠类饮料，只能检测其是否含钙而已，碳酸钙在水中的溶解度不到十万分之一，掺点丙酸钙、醋酸钙，甚至石灰水就可以糊弄过去，无法鉴别！

样品采用广州市的一些化妆品如：护肤珍珠霜、珍珠防裂霜、丹丽美容膏（含天然珍珠素等）、七日香珍珠爽身粉、珍珠膏、雪花珍珠膏和广州珍珠霜 7 种。

## 一、实验结果

和前面一样采用 D/max－3A 型 X－射线衍射仪对所要鉴别的化妆品分别进行 X－射线衍射，$2\theta$ 从 20°～50°扫描，仪器自动绘出谱线图并打印出谱线的 2 倍衍射角 $2\theta$、谱线的绝对强度 $I$(计算出谱线的相对强度)和谱线的晶面族间距 $d$。将结果对照卡片 041－1475，看看是否存在霰石的标识谱线 $d=0.3397$nm，$d=0.2702$nm(实验结果常常略有偏移)来确定它是否含珍珠层粉。从图谱看出背景连续谱很强，说明在珍珠膏(霜)中主要含大量非晶态有机质，还含有好多杂质谱线，因为谱线太杂，我们设想将 $2\theta$ 从 20°～30°扫描，只检查以上霰石的标识谱线。因此，对珍珠膏、雪花珍珠膏和广州珍珠霜就采取这种做法。但这样做的谱线相对强度意义不大，还是将 $2\theta$ 从 20°～50°扫描好。这里只列出一张扫描图供参考。

结果如表 5－2 至表 5－8 所示。从表中看到护肤珍珠霜 $d=0.340$nm，$I/I_0(\%)=20.6$；珍珠防裂霜 $d=0.342$nm，$I/I_0(\%)=73.6$；丹丽美容膏 $d=0.342$nm，$I/I_0(\%)=58.0$；七日香珍珠爽身粉 $d=0.341$nm，$I/I_0(\%)=1.7$；珍珠膏 $d=0.340$nm，$I/I_0(\%)=92.9$；雪花珍珠膏 $d=0.341$nm，$I/I_0(\%)=100$，和广州珍珠霜 $d=0.344$nm，$I/I_0(\%)=$微量。这说明珍珠防裂霜、丹丽美容膏、珍珠膏和雪花珍珠膏都含有珍珠层粉。护肤珍珠霜含珍珠层粉不多，七日香珍珠爽身粉含珍珠层粉很少，广州珍珠霜基本不含珍珠层粉。

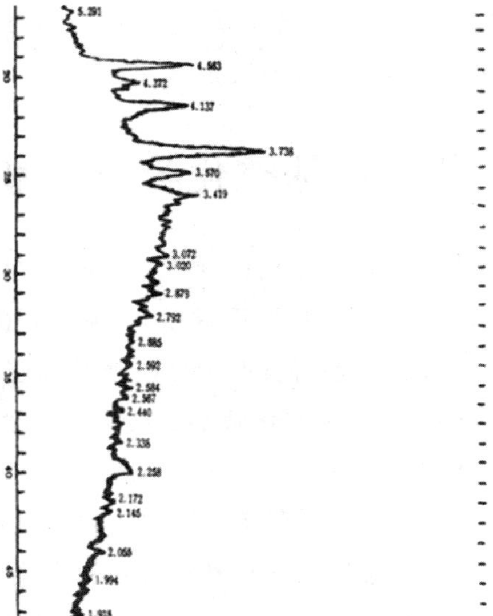

**图 5－11　珍珠防裂霜 X－射线衍射谱(据陈贵卿、陈俊豪，1992)**

表 5－2 至表 5－8 据陈贵卿、陈俊豪，1992。

表 5－2　护肤珍珠霜

| $2\theta$(°) | $I/I_0$(%) | $d$(nm) |
|---|---|---|
| 21.881 | 58.9 | 0.415 |
| 23.761 | 35.4 | 0.374 |
| 24.595 | 26.3 | 0.362 |
| 26.180 | 20.6 | 0.340 |
| 28.043 | 16.7 | 0.318 |
| 30.314 | 14.3 | 0.295 |
| 30.940 | 12.8 | 0.289 |
| 32.846 | 14.3 | 0.272 |
| 33.591 | 13.2 | 0.267 |
| 34.725 | 13.0 | 0.258 |
| 35.520 | 13.6 | 0.253 |
| 36.202 | 13.4 | 0.248 |
| 36.970 | 13.9 | 0.243 |
| 37.710 | 15.8 | 0.238 |
| 45.855 | 11.6 | 0.198 |
| 47.600 | 10.5 | 0.191 |
| 48.700 | 9.7 | 0.187 |
| | | |
| | | |

表 5－3　珍珠防裂霜

| $2\theta$(°) | $I/I_0$(%) | $d$(nm) |
|---|---|---|
| 21.460 | 69.3 | 0.414 |
| 23.783 | 100.0 | 0.374 |
| 24.919 | 70.7 | 0.357 |
| 26.038 | 73.6 | 0.342 |
| 29.041 | 60.6 | 0.307 |
| 29.550 | 57.1 | 0.302 |
| 31.032 | 58.0 | 0.288 |
| 32.027 | 54.1 | 0.279 |
| 35.823 | 44.4 | 0.250 |
| 36.230 | 44.7 | 0.248 |
| 36.800 | 41.1 | 0.244 |
| 38.471 | 41.2 | 0.234 |
| 39.880 | 46.0 | 0.226 |
| 41.538 | 38.8 | 0.217 |
| 42.075 | 36.6 | 0.215 |
| 44.020 | 35.0 | 0.206 |
| 47.340 | 26.0 | 0.192 |
| 49.480 | 20.5 | 0.184 |
| 52.365 | 18.7 | 0.175 |

表 5－4　丹丽美容膏

| $2\theta$(°) | $I/I_0$(%) | $d$(nm) |
|---|---|---|
| 21.465 | 100.0 | 0.414 |
| 22.516 | 59.1 | 0.395 |
| 23.776 | 59.1 | 0.374 |
| 25.500 | 59.0 | 0.349 |
| 26.048 | 58.0 | 0.342 |
| 27.796 | 56.7 | 0.321 |
| 30.779 | 50.6 | 0.290 |
| 31.426 | 48.2 | 0.284 |
| 33.402 | 42.5 | 0.268 |
| 35.044 | 38.3 | 0.256 |
| 36.572 | 39.4 | 0.245 |
| 39.297 | 40.0 | 0.229 |
| 40.553 | 37.6 | 0.222 |
| 41.150 | 35.8 | 0.219 |
| 42.148 | 36.2 | 0.214 |
| 43.076 | 33.1 | 0.210 |
| 44.748 | 29.5 | 0.202 |
| 48.366 | 19.8 | 0.189 |
| 49.856 | 17.6 | 0.183 |

表 5－5　七日香珍珠爽身粉

| $2\theta$(°) | $I/I_0$(%) | $d$(nm) |
|---|---|---|
| 24.954 | 8.1 | 0.357 |
| 25.658 | 2.1 | 0.347 |
| 26.112 | 1.7 | 0.341 |
| 27.062 | 1.4 | 0.329 |
| 28.508 | 100.0 | 0.313 |
| 30.853 | 1.8 | 0.290 |
| 31.651 | 4.3 | 0.280 |
| 33.010 | 2.4 | 0.271 |
| 34.342 | 2.9 | 0.261 |
| 35.192 | 1.1 | 0.255 |
| 36.129 | 7.1 | 0.248 |
| 37.769 | 1.4 | 0.238 |
| 38.396 | 3.8 | 0.234 |
| 40.503 | 1.3 | 0.223 |
| 41.036 | 1.2 | 0.220 |
| 42.961 | 1.3 | 0.210 |
| 45.750 | 1.0 | 0.198 |
| 47.451 | 1.5 | 0.191 |
| 48.575 | 9.6 | 0.187 |

表 5－6　珍珠膏

| $2\theta$(°) | $I/I_0$(%) | $d$(nm) |
|---|---|---|
| 26.185 | 92.9 | 0.340 |
| 27.206 | 100.0 | 0.327 |
| 28.440 | 74.7 | 0.314 |
| 29.176 | 80.4 | 0.306 |

表 5－7　雪花珍珠膏

| $2\theta$(°) | $I/I_0$(%) | $d$(nm) |
|---|---|---|
| 26.140 | 100.0 | 0.341 |
| 37.335 | 93.5 | 0.326 |
| | | |
| | | |

表 5－8　广州珍珠霜

| $2\theta$(°) | $I/I_0$(%) | $d$(nm) |
|---|---|---|
| 25.913 | 微量 | 0.344 |
| | | |
| | | |
| | | |

## 二、注意事项

对于珍珠类化妆品，采用 X－射线衍射，从检测图谱中碳酸钙的霰石晶体最强标识谱线 $d=0.3397$nm，$d=0.2702$nm（表中有下划杠线的谱线）存在与否来确定该化妆品是否含珍珠层粉的鉴别方法是可行的，但由于化妆品所含珍珠层粉很少，要做好此鉴别工作必须注意：①加大 X－射线衍射仪的工作电流，提高灵敏度，使相对强度在 $I/I_0$（%）＝1 的谱线也能出现。②扫描速度不要太快，每分钟在 20°以下，以免有些谱线由于紧挨较强谱线而来不及打印或呈现出来。③即使扫描速度较慢，仍有可能出现某些谱线来不及打印出来的情形。因此，在鉴别时还得参阅谱线图。

# 第六章　珍珠和珍珠层粉的加工研究

## 第一节　珍珠的漂白和染色

珍珠往往由于颜色不纯，或带有斑点，而经济价值不高；如果漂白成白玉色，就提高了经济价值。有色珍珠五彩斑斓，讨人喜爱，珍珠价值也因之提高。所以漂白染色在珍珠加工工艺中占有重要地位。日本人在这方面技术比较先进，国内也有许多研究报道。以下内容是在陈道章研究员的指导下完成的。

### 一、珍珠漂染使用的材料

（一）漂白剂

采用双氧水漂白，白度及稳定性较好，产生的气体不会造成污染。

珍珠漂白的实质，是用双氧水使存在于珍珠内的着色物发生化学反应，使它氧化还原为较为简单的有机物而溶解出来，或者破坏着色物的结构，使其褪色或转变为较好的粉红色。

金属杂质会影响双氧水的稳定性，故漂白溶液不能与一般金属器皿直接接触，以防止重金属所引起的催化作用损伤珍珠质。但双氧水与纯铝和不锈钢几乎不发生作用，所以双氧水溶液可置于玻璃容器、纯铝器具和不锈钢容器内。为免除水中金属杂质分解双氧水，必须采用去离子水或蒸馏水。

（二）pH 值调节剂

常用的有氨水或氢氧化钠，用以增加液体 pH 值。双氧水具有优良的氧化性能，尤其在碱性条件下，它能使珍珠中的天然色素的发色体系在漂白过程中被氧化破坏，以达到消色的目的。在强碱介质中，双氧水分解产生了过氧氢离子，它是漂白物体的主要成分，能发生氧化反应，起到消色、漂白等作用。因而，双氧水的漂白作用取决于分解产生的过氧化氢离子的速度，即漂白能力随 pH 值的加大而加强。

（三）稳定剂

双氧水在实际应用过程中，由于水质、原材料而带入一些固体小颗粒、重金属（Cu，Fe）等离子及高温碱性溶液，会导致双氧水被催化分解，在短时间内发生剧烈反应，来不及发生漂白作用而被浪费，因此，必须选用优良的稳定剂以阻止双氧水过剧的连锁反应，使之能够充分有效地发挥作用。有鉴于此，双氧水稳定剂必须具备三种功能：稳定过氧氢离子[$HO_2^-$]、抑制过氧氢自由基[$HO_2\cdot$]、耐强碱。

关于双氧水稳定剂的稳定机理主要有胶团吸附理论和络合理论两种。胶团吸附理论主要是通过高分子胶团籍静电或氢键吸附重金属离子而达到稳定的目的。而络合理论是通过多价螯合剂与金属离子发生螯合作用而形成稳定的水溶性络合物，由此而使重金属不发生催化作用。或者两种理论结合使用。

稳定剂常用硅酸钠（水玻璃）、硅酸镁（$MgSiO_3$）、聚丙烯酰胺、蒽醌与DTPA的复配体、磷酸盐、羟基羧酸与锡复配的胶体溶液、氧化锡与有机酸、硝酸钠复配的胶体溶液、聚丙烯酰胺脂肪酸镁盐等。利用胶团吸附与络合原理按一定比例配制的这类稳定剂，保留了各自的优点，克服了各自的不足，达到了既可降低成本，又使双氧水在氧漂工艺漂白过程中获得满意效果的目的。

水玻璃（硅酸钠）属于吸附型稳定剂，热稳定性好。溶于水显碱性，也能溶于有机溶剂显碱性。它是有晶体结构的胶体，具有较强的吸附能力，能够吸附亚铁离子和封闭［$HO_2^-$］，使亚铁离子不对双氧水产生催化反应，同时抑制［$HO_2\cdot$］的形成和分解。水玻璃能与硬水中的镁、钙离子结合形成高度分散的硅酸镁、硅酸钙胶体，吸附在催化剂的表面，使其失去活性，从而起到对双氧水的稳定作用。水玻璃的稳定效果好、白度佳、价格便宜，但它会形成硅垢，且耐碱性也很差，当碱浓度较大时会形成硅酸，不利于形成吸附性胶体。

（四）溶剂

为了便于漂白剂的渗透，一方面，漂白前要将珍珠打孔，另一方面，还要在漂白剂中加入渗透能力较强的有机试剂，其中一部分作为溶剂，另一部分作为表面活性剂。

甲醇为无色透明液体，略有酒精气味。能与水、乙醚、醇、酯、酮、苯等溶剂混溶，对某些无机物也能很好地溶解。使用乙醇也可以。

（五）渗透助染剂（表面活性剂）

双氧水要向珍珠内部渗透、扩散也并不容易。所以我们还要在双氧水中加入表面活性剂和乙醚、乙醇之类的有机溶剂，防止珍珠皱裂，使其易于着色，如：①十二烷基苯磺酸钠：阴离子表面活性剂，黄棕色黏稠液体。无毒、无臭、易溶于水，耐酸，热稳定性好，可与非离子表面活性剂混用，不影响其原有性能。②聚乙二醇：澄明无色的黏性液体，有轻微特殊气味。与水、乙醇、丙酮、氯仿及醇类可任意混溶，不溶于乙醚和脂肪族碳氢化合物，但溶于芳香族碳氢化合物。③聚乙二醇辛基苯基醚：油状无色透明液体，能溶于甲醇、乙醇和丙酮。④吐温85：油状无色透明液体，能溶于甲醇、乙醇和丙酮。⑤十二烷基硫酸钠：白色粉末，能溶于甲醇、乙醇和丙酮。⑥吡啶：既具毒性，又容易爆炸，使用必须小心。⑦碘化钾。

（六）染料

珍珠的染色方法主要有水染、油染、酒精染三种。

水染法即把碱性染料溶解于水中，在40℃～50℃的温度下对珍珠进行染色。染料的种类和浓度不同，染色的时间也从几分钟到几十小时。水染的缺点是染料难以渗透到核心或珍珠层内部，容易附在珍珠的表面，所以得用水把多余的染料清洗掉。特别是染料浓度高时，孔口也会被染上，污垢的痕迹也会着上很深的颜色。为了避免这些缺点，可以加入10%～20%或更多的甘油或甘醇、聚乙醇。

油染法是把油性染料溶解在植物油（山茶油或橄榄油等）、矿物油或两者混合液中，染色温度为50℃～70℃，时间从几小时到几十小时。需要长时间敞开放置并需在连续高温下才能逐渐着色，矿物油主要是用液状石腊。这一染色方法的优点是孔口比较美观，但色调不太鲜明，染色后要用苯、汽油、中性洗涤剂等清洗珍珠上附着的油。

酒精染法是把酒精与水的混合液、聚乙二醇或其他与水的混合液作为溶剂，在40℃～60℃的温度下进行染色的方法。这种方法一般用的是碱性或酸性染料。用这一方法染色，染料能够完全渗到核心部分和珍珠层之间，有时还能渗到珍珠层内部，所以染料浓度和染色温度要适宜，并要经几小时至几十小时的徐徐渐进，才能取得良好效果。染好后的珍珠还需在40℃ ~50℃的酒精中浸泡约1小时，使附在珍珠表面和孔口的染料全部被洗涤干净。

我们只采用酒精染法，下列染料较适合珍珠染色：

罗丹明G(桃红色)、番红花红G(红色)、特号番红花红O(红色)、番红花红T(赭红色)、结晶一品红A(牡丹红色)、硫化黄素T(黄色)、橘黄Ⅱ(黄色)。

另外还有玛珍他(Magenta)、萨夫拉宁T(Safianine T)、买斯莱布鲁(Metyleneblue)、纽买斯莱布鲁(Newmethlyleneblue)等。

## 二、漂白条件

### (一)双氧水浓度

浓度过高，漂白加快，白度提高不明显，珠色却因之泛黄；浓度过低，漂白进行太慢。控制在3% ~3.5%为宜。

### (二)漂白温度

双氧水的浓度一定时，漂白温度越高，漂白越快。但是，这种漂白方式容易损坏色泽。即温度越高，淡黄色就越深，而粉红色就消失，变成近乎泥珠的色泽。

然而，温度太低，则漂白天数太长。漂白温度最好控制在40℃ ~45℃。

### (三)酸度的影响

以漂染织物为例：当pH为3 ~9时，织物白度随pH值的升高而逐渐提高，因为双氧水的分解随pH值的增加而增加。而当pH为9 ~11时，漂白织物白度达到最佳水平，当pH > 11时漂白织物白度反而下降，这可能是由于在强碱性溶液中，双氧水分解过剧，能用于漂白的有效成分相应减少，无效分解增多。

综合考虑白度、双氧水分解率及助剂的影响，漂白液pH值控制在10.5 ~11较为理想。

## 三、珍珠的漂白工序

在漂白淡水珠方面，采用的溶剂为去离子水、醇、乙醇—乙醚、四氢呋喃—二氧六环、丙酮—氯仿、丙酮—四氯化碳等；pH值调节剂为氨水、氢氧化钠；稳定剂为碳酸钠、硅酸钠、三乙醇胺等，表面活性剂为各种型号的非离子型表面活性剂等。

### (一)预处理

漂白前，珍珠表面如有油污和手垢，应使用有机溶剂除去。可将珍珠浸入丙酮中，或用丙酮擦拭，或用苯洗涤。也可以用去离子水煮的办法解决。

### (二)漂白

漂白液有多种，可根据各地情况，选用较易找到的原料配制。

配方一：3%双氧水200mL、乙醚12mL、苯20mL、酒精(95%)25mL、硅酸钠(4%)10mL，用氨水或氢氧化钠把pH值控制在10.5 ~11。

配方二：3%双氧水200mL、乙醚12mL、苯20mL、酒精(95%)25mL、硅酸钠(4%)15mL、0.1%吡啶10mL，用氨水或氢氧化钠把pH值控制在10.5 ~11。

配方三：30%双氧水10g、乙醚5g、苯10g、酒精10g混合，用氨水或氢氧化钠把pH值控制在10.5 ~11。

操作温度最好控制在40℃ ~45℃。每24小时换一次浸液，反复多次。

1. 光照

20 世纪 70 年代初，日本的横尾惠介通过大量的实验肯定了可见光有促进珍珠漂白的作用，指出在漂白时施以荧光灯照射可以提高珍珠漂白的效率和白度。由此，光促漂白珍珠方法迅速得到普及，装有荧光灯的漂白箱代替了日光漂白，并沿用至今。加超声波漂白珍珠效果不好；加紫外线和红外线照射都没有效果，只有可见光照射才有效果，越亮越好，但太亮会使温度升高，珍珠色泽变差。白天可在日光中进行（不要直射），早晚及夜里可用日光灯照射，日光灯必须要 20W 以上才有效。

2. 后处理

（1）漂洗。用清水加氨水作浸液。在 10L 水中，加入 10% 氨水 2 ~ 3mL，使呈弱碱性，pH 值为 7.5 ~ 8。为防止 $CO_2$ 浸入，应加盖，漂洗 24 小时。或用浓度为 2% 十二醇硫酸钠溶液洗涤，浸 10 小时，每两小时搅拌一次，可提高珍珠光泽度。最后再用清水漂洗干净。

（2）增白处理。经过漂白后的珍珠，再进行增白处理，是为了进一步提高其白度。通常采用的荧光增白剂是利用光学上的作用，增加日光下白度的一种制剂。荧光增白剂不但能反射出可见日光的红、橙、黄、绿、青、蓝、紫七种光谱，同时还可吸收日光中不可见的紫外光线，反射为一种极明亮、美丽、可见的紫蓝色荧光，能够把珍珠纤维上的黄光消除而不留痕迹，使珍珠具有明显的洁白感。用增白剂处理过的珍珠，由于可见光能比原来增大，亮度也有所提高，纤维的白度、亮度比经过一般漂白的更为艳丽而悦目。

荧光增白剂的种类很多，主要有二苯乙烯双三嗪型、二苯乙烯三唑型、二苯乙烯二氨基型等二苯乙烯系的增白剂；还有联苯胺系和唑系荧光增白剂。根据生产应用，增白剂 SBRN、增白剂 AT、增白剂 DT、增白剂 KUM 等比较合适，它们的特点是本身没有颜色，或颜色极浅，但配成溶液后具有鲜艳的蓝紫荧光，化学性质稳定。

有了适当的增白剂，为了使增白上染的效率高，必须要具备溶解增白剂的最好溶剂。一般增白剂 SBRN 可以用甲醇或乙醇溶解；增白剂 AT、增白剂 KUM 可用乙二醇或乙醚溶解。这些增白剂在相应的溶剂中有较大的溶解度，且溶解后具有鲜艳的蓝紫色，溶剂本身又有较高的渗透性，能把已溶解的增白剂渗透和扩散到珍珠内部。

两种常用的增白剂如下：

①增白剂 AT 200mg 或增白剂 KUM 250mg，加乙二醇乙醚 100mL。

②增白剂 SBRN 200mg，加乙醇 100mL 和适量渗透剂。

增白过程是将漂洗后、或用研磨机研磨后，或者超声波清洗器清洗后的珍珠，离心干燥脱水后放入抽滤器中，抽真空要 20 ~ 30 分钟；然后打开活塞，将增白液小心放入；再将珍珠与增白液一起移入广口瓶中，浸泡 12 小时，重复 2 ~ 3 次。视珍珠的白度决定增白的次数，最后取出，用绒布擦干。

3. 漂白注意事项

（1）漂白液应当天配制使用，放置过久会失效。一般使用一天后即配置新液，避免重复使用、久用。

（2）漂白液中应防止混入较重金属，如铜铁及其化合物，以免引起催化作用。

（3）早晚轻轻摇动几下去掉附在珍珠表面的气泡。双氧水分解，放出氧气，小气泡附在珍珠上，起了屏蔽作用，降低了漂白效果，为此须早晚轻轻摇动几下，去掉附在珍珠表面的气泡。

（4）漂白温度的影响。双氧水浓度不变时，温度越高，漂白越快；但温度不能太高，高了珠色泛黄，色泽近乎泥珠。温度太低、漂白时间太长也不适宜。

(5)双氧水浓度问题。温度一定，双氧水浓度提高，虽然白度稍有提高，珠色却因之泛黄，但使用浓度为1%的双氧水漂白液所需天数为使用浓度为3%的双氧水漂白液所需天数的三倍。一般浓度应控制在3%～3.5%。

(6)漂白液可能引起珍珠的腐蚀，腐蚀程度与珍珠漂白难易程度、漂浸天数有关。珍珠在漂浸过程中有损耗，严重时达0.5%～1%。理想的漂白液损耗极低。

4. 几点结果

(1)淡水珍珠比海水珍珠容易漂白，淡水珍珠中褶纹冠蚌珍珠比三角帆蚌珍珠容易漂白。

(2)打过孔的珍珠比未打孔的珍珠易于漂白。

(3)颜色浅的珍珠比颜色深的珍珠易于漂白。

(4)日光灯近距离照射可促进珍珠脱色。

## 四、珍珠的染色程序

无孔珍珠无法染色。

对于要染色的珍珠不必作漂白处理，直接进行染色处理即可。

### (一)染色预处理

1. 酸处理

漂白(不论时间长短)后，珠面都有不同程度的起皱，呈现轻微的凹凸起伏，染料附着亦高低不平，光泽稍逊，还会因日光照射、汗水浸渍、摩擦等造成褪色。在染色前用稀盐酸处理会改变上述毛病，使珠面光泽度变好，染料易渗入珍珠的内部，就不易褪色。

2. 研磨

酸处理时应按珍珠的大小轻重，增减盐酸的浓度，一般酸度应在0.1%左右。珍珠投入后，立即打开研磨机旋转(110转/分钟)5～10分钟。

3. 水浸渍

酸处理后应用弱碱性水浸渍一日一夜，让珍珠吸收水分，纠正因珍珠的干湿不同使染色浓度不一的现象。水浸24小时后，用离心机脱水后，将珍珠投入染液中。不经水浸的，珍珠可能染色不均匀，有时出现孔红现象。

4. 注意事项

(1)不要将酸液直接滴在珍珠上。

(2)珍珠在研磨机中旋转时，要注意防止其停留在死角不动，造成表面凹凸不平。

(3)漂白时间短的珍珠，盐酸的浓度可适当降低。

(4)研磨机转速不应低于100转/分钟，否则不易磨光。

(5)每次研磨的珍珠尽量大小一致，否则研磨效果不好；珍珠数量太少时，可用珠核凑数。

### (二)染色和后处理

1. 染色

用染料给珍珠染色，染液中的染料被吸附到珍珠表面。珍珠浸渍后需先经过脱水—抽真空处理，如增白过程所述，可以有助于染料随水分的平衡而迅速扩散到珍珠的内部。

染色液配制：清水60g、酒精(95%)40g，染料0.2g，吡啶(0.1%)或碘化钾(0.1%)数滴(也可同时使用)。

染色时应时常摇动珍珠，避免染色不均匀。在干燥箱中保温40℃，不应超过45℃，逐日观察，易染色的一天即上色，一般要十多天。

淡水珍珠比海水珍珠容易染色。日光对染料的固色度影响有强(日光直射几百小时不褪色)，有弱(日光直射几十分钟就褪色)，尚未发现不褪色的染料。

2. 后处理(水洗、抛光)

取出染色后的珍珠，在空气中干燥，用水洗净表面附着的染料。用硅藻土加少量稀盐酸制成泥糊，擦拭珍珠表面，在抛光机中抛光。或用核桃壳屑溶石蜡，投入珍珠，旋转抛光1～2小时，转速控制在60～80转/分钟。抛光后色彩更加绚丽动人。

抛光机由一个小电动机带动抛光容器，容器成圆柱形或腰鼓形，让转轴与地面成45°更好。转速要适当，太慢珍珠在抛光斗内转不起来，太快会使珍珠紧贴容器壁旋转，起不到抛光作用。

有机玻璃具有优异的光学性能，透光率比普通无机玻璃高10%以上。从部分红外线到大部分紫外线均可透过。对光线吸收率极小，运用它对光线全反射的临界角的特性，可作光线的全反射，适于代替油蜡作珍珠抛光。有机玻璃易溶于有机溶剂(如苯、三氯甲烷、二氯乙烷、四氯乙烷、甲酸、丙酮)之中，制成适当浓度的稀液，将珍珠或染色珍珠沾一下溶液，立即取出，珍珠表面即粘附一薄层有机玻璃，保护颜色、增加色泽。

其他方法如激光、放射性照射等都可以改变珍珠颜色。我们有几次用钴－60照射后，白色珍珠变成暗灰色，甚至黑色，颜色、光泽都不好看。

## 第二节 珍珠药用古今加工方法的比较研究

药用珍珠的处理是为了解决人体的服用和吸收问题。珍珠一定要研磨成细粉，不细则伤人脏腑。珍珠磨细后便于胃酸分解吸收，研磨还能使珍珠的角壳蛋白变性，有利人体吸收。除研磨成细粉以外，珍珠尚须作其他处理。

### 一、珍珠的古代处理方法回顾

(1)中药材和牡蛎水煮处理法。《本草纲目》载：凡用(珍珠)以新净者绢袋盛之，置牡蛎约重四五斤已来于平底铛中，以物四向支稳，然后着珠于上。乃下地榆、五花皮、五方草各(锉)四两，笼住，以浆水不住火煮三日夜。取出，用甘草汤淘净，于臼中捣细重筛，更研二万下，方可服食。

(2)乳浸煮处理法。时珍曰：凡入药不用首饰及见尸气者。以人乳浸三日，煮过如上捣碎。

(3)豆腐煮处理法。时珍曰：珍珠以绢袋盛，入豆腐腹中，煮一炷香，云不伤珠子……《中药大辞典》载：取珍珠洗净，用布包好，加豆腐与水煮约2小时，取出，洗净捣碎，加水少许，研成极细粉末，干燥即成。

(4)食盐煮处理法。石决明(内层全是珍珠层)的处理。时珍曰：今方家只以食盐同东流水煮一伏时(24小时)，研磨水飞用。

(5)醋浸及中药煮处理法。目生顽翳。珍珠一两，地榆二两，水二大碗煮干，取珍珠以醋浸5天，热水淘去醋气研细末用。每点少许，以愈为度。《圣惠方》也类似。

(6)酒服。时珍曰：妇人难产，珍珠粉一两，酒服，立出。

可见珍珠的处理可归结为先经上述某种处理，然后洗净烘干，磨成细粉，干燥而成。其中的中药煮处理法主要影响药效而对珍珠的碳酸钙结构影响可能不大，有待中医工作者进行探讨，我们只探讨其中几种处理方法。

### 二、珍珠的现代处理方法

(一)珍珠的干磨处理

(1)机械切削粉碎。可将珍珠粉碎成360目细粉，这是现在最普遍采用的方法，工作简便、效率高，但要粉碎得更细也不容易。

(2)球磨机研磨。可将珍珠磨成360目细粉，研磨时由于所含有机质使得珍珠粉粘在研磨球上，无法磨细，须加油酸润滑才行。但因含油酸珍珠粉在空气中久置会产生“酸败”，而珍珠粉中的有机质更使酸败加剧。它还产生具中等毒性的油酸钙，不宜使用。

(二)珍珠的水磨处理

水磨古代称水飞，即将珍珠加水研磨成400目细粉。水磨机械古代用花岗岩石磨，硬度不高，研磨效率又低。珍珠还得采用上述的豆腐煮或盐煮等作预处理使它变得松脆易磨、人体易吸收。现在的机械粉碎能力大为提高，珍珠不经上述预处理也能被磨成细粉。因此对珍珠的预处理几乎被淘汰了。

珍珠经水磨后它的有机质小部分暴露与水发生作用易变质。经上述预处理后更严重，特别是夏秋季天气炎热更易变质，这是个大问题。

## 第三节　珍珠和珍珠层粉的溶解研究

### 一、补钙问题

缺钙已成为世界性流行病，并引起诸多疾病。人群中最需要补充钙元素的是儿童、孕妇和乳母以及老年人。我国已进入老龄社会，对优良的人体钙补充剂需求巨大。

碳酸钙类产品是基本补钙剂，目前保健钙制剂有三分之一以上为碳酸钙类产品。碳酸钙方解石在10万克水中只能溶解0.62克，人体虽然通过胃酸溶解可以吸收一点，但数量很少。我们在暨南大学医学院用珍珠层粉作小白鼠急性毒性试验，小白鼠体重为20g±2g，公母数量各半，进行小白鼠口服$LD_{50}$(半数致死量)试验证实其无毒，但吸收很差。由于服用碳酸钙会引起嗝气、便秘，胃酸缺乏者服用时会引起不适，因此，其用量逐渐减少，将逐渐被目前新兴的有机酸钙所替代。

曾经风靡全国的“活性钙”“牡蛎冲剂”“高效钙”，就是将牡蛎壳煅烧成石灰。它在100L水中才溶解钙离子64.9g，太少，pH却值达到14，对人体食道肠胃黏膜腐蚀很大，尤其对儿童损伤更严重。

“易溶性含钙滋补颗粒”，是向活性钙中添加一些有机酸以及麦芽糖、糖精、糊精等制成颗粒状，这样将增进活性钙的可溶性，中和其碱性，并改善口感。

“龙牡壮骨冲剂”是由龙骨、龟板、黄芪、牡蛎、白术等中药加工而成的冲剂。后来，生产该冲剂的厂家又在此基础上推出“龙母壮骨颗粒”，增加了党参、茯苓、麦冬、大枣、鸡内金、甘草和西药葡萄糖酸钙、乳酸钙、维生素$D_2$。其中作为广告重点的“龙骨”是古代哺乳动物如象类、犀牛类、三趾马等的骨骼化石，主要成分是碳酸钙、磷酸钙，亦含铁、钾、钠、氯、硫酸根等。所以，“龙牡壮骨冲剂”和“龙母壮骨颗粒”的补钙作用等同于牡蛎壳石灰、活性钙和骨粉，甚至更糟糕，因为化石杂质更多，无法去除。添加的其余中药的疗效与补钙无关。至于添加西药葡萄糖酸钙、乳酸钙、维生素 $D_2$ 等，那倒不如直接服用它们更好。

以上技术都是根据日本 1959 年和 1963 年的公开特许公报制造的，都该淘汰了。

我们现在将机械粉碎法和古代的乳浸煮、豆腐煮、盐煮和醋浸等处理方法结合起来，进一步加以发展和完善。我们认为补钙剂需要满足以下条件：①新形成的钙合剂在水中有一定溶解度便于人体吸收；②毒性适当（在小白鼠腹腔注射一定量会形成高血钙死亡，如无毒性则钙被吸收很少，没用）；③口感适当；④价廉易得。

## 二、盐溶解法

受古人启发，我们将珍珠置于一些盐类溶液中煮沸 2 小时，然后取出洗净烘干，粉碎成 360 目粉末即为成品。

综合做过的试验，可见下述盐类均可用来煮珍珠，如氯化镁、氯化钠、氯化钙、乳酸钙、柠檬酸三钙、柠檬酸钠等。其他盐类只要满足上述条件均可采用。但盐煮法反应太慢，远不如酸溶解法直接迅速。

## 三、酸溶解法——无机钙和有机钙

将珍珠层粉用适当的酸溶解，使珍珠的碳酸钙变成可溶性钙盐，人体吸收率便大大提高；同时，可使珍珠的有机质完全脱离碳酸钙的包围。溶解酸可采用无机酸的盐酸或有机酸的葡萄糖酸、柠檬酸、苹果酸、醋酸或乳酸等。但要注意：反应形成的无机钙盐或有机钙盐应对人体有益，且毒性适当，毒性太大损伤人体，无毒则对人体起不到补钙作用，并且要考虑此钙盐在水中的溶解度，这关系人体吸收问题。

溶解后的珍珠液经中和、除渣后，浓缩干燥、研磨成粉末，这就是珍珠液或可溶性珍珠（粉）。它们所含的大分子角壳蛋白人体仍然不易吸收，且易偏析不匀。

酸溶解法是对古代处理珍珠的乳浸煮法和醋浸法的继承和发展，它与盐溶解法的结果一致，但更进一步，因而更有效。

（一）钙原料来源

（1）大理石是由碳酸钙方解石结构、石灰石、蛇纹石和白云石组成的，以碳酸钙为主，占 50% 以上。大理石杂质太多，还可能含重金属和放射性物质，不可用。

（2）水垢。主要由碳酸钙的霰石结构组成，太脏，杂质多，还可能含重金属，不可用。

（3）蛋壳。主要由碳酸钙的方解石结构组成，食品厂有大量蛋壳，但残余的蛋黄蛋清容易发臭变质，不好用；自己处理的可以使用。

（4）珍珠层粉。它与最珍贵的“海水米粒珠”成分基本一致，而且价廉易得。但淡水的珍珠蚌壳污染较多，具药效的有机质较少，最好采用海水的马氏珍珠贝壳和珠母贝壳生产的珍珠层粉。以下我们采用的都是马氏珍珠贝壳珍珠层粉，不再注明。

（二）无机钙和有机钙补钙剂

1. 无机钙

用盐酸（HCl）溶解碳酸钙成氯化钙，在 25℃时于水中的饱和溶解度为 83g/100mL。盐酸是无机强酸，人体胃分泌的酸就是盐酸，它在水中全部离解，可以选用它。

盐酸溶解珍珠层粉

$2HCl + CaCO_3 \longrightarrow CaCl_2 + H_2O + CO_2\uparrow$

72.922　100.089　110.99

为保证溶解完全，盐酸还有挥发损耗，今增加用量10%。以下用别的酸溶解也如此。

以下我们一律采用电解海水的食品级盐酸，浓度为31%。珍珠层粉约含92%的碳酸钙。

$M$表示重量，下以同此。

$$M_{HCl} = M_{CaCO_3} \times (72.922 \div 100.089) \times 1.1 = M_{CaCO_3} \times 0.8014 \quad (6-1)$$

$$M_{CaCO_3} = M_{层粉} \times 0.92,\ M_{HCl} = M_{层粉} \times 0.92 \times 0.8014 = M_{层粉} \times 0.7373 \quad (6-2)$$

$$M_{盐酸31\%} = M_{HCl} \div 0.31 = M_{层粉} \times 0.7373 \div 0.31 = M_{层粉} \times 2.3784 \quad (6-3)$$

换算成体积为：

$$V_{盐酸31\%} = M_{盐酸31\%} \div d = M_{层粉} \times 2.3784 \div d = M_{层粉} \times 2.3784 \div 1.1543 = M_{层粉} \times 2.0605 \quad (6-4)$$

式中的单位：$M_{珍珠粉}$(g)、$V_{盐酸31\%}$(mL)；或$M_{层粉}$(kg)、$V_{盐酸31\%}$(L)。

上述公式适合珍珠粉和珍珠层粉。盐酸浓度为31%的密度$d$为1.1543。

溶解200g珍珠层粉，根据公式(6-3)：$M_{盐酸31\%} = 2.3784 \times 200 = 475.68$(g)，

根据公式(6-4)：$V_{盐酸31\%} = 2.0605 \times 200 = 412.1$(mL)。

产生$CaCl_2$：$M_{CaCl_2} = (110.99 \div 100.089) \times M_{CaCO_3} = (110.99 \div 100.089) \times 200 \times 0.92 = 204.04$(g)。

将200g珍珠层粉置入5000mL烧杯中，注入其重量80%的过滤水160mL，调匀成糊状。分多次缓慢加入31%的盐酸液412.1mL。先加入少量，不断搅拌，等二氧化碳气泡大致消除后再加盐酸液。注意防止泡沫溢出，如果泡沫将近溢出时，必须加紧搅拌泡沫，使泡沫快速消散，注意别搅拌到底部，防止产生更多泡沫。溶解后的珍珠层粉液近600mL，含氯化钙204.04g。用少量过滤水将烧杯边沿黏附物洗到烧杯中。在盐酸用了近80%就开始测试pH值，在pH值达到6.4~6.6时停止加盐酸，如果加完盐酸发现有白色珍珠层粉沉淀，则说明盐酸用量不够，需要增加。盐酸挥发性很强，久置需增加用量。

过滤、浓缩，采用喷雾干燥器喷雾干燥，可得溶钙粉末——氯化钙，用于防潮包装。

珍珠层粉必须先用水调匀成糊状再溶解，因为干粉会漂浮起来，造成浪费。

氯化钙有强吸潮性，味涩。我们还用磷酸将其制成磷酸钙，但它紧紧黏附在容器壁，很难处理，而且味道发苦。这两种都是无机钙，生物利用率不如有机钙高。

2. 有机钙

下面我们选几种有机酸钙盐作补钙剂，用相应的有机酸和珍珠层粉制成珍珠质有机钙，如柠檬酸钙[$Ca_3(C_6H_5O_7)_2$]、柠檬酸氢钙[$CaH(C_6H_5O_7)_2$]、葡萄糖酸钙[$Ca(C_6H_{11}O_7)_2$]、乳酸钙[$Ca(C_3H_5O_3)_2$]和乙酸钙[$Ca(C_2H_3O_2)_2$]等。工艺如下。

(1)柠檬酸钙。用柠檬酸($C_6H_8O_7$)溶解碳酸钙而成。柠檬酸电离常数$K\alpha_1 = 7.4 \times 10^{-4}$，$K\alpha_2 = 1.7 \times 10^{-5}$，$K\alpha_3 = 4.0 \times 10^{-7}$。柠檬酸是三元弱酸，为保证溶解完全，要求达到pH值为偏酸的5左右，故需增加柠檬酸用量10%，并且要加温。其他有机酸也类似。市售一水柠檬酸纯度为98%，含杂质2%。按分子式一水柠檬酸含柠檬酸91.43%，含结晶水8.57%。所以市售一水柠檬酸含柠檬酸89.6%，含结晶水8.4%，杂质2%，称为柠檬酸晶。

$2C_6H_8O_7 + 3CaCO_3 \longrightarrow Ca_3(C_6H_5O_7)_2\downarrow + 3H_2O + 3CO_2\uparrow$

384.251　300.267　498.443

$M_{柠檬酸}=(384.251\div300.267)\times1.1\times M_{CaCO_3}=M_{CaCO_3}\times1.4077$　　(6-5)

$M_{柠檬酸}=M_{CaCO_3}\times1.4077=M_{层粉}\times0.92\times1.4077=M_{层粉}\times1.2951$，珍珠层粉含碳酸钙92%。

溶解200g珍珠层粉：$M_{柠檬酸}=M_{层粉}\times1.2951=200\times1.2951=259.02(g)$，$M_{柠檬酸晶}=M_{柠檬酸}\div0.896=289.08(g)$。

产生柠檬酸钙：$M_{柠檬酸钙}=(498.443\div300.267)\times M_{CaCO_3}=(498.443\div300.267)\times M_{层粉}\times0.92=M_{层粉}\times1.5272=200\times1.5272=305.44(g)$。

将200g珍珠层粉置入5000mL烧杯中，加入其重量80%的过滤水，调成糊状。

如将柠檬酸液加入珍珠层粉糊反应，会产生难溶的柠檬酸钙沉淀遮盖珍珠层粉，影响反应。现在倒过来，将珍珠层粉糊注入柠檬酸液，反应后就搅拌扩散开来，有利于反应顺利进行。

由于柠檬酸是固体，柠檬酸钙溶解度低，黏稠性大，流动性差，需要多加水才能顺利反应。今在5000mL烧杯中注入珍珠层粉重量3倍的过滤水600mL，加热烧开，停火；将289.08g柠檬酸晶倒入，搅拌溶解。另将上述珍珠层粉糊，分多次一勺一勺加入，不断搅拌，等二氧化碳气泡大致消除后再加。最后用过滤水将烧杯边沿黏附物洗到烧杯中。反应很慢，需要加热至80℃左右。因为反应后期产生较多柠檬酸钙沉淀，沸腾会使柠檬酸钙液飞溅损伤人和烧杯，需要不停搅拌，以免沉淀爆烧杯。注意观察二氧化碳发生情况。反应需要好几个小时，甚至到次日，pH值达到7~8为止。将溶液的漂浮物捞掉、抽滤去水，在70℃下烘干粉碎成细粉，密封。

柠檬酸钙中如含有少量未反应的珍珠层粉，仍可作为补钙剂。如加多一些柠檬酸可使一些柠檬酸钙形成柠檬酸氢钙，也是很好的补钙剂；柠檬酸钙饱和溶解度随温度上升而下降，在25℃时饱和溶解度是0.0825g/100mL，原来方解石饱和溶解度是0.00062g/100mL，相比扩大了133倍，很容易被胃和小肠末梢吸收，不会产生二氧化碳使胃胀气和产生便秘等副作用。

为了解产品反应情况，可将溶液加热溶解，趁热过滤，观察未反应的珍珠层粉情况，如果反应不全，可适当增加柠檬酸和水的用量。

(2)柠檬酸氢钙。用更大量的柠檬酸溶解碳酸钙而成，在25℃时于水中的饱和溶解度为0.706g/100mL，比柠檬酸钙的溶解度提高了8.56倍，更好吸收。为保证反应完全，仍增加用量10%。

$$C_6H_8O_7+CaCO_3\longrightarrow CaH(C_6H_5O_7)+H_2O+CO_2\uparrow$$

192.125　100.089　　419.291

$M_{柠檬酸}=(192.125\div100.089)\times1.1\times M_{CaCO_3}=(192.125\div100.089)\times1.1\times M_{层粉}\times0.92=1.9426\times M_{层粉}=1.9426\times200=388.52g$，$M_{柠檬酸晶}=M_{柠檬酸}\div0.896=433.62(g)$，

产生柠檬酸氢钙：$M_{柠檬酸氢钙}=(419.291\div100.089)\times M_{CaCO_3}=(419.291\div100.089)\times M_{层粉}\times0.92=M_{层粉}\times3.854=200\times3.854=770.80(g)$

将200g珍珠层粉置入5000mL烧杯中，同上处理方法，抽滤去水，在70℃下烘干粉碎成细粉，密封。

(3)葡萄糖酸钙。用葡萄糖酸酸($C_6H_{12}O_7$)溶解碳酸钙而成，在20℃时于水中的饱和溶解度为4.012g/100mL。葡萄糖酸是单元酸，电离常数$K\alpha=2.4\times10^{-4}$，比柠檬酸的一元酸弱，比二元酸、三元酸强。

$2C_6H_{12}O_7 + CaCO_3 \longrightarrow Ca(C_6H_{11}O_7)_2 + H_2O + CO_2\uparrow$

392.32　　100.089　　430.384

为保证溶解完全，pH 值要求达到 7 ~ 8，仍增加葡萄糖酸用量 10%。采用食品级葡萄糖酸，浓度为 50%，称葡萄糖酸液。

$M_{葡萄糖酸} = (392.32 \div 100.089) \times 1.1 \times M_{CaCO_3} = (392.32 \div 100.089) \times 1.1 \times M_{层粉} \times 0.92 = M_{层粉} \times 3.9667 = 200 \times 3.9667 = 793.34(g)$，$M_{葡萄糖酸液} = M_{葡萄糖酸} \div 0.5 = 1586.68(g)$。

产生葡萄糖酸钙：$M_{葡萄糖酸钙} = (430.384 \div 100.089) \times M_{CaCO_3} = (430.384 \div 100.089) \times M_{层粉} \times 0.92 = M_{层粉} \times 3.956 = 200 \times 3.956 = 791.20(g)$。

先将 200g 珍珠层粉置入 5000mL 烧杯中，加其重量 80% 的滤水 160mL，调匀成糊状。

将 50% 食品级葡萄糖酸液 1586.68g 置入 5000mL 烧杯中，将珍珠层粉糊分多次注入，不断搅拌，每次等二氧化碳气泡大致消除再加。如果加完葡萄糖酸液还出现气泡反应，则说明葡萄糖酸液用量不够，需要增加。反应很缓慢，必要时可加热，需要好几个小时，pH 值达到6.4 ~ 6.6 为止。将溶液的漂浮物捞掉、抽滤去水，在 70℃ 下烘干粉碎成细粉，密封。

(4)乳酸钙。用乳酸($C_3H_6O_3$)溶解碳酸钙而成，在 25℃ 时于水中的饱和溶解度为 4.539g/100mL。乳酸是单元酸，电离常数 $K\alpha = 1.4 \times 10^{-4}$，比葡萄糖酸稍弱，比柠檬酸的二元酸、三元酸强。

$2C_3H_6O_3 + CaCO_3 \longrightarrow Ca(C_3H_5O_3)_2 + H_2O + CO_2\uparrow$

180.16　　100.089　　218.22

为保证溶解完全，pH 值要求达到 7 ~ 8，仍增加乳酸用量 10%。采用浓度为 80% 的食品级乳酸，称乳酸液。

$M_{乳酸} = (180.16 \div 100.089) \times 1.1 \times M_{CaCO_3} = (180.16 \div 100.089) \times 1.1 \times M_{层粉} \times 0.92 = 1.8216 \times M_{层粉} = 1.8216 \times 200 = 364.32(g)$，$M_{乳酸液} = M_{乳酸} \div 0.8 = 455.40(g)$。

产生乳酸钙：$M_{乳酸钙} = (218.22 \div 100.089) \times M_{CaCO_3} = (218.22 \div 100.089) \times M_{层粉} \times 0.92 = M_{层粉} \times 2.0058 = 200 \times 2.0058 = 401.16(g)$。

先将 200g 珍珠层粉置入 5000mL 烧杯中，加其重量 80% 的过滤水 160mL，调匀成糊状。

将食品级浓度为 80% 的乳酸液 455.40g 置入 5000mL 烧杯中，加乳酸重量 25% 的水 114g，搅匀，将珍珠层粉糊分多次注入，不断搅拌，每次等二氧化碳气泡大致消除后再加。如果加完乳酸还出现气泡，则说明乳酸用量不够，需要增加。反应很缓慢，必要时可加热，需要好几个小时，pH 值达到 7 ~ 8 为止。将溶液的漂浮物捞掉、抽滤去水，在 70℃ 下烘干粉碎成细粉，密封。

(5)醋(乙)酸钙。用醋酸($CH_3COOH$)溶解碳酸钙而成。醋酸，电离常数 $K\alpha = 1.75 \times 10^{-5}$，比乳酸更弱，但比柠檬酸的三元酸强。食品级醋酸浓度 99%，为保证溶解完全，pH 值要求达到 7 ~ 8，仍增加 10% 的醋酸用量。用珍珠层粉 2.25kg，加其重量 80% 的过滤水 1.8kg，调成糊状。

$2CH_3COOH + CaCO_3 \longrightarrow Ca(CH_3COO)_2 + H_2O + CO_2\uparrow$

120.14　　100.089　　158.169　　18.015

$M_{醋酸} = (120.14 \div 100.089) \times 1.1 \times M_{层粉} \times 0.92 = M_{层粉} \times 1.2147$,

溶解 2.25kg 珍珠层粉：$M_{醋酸} = M_{层粉} \times 1.2147 = 2.25 \times 1.2147 = 2.7331kg$，$M_{醋酸液} = M_{醋酸} \div 0.99 = 2.7607(kg)$。

$M_{生成水} = (18.015 \div 100.089) \times M_{层粉} \times 0.92 = M_{层粉} \times 0.1656$,

产生醋酸钙：$M_{醋酸钙}=(158.169\div100.089)\times M_{CaCO_3}=(158.169\div100.089)\times M_{层粉}\times0.92=M_{层粉}\times1.4539=2.25\times1.4539=3.2713(kg)$。

醋酸钙在25℃时于水中的饱和溶解度为34g/100mL，溶解醋酸钙34g需要水66g(100g－34g)才能全溶解，即每克醋酸钙需要1.9412g(66÷34)水才能溶解。现在溶解醋酸钙需要总水：$M_{总水}=1.9412\times M_{醋酸钙}=1.9412\times1.4539\times M_{层粉}=2.8223\times M_{层粉}$，才能全部溶解，以免产生醋酸钙沉淀被滤掉。现在溶解醋酸钙，需要的总水：$M_{总水}=M_{需加水}+M_{生成水}$，

$M_{需加水}=M_{总水}-M_{生成水}=M_{层粉}\times2.8223-M_{层粉}\times0.1656=M_{层粉}\times2.6567$，

为保证在任何温度下不沉淀，选实际加水：$M_{实加水}=M_{层粉}\times3.2>M_{需加水}=M_{层粉}\times2.6567$。

99%醋酸太浓容易挥发消耗，改配成40%的醋酸液。$100\%\times M_{醋酸100\%}=99\%\times M_{醋酸99\%}=40\%\times M_{醋酸40\%}$，

$\therefore M_{醋酸40\%}=M_{醋酸99\%}\times99\%\div40\%=2.7607\times99\%\div40\%=6.8327(kg)$，

稀释醋酸需加水4.072kg(6.8327g－2.7607g)。珍珠层粉中已加水1.8kg，以上总共已加水5.872kg。

$M_{最后加水}=M_{实加水}-5.872=3.2\times2.25-5.872=1.328(kg)$，这是最后需要再加的水。

将珍珠层粉糊缓慢加入6.8327kg 40%的醋酸液，不断搅拌。如果加完珍珠层粉糊后二氧化碳气泡不多，用过滤水清洗边上附的珍珠层粉后并入溶液，盖上顶盖。不时搅拌，置至次日，pH值达到7～8为止。醋酸比乳酸酸性更弱，反应更慢，需时更久。反应完加过滤水0.878kg，搅拌、溶解，然后过滤去渣，抽滤去水，烘干，粉碎成细粉，密封。由于醋酸钙吸潮，必须进行防潮包装。注意醋酸加热会挥发损耗。

我们初次试用自磨珍珠层粉只有100目，太粗，影响反应，竟然用了4kg醋酸，超量45%，后来用360目的珍珠层粉，就好多了，但仍有些剩余珍珠层粉，需要增加用酸量。我们也直接用99%冰醋酸反应获得成功，但好像会多挥发掉一些醋酸。

醋酸酸性较弱，反应慢，时间长；醋酸具挥发性，反应产生的大量二氧化碳会夹带走未反应的醋酸；加热会加速它挥发，因此生产效率不高。

如果中和完溶液比较纯净，有少量泡沫也很容易清除，就无须加水使醋酸钙完全溶解，也就不必过滤，直接抽滤去水，烘干，粉碎成细粉，密封。

注意观察未反应珍珠层粉的情况，以求改进。

(6)丙酸钙。用丙酸($CH_3CH_2COOH$)溶解碳酸钙而成。丙酸电离常数$K\alpha=1.34\times10^{-5}$，比乙酸稍弱。丙酸浓度99%，$\rho=0.99g/mL$，为保证溶解完全，pH值要求达到7，故增加10%的丙酸用量。用珍珠层粉2kg，加其重量80%的过滤水1.6kg，调成糊状。

$$2CH_3CH_2COOH+CaCO_3\longrightarrow Ca(C_2H_5COO)_2+H_2O+CO_2\uparrow$$

148.16　　　100.089　　186.223　　　18.015

$M_{丙酸}=(148.16\div100.089)\times1.1\times M_{CaCO_3}=(148.16\div100.089)\times1.1\times M_{层粉}\times0.92=M_{层粉}\times1.498$，

溶解2kg珍珠层粉：$M_{丙酸}=2\times1.498=2.996(kg)$，$M_{丙酸液}=M_{丙酸}\div0.99=3.0263(kg)$

$M_{生成水}=(18.015\div100.089)\times M_{层粉}\times0.92=M_{层粉}\times0.1656$，

产生丙酸钙：$M_{丙酸钙}=(186.223\div100.089)\times M_{CaCO_3}=(186.223\div100.089)\times M_{层粉}\times0.92=M_{层粉}\times1.7117=2\times1.7117=3.4234(kg)$。

丙酸钙是人体代谢的中间产物。在25℃时于水中的饱和溶解度为28.3g/100mL，溶解

丙酸钙28.3g需要溶剂71.7g(100g－28.3g)水才能全溶解，即每克丙酸钙需要2.5336g(71.7÷28.3)水才能溶解。现在溶解丙酸钙需要总水：

$M_{总水}=2.5336\times M_{丙酸钙}=2.5336\times 1.7117\times M_{层粉}=4.3368\times M_{层粉}$，才能全部溶解，以免产生丙酸钙沉淀被滤掉。现在溶解丙酸钙$M_{醋酸钙}$，需要的总水：$M_{总水}=M_{需加水}+M_{生成水}$，

$M_{需加水}=M_{总水}-M_{生成水}=4.3368\times M_{层粉}-0.1656\times M_{层粉}=4.1712\times M_{层粉}$，

为保证在任何温度下不沉淀，选实际加水增多20%，$M_{实加水}=5\times M_{层粉}>M_{需加水}=4.1712\times M_{层粉}$。

99%丙酸太浓容易挥发消耗，改配成40%的丙酸液。$99\%\times M_{丙酸99\%}=40\%\times M_{丙酸40\%}$，

$\therefore M_{丙酸40\%}=M_{丙酸99\%}\times 99\%\div 40\%=3.0263\times 99\%\div 40\%=7.4901(kg)$，这里需加水4.4638kg(7.4901kg－3.0263kg)。在珍珠层粉中已加水1.6kg，总共已加水6.0638kg。

$M_{最后加水}=M_{实加水}-6.0638=5\times M_{层粉}-6.0638=5\times 2-6.0638=3.936(kg)$，这是最后需要再加的水。

将珍珠层粉糊缓慢加入7.4901kg 40%的丙酸液，不断搅拌。如果加完珍珠层粉糊后二氧化碳气泡不多，用过滤水清洗边上附的珍珠层粉后并入溶液，盖上顶盖。不时搅拌，置至次日，pH值达到7～8为止。丙酸比醋酸更弱，反应更慢，需时更久。反应完加过滤水3.936kg，搅拌、溶解，然后过滤去渣，浓缩、干燥，粉碎成细粉。由于丙酸钙有点吸潮，必须进行防潮包装。注意丙酸加热会挥发损耗。

丙酸酸性太弱，反应慢，时间长；丙酸具挥发性，产生的大量二氧化碳会夹带走未反应的丙酸，加热会使它加速挥发。因此，生产效率低，成本高。

如果中和完溶液比较纯净，有少量泡沫也很容易清除，就无须加水使醋酸钙完全溶解，也就不必过滤，直接干燥，粉碎成细粉。

为改善口感所有以上钙盐可用食品级盐酸将pH值调至5左右。

3. 毒理试验

(1)在暨南大学医学院陈延西教授的指导下我们做氯化钙小白鼠急性毒性试验，小白鼠体重为20g±2g，公母数量各半，进行口服和腹腔注射，口服半数致死量$LD_{50}=1.61g/kg$，腹腔注射半数致死量$LD_{50}=258.85mg/kg$。小白鼠死后解剖发现致死原因是心脏强烈收缩，呈高血钙症状。可见所制成的可溶性钙被小白鼠吸收得相当好，毒性与有关毒理书籍所载基本一致。

(2)在武汉同济医科大学用珍珠层粉($CaCO_3$)、乳酸钙[$Ca(C_3H_5O_3)_2$]、醋酸钙[$Ca(C_2H_3O_2)_2$]和丙酸钙[$Ca(C_3H_5O_2)_2$]等的混合剂作小白鼠急性毒性试验和30天喂养试验，选用的小白鼠体重为20g±2g，公母数量各半，进行口服30天喂养，结果与有关毒理书籍所载基本一致。

4. 讨论

(1)柠檬酸钙。最新一代口服钙营养补充剂，在国内外已被广泛应用于医药和食品。美国《临床医生案头手册》(1993年版)推荐使用柠檬酸钙作为临床常用补钙剂；《美国食品添加剂标准》(1996年版)及《日本食品添加物公定书》(1992年，第六版)也收载了该品种。1997年中国卫生部批准柠檬酸钙(枸橼酸钙)为保健食品，1998年柠檬酸钙在中国被批准为国家级新药：

①柠檬酸水解后用石灰中和产生的柠檬酸钙，溶解度很低，容易过滤分离。柠檬酸钙在胃肠的酸性条件和胃肠电场作用下形成柠檬酸四氢钙，饱和溶解度为4.88g/100mL，比柠檬

酸钙扩大了59倍，容易被吸收。

②柠檬酸钙理论含钙值为24.12%，是葡萄糖酸钙理论含钙值9.31%的2倍多。

③抑制肾结石的发生，这是柠檬酸钙的另一个重要特点。

(2)醋酸钙。自1990年以药品、食品添加剂、保健食品投放市场以来，在治疗方面取得十分可喜的成果。

①醋酸钙理论含钙值高达25.34%，产品在水和胃液中溶解性能强。

②醋酸钙在25℃时于水中的饱和溶解度为34g/100mL，非常大，补钙作用见效快。

③醋酸钙的水溶液呈中性(pH值为6.5~9)，服用后胃、肠道无不适感。

④在体内分解的醋酸根(HAC)是人体新陈代谢的成分。

⑤广东民间产妇坐月子吃的姜醋猪蹄蛋是很好的补钙剂。食醋既可溶解猪蹄骨的碳酸钙，也可溶解蛋壳的碳酸钙，使其成为可溶性的醋酸钙，便于人体吸收。

一锅汤里如果含醋酸钙0.79g，那含钙量就是0.79g×25.34%＝200mg，够两人每人每天100mg的补钙量。

注意：所加的食用醋不要过量，骨头汤要熬到酸味不大，以免腐蚀牙齿；需要根据食用醋的含酸量适当调整用量。

(3)葡萄糖酸钙、乳酸钙和丙酸钙都是常用的补钙剂。

**常见钙盐的饱和溶解度、毒性和人体日允许摄入量**(据有关资料，1998、2013)

| 钙盐名称 | 饱和溶解度(g/100mL，25℃) | 毒性试验 | FAO/WHO评定人体日允许摄入量(mg/kg) | 备注 |
|---|---|---|---|---|
| 碳酸钙方解石 | 0.00062 | 大鼠口服 $LD_{50}$ > 21.5g/kg，无毒 | 不受限制 | 补钙剂 |
| 钙 | 0.12 | 大鼠口服 $LD_{50}$：7.34g/kg | 不受限制 | |
| 苹果酸钙 | 0.80 | 低毒 | 不受限制 | 苹果酸不得作儿童食品 |
| 乳酸钙 | 4.539 | 家兔口服耐受量：每双兔15g | 不受限制 | 乳酸不得作儿童食品 |
| 柠檬酸钙 | 0.0825 | 家兔口服耐受量：每双兔15g | 不受限制 | $4H_2O$，补钙剂 |
| 柠檬酸氢钙 | 0.706 | | 不受限制 | $3H_2O$，补钙剂 |
| 柠檬酸4氢钙 | 4.876 | | 不受限制 | 补钙 |
| 葡萄糖酸钙 | 4.012 | 小鼠口服 $LD_{50}$：10g/kg | 用于注射比氯化钙安全 | 补钙，吸收效果比无机钙好 |
| 磷酸钙 | 0.002 | 低毒 | 0~70mg/kg(以磷量计) | 补钙，补磷 |
| 磷酸氢钙 | 微溶 | 大鼠口服 $LD_{50}$：4g/kg | 0~70(以磷量计) | $2H_2O$，补钙，补磷 |

（续上表）

| 钙盐名称 | 饱和溶解度（g/100mL，25℃） | 毒性试验 | FAO/WHO 评定人体日允许摄入量（mg/kg） | 备注 |
| --- | --- | --- | --- | --- |
| 氯化钙 | 83 | 小鼠口服 $LD_{50}$：1.94g/kg | 不受限制 | 补钙，口服对肠胃道有刺激 |
| 硫酸钙（石膏） | 0.21 | 几乎无毒 | 不受限制 | 营养增补剂（钙质强化） |
| 硝酸钙 | 138 | 大鼠口服 $LD_{50}$：3.9g/kg，低毒 | 不受限制 | $4H_2O$，易燃，易爆，对皮肤和黏膜有刺激灼烧 |
| 甲酸钙 | 16.725 | 大鼠口服 $LD_{50}$：2.65g/kg；小鼠口服 $LD_{50}$：1.92 g/kg | 不作特殊规定，EEC 各国准用，唯英国不准用 | 利尿，防腐，甲酸有刺激气味，有腐蚀性 |
| 醋（乙）酸钙 | 34 | 大鼠口服 $LD_{50}$：5.6g/kg，无毒 | 不作限制性规定 | 补钙，食品添加剂，结晶水 |
| 丙酸钙 | 28.3 | 大鼠口服 $LD_{50}$：5.9g/kg，无毒 | 不作限制性规定 | 防霉剂，保存剂，结晶水 |
| 酒石酸钙 | 0.38 | 经动物试验未见异常变化 |  | 生产葡萄罐头，刺激性强 |
| 维 C 钙 | 可溶 |  | 不作特殊规定 | 抗氧化剂，营养增补剂 |
| 溴化钙 | 160.5 | 大鼠口服 $LD_{50}$：4.1g/kg |  | 镇静剂，味咸而苦 |
| 碘化钙 | 216.15 | 大鼠口服 $LD_{50}$：14g/kg | 食盐已加碘，不要再用 | 感光乳化剂，加碘盐，味苦 |

从表中可筛选出一些合用的钙化合物，再作亚急性和慢性毒性试验，然后进行临床试验，以便推出新一代补钙剂。

## 第四节　珍珠和珍珠层粉的酸水解研究

珍珠和珍珠层粉磨成细粉后虽然好吸收一点，但蛋白质颗粒直径在 0.001 ~ 0.01μm，远比珍珠粉颗粒直径 42μm 小得多，蛋白质颗粒还是被珍珠粉粒包围，不易被人体吸收。溶解之后，角壳蛋白依然是大分子，人体吸收还是不太好。如进一步将它用酸水解，就可将大分子的角壳蛋白中各氨基酸之间的肽键破坏掉，获得各种组分的小分子氨基酸，人体可不经消化而直接吸收。

我们首先于 1986 年成功研究出利用盐酸水解珍珠，并应邀赴北京与康华公司商谈合作开发，未果。几年后江苏武进风靡全国的“珍珠水解液”问世。我们在 1990 年 11 月于中国海洋湖沼学会药物学分会第一届理事会及学术讨论会上发表论文“珍珠的水解研究”。几年后一些刊物才陆续出现有关“珍珠水解”的文章。为与读者共享，2015 年我们申报国家专利，今将柠檬酸从单元酸改为二元酸（第三元酸 $K\alpha_3 = 4.0 \times 10^{-7}$ 太弱忽略不计）；草酸也从单元酸改为二元酸。相应地将表 7－3 双陈水解强化系数 *CC* 的参考值修改加大。在第七章第二节的三项专利也如此处理。详细资料列出如下。

## 一、珍珠液、珍珠人参液和人体易吸收珍珠粉加工方法

申请号或专利号：201510571470.8　　发文序号：2015122400762250

申请人或专利权人：陈贵卿

发明创造名称：珍珠液、珍珠人参液和人体易吸收珍珠粉加工方法

一般专利申报为防技术被窃，都写得模模糊糊的，让人摸不着头脑。例如现在许多专利申报或论文在写酸水解条件时，常常只写在水解溶液中水解酸的克分子浓度 *N*，不写溶液体积，这怎么知道用多少酸量？也不写理论根据从何而来。克分子浓度 *N* 既包含酸，又包含水，谁知道用多少酸？我们现在就按申报专利的写法，为了使读者看得明白，做得出来，既写用酸数量，又写推算公式，举例说明，让人看得明白，做得出来，我们将之毫无保留地拿出来与读者分享。

(一)技术领域

本发明涉及利用中药材珍珠粉和人参，生产珍珠液、珍珠人参液和人体易吸收珍珠粉的方法，属珍珠加工技术领域。

(二)背景技术

珍珠自古以来就是一种名贵中药，具有安神镇惊、强身健魄的作用，能够延缓衰老。人参具有大补元气、补脾益肺、安神益智、抗肿瘤和抗衰老等作用。

将珍珠和人参结合起来，相得益彰。

珍珠层粉的使用问题。张玺、齐钟彦写的《贝类学纲要》认为贝壳分三层，里层珍珠层是碳酸钙的霰石结构，中层棱柱层是碳酸钙方解石结构，表层角质层仅由贝壳素构成。这一结论可能是从国外抄来的，他们没有做这方面的实验。现在的珍珠层粉包含贝壳的珍珠层和棱柱层，按以上理论，棱柱层不是霰石结构，不可以作为珍珠药物的用途。

可我们的研究①②③证明珍珠贝壳的棱柱层也是霰石结构，可以作为珍珠药物的用途。

珍珠虽含多种有益人体的物质，但它所含的钙是以碳酸钙的形式存在的，只能微溶于水（在 100000g 饱和水中才溶解 0.62g），不易为人体吸收。所含的氨基酸是以角壳蛋白的形式存在的，它是大分子（分子量在 5000 以上），不易为人体吸收。况且这些蛋白质氨基酸、非蛋白质氨基酸和生理活性物质等有机质几乎被 24 倍难溶的碳酸钙所包围，所以珍珠虽好，人体也只能通过胃酸分解吸收一点，想要较好地吸收它却有困难。为此，需要解决两个问题：①将珍珠的碳酸钙溶解，释放出珍珠的角壳蛋白；②将珍珠的大分子角壳蛋白水解成小分子氨基酸，以便人体直接吸收。

(三)发明内容

本发明提供一种生产珍珠液、珍珠人参液和人体易吸收珍珠粉的方法，解决了珍珠层粉使用的理论根据；先溶解珍珠粉可提高珍珠水解效率；珍珠和珍珠层粉都不易为人体吸收，

---

①陈俊豪，陈贵卿，张秀军．大珠母贝壳、珠母贝壳、黑珠母贝壳和合浦珠母贝壳的晶体结构．海洋药物，1985(1)．

②陈俊豪，陈贵卿．企鹅珍珠贝壳、长耳珠母贝壳、紫江瑶壳和翡翠贻贝壳的晶体结构．海洋药物，1986(1)．

③陈贵卿，陈俊豪，陈飘．马氏珍珠贝的天然珍珠及其贝壳的研究．海洋药物，1986(3)．

我们独创柠檬酸水解法，先溶解其碳酸钙，再将大分子的角壳蛋白水解成小分子的氨基酸，人体可直接吸收；解决了用盐酸水解污染环境和水解后的酸及盐难以去除问题；人参具有大补元气和抗衰老等作用，将珍珠氨基酸和人参结合相得益彰；采用石灰或珍珠层粉中和获得柠檬酸钙和人体易吸收珍珠粉；其余发明见第七章第四节。

(四)技术方案

珍珠液、珍珠人参液和人体易吸收珍珠粉加工方法，系采用柠檬酸水解珍珠粉或珍珠层粉生产，包括如下步骤：

1. 制备珍珠粉或珍珠层粉

将珍珠水洗，烘干，粉碎成360目珍珠粉；或者将珍珠贝(蚌)壳磨去有色表层，水洗，烘干，粉碎成360目珍珠层粉。

2. 盐酸溶解珍珠粉

将珍珠粉或珍珠层粉置入容器中，注入等重量经过滤的自来水——过滤水，调成糊状，分多次缓慢加入浓度为31%的食品级盐酸溶解，使其pH值达到6.4~6.6为止。

根据前面无机钙的公式(6-4)：$V_{盐酸31\%}=M_{珍珠粉}\times 2.0605$，

当使用200g珍珠粉或珍珠层粉时，$V_{盐酸31\%}=M_{珍珠粉}\times 2.0605=200\times 2.0605=412.10$(mL)。

例如，将珍珠粉或珍珠层粉200g置入5000mL烧杯中，注入等量经过滤的自来水——过滤水200g，调成糊状，分多次缓慢加入412.10mL浓度为31%的食品级盐酸。

先加入少量盐酸，不断搅拌，等二氧化碳气泡大致消除后再加盐酸液。注意防止泡沫溢出，如果产生的泡沫将近溢出时，必须加紧搅拌泡沫，使泡沫破裂快速消散，注意此时不要搅拌到底部，防止产生更多泡沫。溶解后的珍珠粉液近400mL，含氯化钙204g。用少量过滤水将烧杯边沿黏附物洗到烧杯中。在盐酸用了近80%就开始测试pH值，其值达到6.4~6.6偏酸状态时为防止反应不全，应停止加盐酸。冬季气温低，必要时稍微加热以促进反应，但不可太热以免盐酸挥发过多。如果加完盐酸发现有白色珍珠粉沉淀，则说明盐酸用量不够，需要增加。盐酸挥发性很强，久置需增加用量。

3. 稀释、过滤去除溶液中的氯化钙和剩余盐酸

如不去除在后面加柠檬酸的水解过程会发生以下反应：$CaCl_2+2C_6H_8O_7\longrightarrow CaH_4(C_6H_5O_7)_2+2HCl$，产生柠檬酸四氢钙，经石灰将pH值中和至8后：$CaH_4(C_6H_5O_7)_2+2HCl+3Ca(OH)_2\longrightarrow Ca_3(C_6H_5O_7)_2\downarrow+CaCl_2+6H_2O$，又形成氯化钙。

溶解珍珠剩余盐酸经石灰将pH值中和至8后，也形成氯化钙。这些氯化钙在珍珠液中使口感变涩，所以最好除去。今将溶液中的氯化钙和剩余盐酸总称为$Q$。

今将溶液注入过滤水至3000mL，搅匀、稀释，使$Q$平均分布。用滤纸过滤，可得湿珍珠角壳蛋白约15mL，现在含氯化钙和剩余盐酸$Q_1=(Q/3000)\times 15=0.005Q=0.5\%Q$，只剩下原来的0.5%，基本去除。

最后，用过滤水将滤纸上滤饼彻底洗下，加适量过滤水成180mL珍珠溶解液以备水解。

4. 水解

查阅珍珠有关论文可得：马氏珍珠层粉含角壳蛋白3.74%；三角帆蚌珍珠粉含角壳蛋白3.2%；褶纹冠蚌珍珠粉含角壳蛋白3.4%。珍珠(层)粉角壳蛋白重量=珍珠(层)粉重量×该种珍珠(层)粉的角壳蛋白含量。

珍珠(层)粉表示珍珠粉或珍珠层粉，下同。

水解采用市售一水柠檬酸晶，含柠檬酸89.6%。

对不同的水解设备：

(1)使用5000mL三角锥瓶，采用柠檬酸，回流水解珍珠角壳蛋白。

在5000mL三角锥瓶中，集中以上10～15份(每份200g)珍珠(层)粉角壳蛋白，加入柠檬酸，根据公式(7－4)，选$CC=5.6$，$M_{柠檬酸}=$原料重量×原料蛋白质含量×5.6×1.0973＝珍珠(层)粉角壳蛋白重量×6.145，再加水，使总体达3200～3500mL，回流水解12～16小时。

(2)使用10L不锈钢反应釜，采用柠檬酸水解珍珠角壳蛋白。

在10L不锈钢反应釜中，集中以上20～30份(每份200g)的珍珠(层)粉角壳蛋白，加入柠檬酸，根据公式(7－4)，选$CC=5.2$，$M_{柠檬酸}=$原料重量×原料蛋白质含量×5.2×1.0973＝珍珠(层)粉角壳蛋白×5.706。再加适量的水，使总体达6400～7000mL，在112℃～118℃下水解12～16小时。

5. 中和

将上面液体用食品级石灰中和，$M_{石灰}=M_{柠檬酸}\times 0.5903$，见公式(7－10)：先将pH值中和至4.4～4.6；或用珍珠层粉中和，$M_{珍珠层粉}=M_{柠檬酸}\times 0.8493$，见公式(7－11)：先将pH值中和至4.4～4.6。

以上二者都称为A液。

用珍珠层粉中和较合理，因为本产品是珍珠产品，产生的柠檬酸钙也是珍珠柠檬酸钙；但珍珠层粉中和反应较差，气温低时尤甚，还产生大量的二氧化碳气泡，很麻烦。

6. 继续中和，沉淀

将部分A液继续中和至pH值为8，充分反应沉淀3～4小时。

7. 滤纸过滤

将步骤6得到的液体使用滤纸过滤，得到液体B和滤渣C。

8. 调制液体B

(1)用过滤水将步骤7得到的液体B调至含氮量0.22～0.23(g/100mL或kg/100L)。

(2)用食品级盐酸调节，使液体pH值中和至4.4～4.6，以改善口感。

(3)按产品珍珠液或珍珠人参液的预计体积产量(第七章)的百分比重量(g/100mL或kg/100L)，加入第七章配料配方各组分进行调制，分别调制成珍珠液或珍珠人参液。

9. 滤纸过滤

将步骤8调制后的液体用滤纸过滤，弃渣。

10. 灌装，灭菌

将步骤9过滤后的液体灌装，在100℃下灭菌30分钟，成珍珠液或珍珠人参液，含珍珠氨基酸或珍珠氨基酸和人参提取液。

11. 柠檬酸钙补钙剂

将滤渣C烘干、粉碎、包装，成柠檬酸钙补钙剂。

12. 人体易吸收珍珠粉

将A液浓缩、烘干、粉碎、包装，成人体易吸收珍珠粉，含珍珠氨基酸和柠檬酸钙。

(五)本发明主要创新点

(1)本发明首先解决了珍珠层粉使用的理论根据，珍珠贝(蚌)壳的棱柱层完全是霰石结构，制成的珍珠层粉完全可以作为珍珠药材使用。否定了国内外教科书认为的贝壳分三层，里层珍珠层是碳酸钙的霰石结构；中层棱柱层是碳酸钙方解石结构，不是霰石结构，不宜当药材用的结论。表层角质层也不是仅由贝壳素构成的，还有大量碳酸钙的霰石或方解石结构。

(2)溶解珍珠，将珍珠有效成分从难溶的碳酸钙的包围中释放出来，我们增加了一道溶解工序，大大提高了水解效率。

(3)其余创新见第七章第三节。

(六)具体实施方式

以下结合具体实施例来对本发明作进一步说明：

【实施例1】

使用5000mL三角锥瓶，采用柠檬酸回流水解2000g马氏珍珠层粉的角壳蛋白，生产马氏珍珠液、马氏珍珠人参液和人体易吸收马氏珍珠粉。马氏珍珠层粉含角壳蛋白3.74%。

将200g马氏珍珠层粉加盐酸如前面公式(6－4)：

$V_{盐酸31\%} = M_{马氏珍珠层粉} \times 2.0605 = 200 \times 2.0605 = 412.10$(mL)，使它溶解，pH值达到6.4～6.6为止。稀释至3000mL，滤纸过滤、弃液。再用过滤水将滤纸上的珍珠角壳蛋白彻底洗下。合并10份共2000g马氏珍珠层粉的角壳蛋白。

计算水解用柠檬酸。根据公式(7－4)，选$CC=5.6$：

$M_{柠檬酸}$ = 原料重量×原料蛋白质含量×5.6×1.0973 = 原料重量×原料蛋白质含量×6.145。

马氏珍珠层粉含角壳蛋白3.74%，$M_{壳蛋白} = M_{马氏珍珠层粉} \times 3.74\% = 2000 \times 3.74\% = 74.8$(g)。

$M_{柠檬酸} = 74.8 \times 6.145 = 459.65$(g)。$M_{柠檬酸晶} = M_{柠檬酸} \div 0.896 = 513$(g)。

根据公式(7－10)计算出中和用食品级石灰：$M_{石灰} = 0.5903 \times M_{柠檬酸} = 0.5903 \times 459.65 = 271.33$(g)。

或公式(7－11)计算出中和用珍珠层粉：$M_{珍珠层粉} = 0.8493 \times M_{柠檬酸} = 0.8493 \times 459.45 = 390.21$(g)。

预计产量$V$(体积)，见公式(7－15)：

$V$(mL) = 原料重量(g)×原料蛋白质含量×16%×65%(提取率)÷产品含氮量(g/mL) = 2000g×3.74%×16%×65%(提取率)÷0.002g/mL = 3889.6mL。

马氏珍珠液或马氏珍珠人参液含氮量0.002g/mL。

装料：Σ = 马氏珍珠层粉角壳蛋白74.8g + 水2600mL + $M_{柠檬酸晶}$。

在5000mL三角锥瓶中注入以上的马氏珍珠层粉角壳蛋白74.8g，柠檬酸晶513g，再加2600mL水，回流水解12～16小时。

用食品级石灰271.33g或珍珠层粉390.21g将pH值中和至4.4～4.6，是为A液。将部分A液pH值继续中和至8，充分反应沉淀3～4小时。滤纸过滤得到液体B和滤渣C。液体B按上面预计体积产量加入第七章中配料配方各组分进行调制。滤纸过滤、去渣，液体用玻璃瓶灌装，在100℃下灭菌30分钟，成马氏珍珠液或马氏珍珠人参液，含马氏珍珠氨基酸或马氏珍珠氨基酸和人参提取液。将滤渣C烘干、粉碎，包装成柠檬酸钙补钙剂。将余下A液浓缩、烘干、粉碎，包装成人体易吸收马氏珍珠粉，含马氏珍珠氨基酸和柠檬酸钙。

【实施例2】

使用10L不锈钢反应釜，采用柠檬酸水解5000g三角帆蚌珍珠粉的角壳蛋白，生产三角帆蚌珍珠液、三角帆蚌珍珠人参液和人体易吸收三角帆蚌珍珠粉。三角帆蚌珍珠含角壳蛋白3.2%。

将200g三角帆蚌珍珠粉加盐酸如前面公式(6－4)：

$V_{盐酸31\%} = M_{三角帆蚌珍珠粉} \times 2.0605 = 200 \times 2.0605 = 412.10(mL)$，使它溶解，pH值达到6.4～6.6为止。稀释至3000mL，滤纸过滤、弃液。再用过滤水将滤纸上的珍珠角壳蛋白彻底洗下。合并25份共5000g三角帆蚌珍珠粉的角壳蛋白。

计算水解用柠檬酸。根据公式(7－4)，选$CC = 5.2$：

$M_{柠檬酸} =$ 原料重量 × 原料蛋白质量 × 5.2 × 1.0973 = 原料重量 × 原料蛋白质含量 × 5.706。

三角帆蚌珍珠含角壳蛋白3.2%，$M_{角壳蛋白} = M_{三角帆蚌珍珠粉} \times 3.2\% = 5000 \times 3.2\% = 160(g)$。

$M_{柠檬酸} = 160 \times 5.706 = 912.96(g)$。$M_{柠檬酸晶} = M_{柠檬酸} \div 0.896 = 1018.93(g)$。

根据第七章公式(7－10)计算出中和用食品级石灰：$M_{石灰} = 0.5903 \times M_{柠檬酸} = 0.5903 \times 912.96 = 538.92(g)$。

或公式(7－11)计算出中和用珍珠层粉：$M_{珍珠层粉} = 0.8493 \times M_{柠檬酸} = 0.8493 \times 912.96 = 775.38(g)$。

预计产量$V$(体积)，见第七章公式(7－15)：

$V(mL) =$ 原料重量(g) × 原料蛋白质含量 × 16% × 65%(提取率) ÷ 产品含氮量(g/mL) = 5000g × 3.2% × 16% × 65%(提取率) ÷ 0.002g/mL = 8320mL。

三角帆蚌珍珠粉液或三角帆蚌珍珠粉人参液含氮量0.002(g/mL)。

装料：$\Sigma$ = 三角帆蚌珍珠粉角壳蛋白160g + 水5200mL + $M_{柠檬酸晶}$。

在10L不锈钢反应釜中注入以上的三角帆蚌珍珠角壳蛋白160g，柠檬酸晶1018.93g，再加5200mL水，在112℃～118℃下水解12～16小时。

用食品级石灰538.92g或珍珠层粉775.38g将pH值中和至4.4～4.6，是为A液。将部分A液pH值继续中和至8，充分反应沉淀3～4小时。滤纸过滤得到液体B和滤渣C。将液体B按上面预计体积产量加入第七章配料配方各组分进行调制。滤纸过滤、弃渣，液体用玻璃瓶灌装，在100℃下灭菌30分钟，成三角帆蚌珍珠液或三角帆蚌珍珠人参液，含三角帆蚌珍珠氨基酸或三角帆蚌珍珠氨基酸和人参提取液。将滤渣C烘干、粉碎，包装成柠檬酸钙补钙剂。将余下A液浓缩、烘干、粉碎，包装成人体易吸收三角帆蚌珍珠粉，含三角帆蚌珍珠氨基酸和柠檬酸钙。

【实施例3】

使用10L不锈钢反应釜，采用柠檬酸水解5000g褶纹冠蚌珍珠粉的角壳蛋白，生产褶纹冠蚌珍珠液、褶纹冠蚌珍珠人参液和人体易吸收褶纹冠蚌珍珠粉。褶纹冠蚌珍珠含角壳蛋白3.4%。

将200g褶纹冠蚌珍珠粉加盐酸如前面的公式(6－4)：

$V_{盐酸31\%} = M_{褶纹冠蚌珍珠粉} \times 2.0605 = 200 \times 2.0605 = 412.10(mL)$，使它溶解，pH值达到6.4～6.6为止。稀释至3000mL，滤纸过滤、弃液。再用过滤水将滤纸上的珍珠角壳蛋白彻底洗下。合并25份共5000g褶纹冠蚌珍珠粉的角壳蛋白。

计算水解用柠檬酸。根据公式(7－4)，选$CC = 5.2$：

$M_{柠檬酸} =$ 原料重量 × 原料蛋白质量 × 5.2 × 1.0973 = 原料重量 × 原料蛋白质量 × 5.706。

褶纹冠蚌珍珠含角壳蛋白3.4%，$M_{角壳蛋白} = M_{褶纹冠蚌珍珠粉} \times 3.4\% = 5000 \times 3.4\% = 170(g)$。

$M_{柠檬酸} = 170 \times 5.706 = 970.02(g)$。$M_{柠檬酸晶} = M_{柠檬酸} \div 0.896 = 1082.61(g)$

根据公式(7－10)计算出中和用食品级石灰：$M_{石灰}=0.5903\times M_{柠檬酸}=0.5903\times970.02=572.60$(g)。

或公式(7－11)计算出中和用珍珠层粉：$M_{珍珠层粉}=0.8493\times M_{柠檬酸}=0.8493\times970.02=823.84$(g)。

预计产量 $V$(体积)，见公式(7－15)：

$V$(mL)＝原料重量(g)×原料蛋白质含量×16%×65%(提取率)÷产品含氮量(g/mL)＝5000g×3.4%×16%×65%(提取率)÷0.002g/mL＝8840mL。

褶纹冠蚌珍珠液或褶纹冠蚌珍珠人参液含氮量0.002(g/mL)。

装料：Σ＝褶纹冠蚌珍珠角壳蛋白170g＋水5200mL＋$M_{柠檬酸晶}$。

在10L不锈钢反应釜中注入以上的褶纹冠蚌珍珠角壳蛋白170g，柠檬酸晶1082.61g，再加5200mL水，在112℃～118℃下水解12～16小时。

用食品级石灰572.60g或珍珠层粉823.84g将pH值中和至4.4～4.6，是为A液。将部分A液的pH值继续中和至8，充分反应沉淀3～4小时。滤纸过滤得到液体B和滤渣C。将液体B按上面预计体积产量加入第七章中配料配方各组分进行调制。滤纸过滤、弃渣，液体用玻璃瓶灌装，在100℃下灭菌30分钟，成褶纹冠蚌珍珠液或褶纹冠蚌珍珠人参液，含褶纹冠蚌珍珠氨基酸或褶纹冠蚌珍珠氨基酸和人参提取液。将滤渣C烘干、粉碎，包装成柠檬酸钙补钙剂。将余下A液浓缩、烘干、粉碎，包装成为人体易吸收褶纹冠蚌珍珠粉，含褶纹冠蚌珍珠氨基酸和柠檬酸钙。

## 二、盐酸水解珍珠(层)粉、花粉

### (一)盐酸水解珍珠层粉

$M_{层粉}=1$kg

(1)水解。使用5L三角锥瓶回流水解，选 $CC=4.0$。因为珍珠角壳蛋白是纤维蛋白(硬蛋白)，和猪毛一样难水解。

①盐酸溶解珍珠层粉计算。根据公式(6－2)，需用盐酸：${}^{溶解}M_{HCl}=M_{层粉}\times0.7373=0.7373$(kg)。

${}^{溶解}M_{盐酸31\%}={}^{溶解}M_{HCl}\div0.31=0.7373\div0.31=2.3784$(kg)，${}^{溶解}V_{盐酸31\%}={}^{溶解}M_{盐酸31\%}\div d=2.3784\div1.1543=2.06$(L)。

②盐酸水解珍珠(层)粉计算。根据公式(7－3)，选 $CC=4.0$。

${}^{水解}M_{HCl}$＝原料重量×原料蛋白质含量×$CC$×0.4165＝马氏珍珠层粉重量×原料蛋白质含量×$CC$×0.4165＝1×3.74%×4.0×0.4165＝0.0623(kg)。

$M_{盐酸31\%}=0.0623\div0.31=0.201$(kg)，$V_{盐酸31\%}=M_{盐酸31\%}\div d=0.201\div1.1543=0.1741$(L)。

将1kg马氏珍珠层粉置入30L食品塑料桶中，参考珍珠液、珍珠人参液和人体易吸收珍珠粉加工方法，注入过滤水0.8kg，调匀成糊状。分多次缓慢加入31%盐酸液2.06L，溶解后，经多次稀释、搅拌、沉淀，顷掉上清液去除氯化钙和余下的盐酸后，获得珍珠角壳蛋白约37.4g和少量的水。

装入三角锥瓶：Σ＝珍珠层粉角壳蛋白37.4g＋水0.8kg＋31%盐酸0.1741L。回流水解12小时。

(2)中和。食品级石灰中和盐酸。根据公式(7－9)：

$M_{石灰} = M_{Ca(OH)_2} \div 0.98 = M_{HCl} \times 1.0161 \div 0.98 = M_{HCl} \times 1.0368 = 0.0623 \times 1.0368 = 0.0646$ (kg)

产生：$M_{CaCl_2} = (110.99 \div 72.922) \times M_{HCl} = M_{HCl} \times 1.522 = 0.0623 \times 1.522 = 0.0948$(kg)。

中和水解珍珠角壳蛋白用的盐酸，只起催化作用，会消耗一些，我们计算时将这部分消耗忽略不计；又因改善口感，现在 pH 值只中和到 4.4 ~ 4.6，所以中和的珍珠层粉会剩下一些。

(3)过滤，弃渣。

(4)调制。按第七章珍珠液和珍珠人参液配方调制。

(5)灌装。用臭氧水洗灌装机、瓶和盖等。

(6)灭菌。100℃下灭菌 30 分钟，成马氏珍珠液。

本产品是珍珠氨基酸，含 $CaCl_2$ 补钙剂，微涩，不如柠檬酸水解产品好。但工艺简便，生产效率高。

预计产量 $V$(体积)，根据公式(7 - 15)：

$V$(mL) = 原料重量(g) × 原料蛋白质含量 × 16% × 65%(提取率) ÷ 产品含氮量(g/mL) = 1000g × 3.74% × 16% × 65%(提取率) ÷ 0.002g/mL = 1945mL，获得 1945mL 马氏珍珠液。

(二)盐酸水解珍珠粉和花粉

$M_{层粉} = 1$kg，$M_{花粉} = 0.25$kg

现代科学分析证明，花粉不仅仅是植物的生命源泉，而且确实称得上是“微型营养宝库”。据测定，每百克花粉的蛋白质含量可高达 25 ~ 30g，其中含有十几种氨基酸，这是其他任何天然食品所无法比拟的。还含有铁、锌、钙、镁、钾等十多种无机盐和三十多种微量元素，是一种全能型营养食品。

根据北京名医专家委员会委员齐国力教授介绍，花粉有三大功效：①治疗肾功能衰竭、尿血、肾肿瘤。②治疗胃肠道紊乱。③健美，维持体型。但花粉的细胞壁很厚，必须经过三个步骤处理(破壁处理、消毒、脱敏)才能用。

(1)水解。

①同上法溶解处理珍珠粉 1kg 获得珍珠角壳蛋白 37.4g 和少量水。

②盐酸水解珍珠粉角壳蛋白计算。

同上：${}^{水解1}M_{HCl} = M_{珍珠粉} \times 3.74\% \times 4.0 \times 0.4165 = 1 \times 0.0623 = 0.0623$(kg)，$V_{盐酸31\%} = 0.1741$L。

③盐酸水解花粉 0.25kg，花粉含蛋白质 25% ~ 30%，今按含 25% 计算，花粉难水解，仍选 $CC = 4.0$。

${}^{水解2}M_{HCl} = M_{花粉} \times 25\% \times 4.0 \times 0.4165 = M_{花粉} \times 0.4165$。以上总共：

$M_{HCl} = {}^{水解1}M_{HCl} + {}^{水解2}M_{HCl} = M_{珍珠粉} \times 0.0623 + M_{花粉} \times 0.4165$。水解 1kg 珍珠粉 + 0.25kg 花粉，

需用 $M_{HCl} = 1 \times 0.0623 + 0.25 \times 0.4165 = 0.0623 + 0.1041 = 0.1564$(kg)。

$M_{盐酸31\%} = 0.1664 \div 0.31 = 0.5368$(kg)，$V_{盐酸31\%} = M_{盐酸31\%} \div d = 0.5368 \div 1.1543 = 0.465$(L)。

装三角锥瓶：Σ = 珍珠粉角壳蛋白 37.4g + 花粉 0.25kg + 水 1.6kg + 31% 盐酸 0.465L。

置入三角锥瓶，再加入花粉，搅匀，回流水解 12 小时。

从前面溶解 1kg 珍珠粉需要 $M_{HCl} = M_{珍珠粉} \times 0.7373$，折合 31% 盐酸 2.06L。

(2)中和。食品级石灰中和盐酸。根据公式(7－9)：

$M_{Ca(OH)_2} = (74.09468 \div 72.922) \times M_{HCl} = M_{HCl} \times 1.0161$。

$M_{石灰} = M_{Ca(OH)_2} \div 0.98 = M_{HCl} \times 1.0161 \div 0.98 = M_{HCl} \times 1.0368 = 0.1664 \times 1.0368 = 0.1725$ (kg)。

水解过程消耗忽略不计。又因现在 pH 值只中和到4.4～4.6，所以中和的食品级石灰会剩下一些。然后按配方调制成产品。

(3)其余工序全部按照上例。获得花粉珍珠液。

$V$(mL)＝原料重量(g)×原料蛋白质含量×16%×61.34%(提取率)÷产品含氮量(kg/mL)＝(1000g×3.74%＋250×25%)×16%×61.34%(提取率)÷0.002g/mL＝4902.3mL，获4902.3mL 花粉珍珠液。

我们将珍珠粉和花粉结合起来进行水解，既达到对花粉的破壁、消毒和脱敏，又弥补珍珠粉的蛋白质不足。张缓老师的马氏珍珠粉水解后的氨基酸含量为2.433%，而我们的马氏珍珠粉加花粉水解后的氨基酸含量为6.128%，为前者的2.51倍。花粉珍珠液呈鲜红的颜色，十分漂亮。经喷雾干燥后成鲜红细粉。暨南大学华文学院陈老师对花粉严重过敏，但她接触感受后却一点也不过敏，说明脱敏成功。

1000g 珍珠粉含角壳蛋白99.9g(1000g×3.74%＋花粉蛋白250g×25%＝37.4g＋62.5g)，为测试先配成1000mL 花粉珍珠原液。因为样品太浓测试不便，这里用14%浓度测试测得0.858g/100mL，经换算原液含氨基酸6.128g/100mL，总共1000mL 含氨基酸61.28g，水解提取率 $\gamma = 61.28 \div 99.9 = 61.34\%$。

本产品含 $CaCl_2$，是补钙剂，微涩。

下图为花粉珍珠液氨基酸分析报告(据陈贵卿、陈俊豪，1989)。

## 商业部食品检测研究所氨基酸分析报告

送样单位：广州暨南大学　　　　样品编号：90337

样品名称：花粉珍珠液 14%　　　　上机序号：

样品处理：

上柱体积：50微升　　　　稀释倍数：

### 分析结果

| 氨基酸 | N Mol/50μl | N GRAM/50μl | 毫克/100克样品 | 备注 |
|---|---|---|---|---|
| ASP 天门冬氨酸 | | | 109.61 | |
| THR 苏氨酸 | | | 36.33 | |
| SER 丝氨酸 | | | 48.42 | |
| GLU 谷氨酸 | | | 158.03 | |
| GLY 甘氨酸 | | | 70.60 | |
| ALA 丙氨酸 | | | 69.93 | |
| CYS 胱氨酸 | | | 3.51 | |
| VAL 缬氨酸 | | | 30.32 | |
| MET 蛋氨酸 | | | 15.42 | |
| ILE 异亮氨酸 | | | 26.66 | |
| LEU 亮氨酸 | | | 64.64 | |
| TYR 酪氨酸 | | | 24.27 | |
| PHE 苯丙氨酸 | | | 40.52 | |
| LYS 赖氨酸 | | | 52.63 | |
| $NH_3$ 氨 | | | 10.76 | |
| HIS 组氨酸 | | | 15.33 | |
| ARG 精氨酸 | | | 40.26 | |
| PRO 脯氨酸 | | | 40.68 | |
| TRP 色氨酸 | | | — | |
| 总和 | | | 857.92 | 即128毫克/100毫升 |

分析日期：9[illegible]年9月6日　　　　分析仪器：日立835—50型

花粉珍珠液氨基酸分析报告(据陈贵卿、陈俊豪，1989)

# 第七章　珍珠贝类、常见贝类和水产品下脚料的开发研究

经过这几十年的研究工作，我们深深感到研究工作必须跳出实验室，与生产相结合才有生命力。否则关在实验室既无法检测研究成果，对社会也没什么贡献。我们原来只研究珍珠和珍珠贝壳，好像路越走越窄。所以我们一直努力跳出实验室的框框，扩大研究课题寻找与生产结合的途径，将珍珠课题与更广泛的珍珠贝类、常见贝类和水产品下脚料的开发研究联系起来，这正是我们的尝试。当我们跨出这一步后，顿时觉得海阔天空。

## 第一节　研究领域、资源概况和开发利用探讨

### 一、海洋世纪

海洋面积占地球的三分之二，随着陆地资源的日益枯竭，科学家预言21 世纪是“海洋世纪”。世界各国竞相研究海洋，向海洋进军索取资源已成为当今社会的潮流。

按照联合国组织分类，高科技主要有信息科学技术、生命科学技术、空间科学技术、海洋科学技术、有益环境的高新技术和管理科学技术。我们现在研究的项目是采用新技术对海洋生物资源进行深加工研究，是海洋科学技术的一部分，属高科技领域；它又是对海产品下脚料的新处理技术，有利于减少对海洋的污染和保护海洋生态环境，也属高科技领域。

目前我国尚有十大新兴产业亟待开发，包括环保、海洋、旅游、文化、教育、体育、展览、物流、农业科技、社区等。这些产业具有广阔的发展前景，不仅可以推动国民经济持续发展，提供更多的就业机会，而且利润丰厚，有望成为投资的热点领域。

本项目研究正好符合其中三项新兴产业——环保、海洋和农业科技。

### 二、资源概况

我国海洋资源极其丰富。广东雷州半岛流沙港、康港湾、惠阳南澳、大亚湾；广西北海、合浦；海南海口和三亚等地区生产海水珍珠后留下了大量珍珠贝肉。浙江的绍兴诸暨、金华、杭州、衢州等地区；江苏的苏州市渭塘镇、江阴、无锡；湖北的荆州、鄂州；安徽的无为县；湖南的常德市汉寿、岳阳；江西的南昌、九江、万年和四川的安岳等地区生产淡水珍珠后留下了大量的蚌肉。天津塘沽产量丰富的白蛤因不耐久置很不值钱；浙江枸杞岛附近、福建龙海和胶东一些地区的海红因产量太大销售困难导致生产萎缩；胶东地区每生产1吨湿干贝就会留下约2.5吨的扇贝裙边下脚料。估计胶东地区生产的扇贝裙边和其他下脚料以及低值海产品年产量达百万吨，许多作为废料处理，既浪费资源又污染环境。每到生产干贝的季节海滨就臭气熏天，海水一片漆黑，久不消失。沿海各地加工干贝、江瑶、文蛤、海

红、牡蛎后的煮汁，大量白白倒掉，这些完全可以用来生产蚝油和海鲜汁。前几年名列山东荣成市第五大渔业企业的院夼村一条鱼浆生产线日产鱼下脚料 25 吨；广东湛江、浙江定海和江苏连云港等地加工虾仁后的对虾头，每年大约有十几万吨，大部分都作为垃圾扔掉了。又如河北黄骅港、山东威海和长岛等地区大量长不大的小鱼以及远洋渔船捕捞回来的大量低值鱼类也没有好好利用。

这些原料都富含蛋白质氨基酸、牛磺酸和人体必需的元素。新鲜或保鲜的均可用于生产各种保健调味汁、蚝油、氨基酸液等。

仅将胶东地区的海产品下脚料和低值海产品全部加工成调味液，年产量就可达 400 万吨，年产值可达 1000 亿元；如果加工成氨基酸液年产值可达 2000 亿元，这是一笔巨大的财富。至于全国可供开发的财富那就更加数不胜数了。

### 三、珍珠贝(蚌)和常见贝类、虾类的功能

贝类软体动物中含一种具有降低血清胆固醇作用的代尔太 7 - 胆固醇和 24 - 亚甲基胆固醇，它们兼有抑制胆固醇在肝脏合成和加速排泄胆固醇的独特作用，从而使体内胆固醇含量下降。它们的功效比常用的降胆固醇的药物谷固醇更强。人们在食用贝类后，常有一种清爽宜人的感觉，这对解除一些烦恼症状无疑是有益的。它含大量牛磺酸，对人体十分重要，也是新生儿大脑发育的必需物质，并具有保护心肌，抗心律失常，治疗心肌炎，降低血压、血脂和血糖等作用。

1. 珍珠贝(蚌)类的功效

王顺年等人经氨基酸分析和生理液分析证实，马氏珍珠贝软体部有 22 种氨基酸，其中牛磺酸等含量最多。在精、卵液中牛磺酸含量高达 10% 干重。发现珍珠、珍珠层粉有 5 种非蛋白质氨基酸，特别是牛磺酸和鸟氨酸，它在机体内是重要的生理活性物质，也是珍珠质的主要有效药用成分。因此整个软体部(全脏器)被认为是马氏珍珠的主要药用部分。

国内许多学者的研究也证明：珍珠主要有效成分是牛磺酸和鸟氨酸，而马氏珍珠贝肉(全内脏)的牛磺酸含量比珍珠的高得多。

**表 7 - 1　马氏珍珠贝氨基酸含量**（$\times 10^{-2}$g/100mL 或 $\times 10^{-2}$kg/100L）(据王顺年等 1985)

| 氨基酸 | 样品 | | |
|---|---|---|---|
| | 珍珠层粉 | 精卵液 | 全脏器 |
| 牛磺酸 | 0.723 | 26.042 | 58.531 |
| 鸟氨酸 | 1.387 | 0.280 | 0.195 |
| 乙醇胺 | | 0.281 | 0.958 |
| β - 丙氨酸 | | 1.136 | |
| 磷酸丝氨酸 | 1.635 | 0.129 | 0.425 |

南海水产研究所李来好等人的研究结果显示：南海 4 种珍珠贝肉的氨基酸评分为 81 ~ 94，平均分为 86.5，远高于近江牡蛎和翡翠贻贝的氨基酸分值。因此，珍珠贝肉的蛋白质易被人体均衡吸收，蛋白质的营养价值远高于近江牡蛎和翡翠贻贝。营养成分综合分析结果也类似，因此，珍珠贝肉是开发保健食品的优质天然原料。

表7－2 珍珠贝肉和其他贝肉的必需氨基酸组成及氨基酸评分（mg/gN）（据李来好等，1999）

| 珍珠贝编号 | ILE 异亮 | LEU 亮 | LYS 赖 | MET＋CYS 蛋＋胱 | PHE＋TYR 苯丙＋酪 | THR 苏 | VAL 缬 | TRP 色 | 氨基酸评分 |
|---|---|---|---|---|---|---|---|---|---|
| 1# | 303 | 489 | 480 | 206 | 439 | 289 | 326 | 63 | 94 |
| 2# | 294 | 503 | 466 | 180 | 388 | 249 | 319 | 57 | 82 |
| 3# | 299 | 515 | 479 | 195 | 425 | 257 | 315 | 60 | 89 |
| 4# | 294 | 485 | 450 | 179 | 406 | 261 | 314 | 59 | 81 |
| 近江牡蛎 | 275 | 497 | 453 | 148 | 486 | 286 | 287 | | 67 |
| 翡翠贻贝 | 314 | 568 | 631 | 160 | 652 | 391 | 356 | | 73 |
| FAO 模式 | 250 | 440 | 340 | 220 | 380 | 250 | 310 | 60 | 100 |

2．扇贝的功效

（1）健脑。富含碳水化合物，是维持大脑功能必需的能源。

（2）明目。富含钙，增加眼球壁的弹力，预防近视的发生与发展。

（3）健脾和胃。适用于脾气虚弱、运化无力所致的脘腹胀满、大便溏泄、食欲不振、肢倦乏力等症。暖胃，可治疗胃寒症。

（4）润肠。其纤维素可以促进肠壁的蠕动，帮助消化，防止大便干燥。

（5）养颜护肤。含有丰富的维生素E，抑制皮肤衰老，防止色素沉淀。消除因皮肤过敏或是感染而引起的皮肤干燥和瘙痒等皮肤损害。

（6）通血。适宜肤色没有光华、手脚冰冷的人群。铁的含量高，吸收好。

（7）抑癌抗瘤。有效预防癌症，降低癌变的发生率。延缓和抑制癌细胞生长、扩散。使癌细胞退化、萎缩。

3．牡蛎的功效

（1）牡蛎被称作“海里的牛奶”，富含十分优良的蛋白质、肝糖原、维生素与矿物质，含有十八种以上的氨基酸，在这些氨基酸中富含可以合成抗酸化物质谷胱甘肽的氨基酸（谷氨基酸、糖胶）。食用牡蛎后，在人体内合成谷胱甘肽，能除去体内的活性酸素，提高免疫力，抑制衰老。

（2）牡蛎含有大量大多数人体内都缺乏的亚铅。因此食用牡蛎可以防止皮肤干燥，促进皮肤的新陈代谢，分解皮下黑色素，产生白里透红的娇嫩皮肤。因为可以促进激素的形成与分泌，因此对生理不调、不妊症、更年期障碍等也有很好的疗效，能促进新陈代谢。

（3）改善手脚冰凉的症状。有些人手脚时常感到冰凉，特别是冬天，即使进了被窝里，手脚也很难暖和起来，影响睡眠质量。牡蛎中含有的氨基酸、亚铅等矿物质和维生素，会使血液的循环得到改善，女性的大敌——冷血症与低血压也会得到改善。

（4）增强性功能。牡蛎体内含有大量制造精子所不可缺少的精氨酸与微量元素亚铅。精氨酸是制造精子的主要成分，亚铅可促进荷尔蒙的分泌。另外，硒也是制造精子所不可缺的微量元素。因此食用牡蛎可以提高性功能。

（5）抗癌。美国国立癌症研究中心发表的研究报告中曾指出，牡蛎成分中含有的可以除去自由基的谷胱甘肽，能达到比较好的抗癌功效。

4．海红（贻贝）的功效。

（1）适宜体质虚弱，气血不足、营养不良之人食用。

（2）适宜高血压病、动脉硬化、耳鸣眩晕之人食用；适宜腰痛、阳痿、盗汗、小便余沥等肾虚之人，以及妇女白带多者食用。

（3）适宜患有瘿瘤（甲状腺肿瘤）、疝瘕者食用。

5．对虾的功效

（1）对虾营养丰富，且其肉质松软，易消化，对身体虚弱以及病后需要调养的人来说是极好的食物。

（2）对虾中含有丰富的镁。镁对心脏活动具有重要的调节作用，能很好地保护心血管系统，可减少血液中胆固醇的含量，防止动脉硬化，同时还能扩张冠状动脉，有利于预防高血压及心肌梗死。

（3）对虾富含磷、钙。对小儿、孕妇尤有补益功效，并具有补肾壮阳、通乳抗毒、养血固精等功效，适宜身体虚弱和神经衰弱的病人食用。

（4）对虾含大量虾青素。具强效抗氧化作用，可有效抗衰老。

## 四、贝类和水产品开发利用探索

我们的目的是开发珍珠贝类、常见贝类和水产品下脚料所含的大量蛋白质。蛋白质属大分子，在人体内不能直接被利用，必须水解成小分子氨基酸后才能被利用。无论是生产珍珠液、氨基酸还是调味液、化学酱油都是通过酸水解蛋白质获取氨基酸后调制而成的。

1．氨基酸生产方法

氨基酸合成蛋白质，没有蛋白质就没有生命。大量生产氨基酸，并降低价格是人类健康长寿的必要手段，国际市场总需求每年递增56%。

生产氨基酸要求八种人体必需氨基酸均衡，相互比例适宜，符合联合国粮农组织和世界卫生组织（FAO/WHO）模式。它的生产方法有盐酸水解法、酶水解法、化学合成法和微生物发酵法等，其中的盐酸水解法历史悠久，优点是生产效率高，原料价廉易得，设备简单，可同时生产几乎全部种类的氨基酸，缺点为：

①水解后的盐酸难以与氨基酸分离开并去除；中和产生的食盐作为氨基酸液太咸了，采用离子交换树脂等方法去除食盐十分费劲、成本昂贵。

②盐酸水解产生的水解臭难以消除，且污染环境。由于这些技术难题长期得不到解决，盐酸水解法的巨大潜力发挥不出来，已处于被淘汰的边缘；于是其他生产方法应运而生，得以较大发展，但它们皆不具备盐酸水解法所潜在的技术优势。

酶水解法的最大优点是条件温和，不需要高温、高压和耐酸设备；缺点是反应时间长，且水解不易完全，部分人体对所产生的肽有不良过敏反应，且产品很难过滤。

传统的提取法——酶水解法和化学合成法由于前体物的成本高、工艺复杂，难以达到工业化生产的目的。

生产氨基酸的大国为日本和德国：日本的味之素、协和发酵及德国的德固沙是世界生产氨基酸的三巨头。它们能生产高品质的氨基酸，可直接生产用于输液制剂的氨基酸。

国内的氨基酸生产目前无论规模还是产品质量还难于与国外抗衡。20 世纪 80 年代中后期从日本引进了输液制剂的制造技术和仿造产品，但生产原料都依赖进口，氨基酸市场仍以进口产品为主，“三支链”氨基酸（缬氨酸、亮氨酸、异亮氨酸）大部分还是用进口的。国内产业正努力将氨基酸产品全部实现国产化，但目前氨基酸市场竞争的焦点主要在于其生产成本，国内生产成本为 10 万～12 万元/吨，而国际市场销售价为 1.0 万～1.2 万美元/吨，仍有不小差距，如何降低生产成本是十分紧迫的任务，因此下脚料的利用是很有意义的。

2．酱油调味品的现有生产方法

(1)酱油的传统生产工艺是采用豆粕或谷类发酵酿造而成的，生产周期长，效率很低。

(2)鱼露是采取盐渍自然发酵而成的，生产周期长，效率低，生产条件差，大量滋长细菌，并且含盐量特别高，不符合现代卫生要求。

(3)浓盐酸水解法。优缺点如上述。

(4)酶水解法。优缺点如上述。

3．酸水解方法探讨

我们想采用其他的酸水解，但采用酸水解(包括盐酸水解)方法的关键难题是用酸量的问题。教科书的催化理论：水解常数 $K=\alpha N\delta$，$\alpha$ 为酸的催化系数，$N$ 为克分子浓度，$\delta$ 与水解温度 $T$、时间 $t$ 在一定范围内成正相关。也就是说，水解效果是随溶液中酸的克分子浓度 $N$(mol/L)的增加而增加的。

这个催化理论是有缺陷的。①刚开始研究时我们和许多人一样，完全认同水解效果与水解溶液中酸克分子浓度成正比的说法，并将它作为一个主要指标。但是，溶液中酸克分子浓度不仅随酸用量的增加而增加——这有利于水解；而且随加水量的减少而增加，这反而降低水解效果。因为用酸量没有增加，所加的水越少，溶液的酸浓度就越高，此时由于同离子效应，互相抑制，影响了氢原子电离，降低了水解效果，这说明该理论是有缺陷的。其实加水量对水解功效影响并不太大，但溶液太浓或太稀都会降低水解效果。②该理论没能反映出水解酸用量与同类水解物不同含氮量(马氏珍珠贝、褶纹冠蚌、扇贝、对虾、各种鱼类……)的关系。③该理论没能反映出水解酸用量与不同种类蛋白质(鱼、肉、软骨、腱、毛发、丝)的关系。因此，这理论是难以被加以应用的。

现在许多专利申报或论文在写酸水解条件时，常常只写水解溶液中水解酸的克分子浓度 $N$，不写溶液体积，这怎么能知道用多少酸呢？因此，我们必须解决水解的用酸量等一系列问题。

## 第二节 柠檬酸、草酸和盐酸水解研究

今将柠檬酸水解研究："珍珠贝氨基酸液和珍珠贝人参氨基酸液的生产方法""美鲜扇贝汁生产方法"和"虾青素对虾汁的生产方法"三项按已申报专利的写法公开，以供分飨。为了减少篇幅，我们将其中的共同点抽出集中起来，列在本章第三节和第四节中。

### 一、珍珠贝氨基酸液和珍珠贝人参氨基酸液的生产方法

申请号或专利号：201510571300. X　　　　发文序号：2015120301426430

申请人或专利权人：陈俊豪

发明创造名称：珍珠贝氨基酸液和珍珠贝人参氨基酸液的生产方法

(一)技术领域

本发明涉及一种珍珠贝氨基酸液和珍珠贝人参氨基酸液的生产方法。属氨基酸生产技术领域。

(二)背景技术

国内许多学者研究证明：①珍珠的主要有效成分是牛磺酸和鸟氨酸。牛磺酸对人体十分重要，也是新生儿大脑发育的必需物质，并具有保护心肌，降低血压、血脂和血糖等作用；而马氏珍珠贝肉(全内脏)的药用有效成分含量比珍珠还高。②马氏珍珠贝肉蛋白质含量接近近江牡蛎。③根据南海水产研究所李来好先生的研究，氨基酸评分(以 FAO 模式为 100 分)，马氏珍珠贝肉 94，大珠母贝肉 82，黑珠母贝肉 89，企鹅珠母贝肉 81。采珠后河蚌肉必需氨基酸占氨基酸总量的 44.43%，接近 FAO/WHO 推荐模式。

我国珍珠年产量占世界产量 95%，剖珠后的珍珠贝(蚌)肉近 15 万吨。大部分鲜食或作饲料，价值低。

人参具有大补元气、补脾益肺、安神益智、抗肿瘤和抗衰老等作用。

将珍珠贝(蚌)的氨基酸和人参二者结合起来，相得益彰。

(三)发明内容

本发明提供一种珍珠贝氨基酸液和珍珠贝人参氨基酸液的生产方法，首创柠檬酸水解方法，取代现有的盐酸水解生产氨基酸的方法，水解后的柠檬酸中和后容易过滤分离，解决了用盐酸水解难解的问题。可生产氨基酸液等各种制剂。

解决了采珍珠后数量巨大的珍珠贝(蚌)肉利用问题。结合人参制成珍珠贝氨基酸液和珍珠贝人参氨基酸液。首次加入柠檬酸作水产品抗蛋白质冷冻变性剂，提高提取率。其余发明见本章第四节。

(四)技术方案

珍珠贝氨基酸液和珍珠贝人参氨基酸液采用柠檬酸水解珍珠贝肉的方法进行生产，包括如下步骤：

1. 原料预处理

每年的 11 月到第二年的 3 月为采收珍珠的季节，趁此时收集珍珠贝肉，拣出其中的贝壳和砂石。加入原料重量的 2% ~4% 的柠檬酸作为抗蛋白质冷冻变性剂，在鱼类冷库 -20℃以下低温冷冻保存备用，可提高提取率。柠檬酸在高温水解时不会产生美拉德反应，使生产的产品具有淡黄色。

对于生产调味液要有较深酱色，须用蔗糖作为抗蛋白质冷冻变性剂，以便产生美拉德反应使产品变黑。

2. 水解

水解采用柠檬酸，市售一水柠檬酸晶含柠檬酸 89.6%。

从食物营养成分表或有关论文查询到以下海产品的蛋白质含量：马氏珍珠贝肉含蛋白质 12.03%；褶纹冠蚌肉含蛋白质 10.9%；三角帆蚌肉含蛋白质 9.42%；背角无齿蚌肉含蛋白质 6.71%；牡蛎肉含蛋白质 9.1%。

装料：$\Sigma = M_{贝蚌肉} + 等量水 + M_{柠檬酸晶}$。

在反应釜中加入步骤 1 得到的原料和与原料等量的水，再加入柠檬酸( = 原料重量 × 原料蛋白质含量 ×2.4 ×1.0973 = 原料重量 × 原料蛋白质含量 ×2.634)，见公式(7 -4)，选 $CC = 2.4$。应扣减已加原料 3% 的柠檬酸晶抗蛋白质冷冻变性剂：$M_{柠檬酸晶} = M_{原料} \times 3\%$。

在 112℃ ~118℃下水解 12 ~16 小时。

3. 中和

将上面液体用水解的柠檬酸重量59%的食品级石灰中和至pH值为8，见公式(7-10)，柠檬酸重量见步骤2。

4. 沉淀

将中和后的液体注入储罐中，沉淀3~4小时。

5. 硅藻土过滤

将步骤4得到的液体使用硅藻土过滤机反复过滤，直到液体完全清澈，看不到悬浮颗粒。

6. 调制

(1)用经过滤的自来水——过滤水，将步骤5得到的液体调至含氮量0.31~0.32(g/100mL或kg/100L)，以备因加配方引起稀释。

(2)用食品级盐酸调节，使液体的pH值达到4.4~4.6，以便去除海产品的腥味。

(3)按产品珍珠贝氨基酸液或珍珠贝人参氨基酸液的预计体积产量[公式(7-15)]的百分比重量(g/100mL或kg/100L)，加入后面配料配方中各组分进行调制。

7. 微孔膜超滤

将步骤6调制后的液体用膜孔径为0.1~0.3μm的微孔膜进行超滤，去除细菌。

8. 灌装

将步骤7超滤后的液体用250mL瓶灌装。灌装桶、灌装机和灌装瓶、盖都预先用臭氧水洗过。

（五）本发明主要创新点

(1)首创柠檬酸水解生产氨基酸的方法，解决盐酸水解生产氨基酸难题。水解后的柠檬酸用石灰中和以后产生柠檬酸钙沉淀，很容易通过过滤分离。不污染环境和空气，没有水解臭，无水解不完全所产生的肽对部分人体的不良过敏反应，工艺简单，生产效率高，产量大。可以生产氨基酸液以及各种氨基酸制剂。

而用盐酸水解所产生的氨基酸无法与剩余的盐酸分离，中和后产生的盐也很难被去除。

(2)将剖珍珠贝(蚌)取珍珠后的贝(蚌)体下脚料变为珍贵珍珠类药材，成本低廉，具有珍珠的主要功效。我们将它和人参结合起来，制成珍珠贝人参氨基酸液，适合中老年人、病虚体弱者、术后患者及产后妇女等需要提高免疫力及增强机体抗病能力的人群。

(3)符合营养学人体容易吸收机制。营养学研究表明，食物中的金属离子包括钙和微量元素等，只有与氨基酸结合成络合物或螯合物的部分，才能被人体吸收利用。在我们的海产品氨基酸中有大量人体必需的元素和微量元素如钙、钾、镁、锌、碘、硒和磷等与氨基酸同时存在，进入消化道后，环境pH一旦合适，它们立即结合成络合物或螯合物，十分有利于人体吸收。

(4)其余创新见本章第三节。

（六）具体实施方式

以下结合具体实施例来对本发明作进一步说明：

【实施例1】

使用120L不锈钢反应釜，采用柠檬酸，在112℃~118℃下水解马氏珍珠贝肉30kg，生产马氏珍珠贝氨基酸液或马氏珍珠贝人参氨基酸液。马氏珍珠贝肉含蛋白质约12.03%。

预计产量$V$(体积)，根据后面公式(7-15)：

$V$(L)=原料重量(kg)×原料蛋白质含量×16%×65%(提取率)÷产品含氮量kg/L)=

$30kg \times 12.03\% \times 16\% \times 65\%$（提取率）$\div 0.003kg/L = 125.11L$。

马氏珍珠贝氨基酸液或马氏珍珠贝人参氨基酸液含氮量 0.003kg/L。

装釜：$\Sigma$ = 马氏珍珠贝肉 30kg + 水 30kg + $M_{柠檬酸晶}$。

计算水解用柠檬酸。根据公式(7－4)，选 $CC = 2.4$：

$M_{柠檬酸}$ = 原料重量 × 原料蛋白质含量 × 2.4 × 1.0973 = 30 × 12.03% × 2.4 × 1.0973 = 9.5044(kg)，$M_{柠檬酸晶} = M_{柠檬酸} \div 0.896 = 10.6076$(kg)。

应扣减原料 3% 的柠檬酸晶抗蛋白质冷冻变性剂：30 × 3% = 0.9(kg)。实加柠檬酸晶 10.6076 − 0.9 = 9.7076(kg)，

中和用石灰，根据公式(7－10)：$M_{石灰} = 0.59 \times M_{柠檬酸} = 0.59 \times 9.5044 = 5.6076$(kg)。

将 30kg 马氏珍珠贝肉和等量水置入 120L 不锈钢反应釜中，加入柠檬酸晶 9.7076kg，在 112℃～118℃下水解 12～16 小时。用食品级石灰约 5.6076kg 中和至 pH≥8。用硅藻土过滤机反复过滤，直到液体完全清澈，看不到悬浮颗粒。①用过滤水将液体调至含氮量 0.31～0.33(g/100mL 或 kg/100L)，以备因加配方引起稀释。②用食品级盐酸调节，使液体的 pH 值达到 4.4～4.6，以便去除海产品的腥味。③按上面预计体积产量加入后面配料配方中各组分进行调制。然后用膜孔径为 0.1～0.3μm 的微孔膜进行超滤。④灌装：将灌装器具和瓶子及盖先用臭氧水洗过，灌装成产品。

【实施例 2】

使用 120L 不锈钢反应釜，采用柠檬酸，在 112℃～118℃下水解褶纹冠蚌肉 33kg。生产褶纹冠蚌氨基酸液或褶纹冠蚌人参氨基酸液。褶纹冠蚌肉含蛋白质约 10.09%。

预计产量 $V$(体积)，根据公式(7－15)：

$V$(L) = 原料重量(kg) × 原料蛋白质含量 × 16% × 65%（提取率）÷ 产品含氮量(kg/L) = $33kg \times 10.09\% \times 16\% \times 65\%$（提取率）$\div 0.003kg/L = 115.43L$。

褶纹冠蚌氨基酸液或褶纹冠蚌人参氨基酸液含氮量 0.003kg/L。

装釜：$\Sigma$ = 褶纹冠蚌肉 33kg + 水 33kg + $M_{柠檬酸晶}$。

计算水解用柠檬酸。根据公式(7－4)，选 $CC = 2.4$：

$M_{柠檬酸}$ = 原料重量 × 原料蛋白质含量 × 2.4 × 1.0973 = 33 × 10.09% × 2.4 × 1.0973 = 8.7688(kg)，$M_{柠檬酸晶} = M_{柠檬酸} \div 0.896 = 9.7866$(kg)。

应扣减原料 3% 的柠檬酸晶抗蛋白质冷冻变性剂：33 × 3% = 0.99(kg)。实加柠檬酸晶 9.7866 − 0.99 = 8.7966(kg)。

中和用石灰，根据公式(7－10)：$M_{石灰} = 0.59 \times M_{柠檬酸} = 0.59 \times 8.7688 = 5.17$(kg)。

将 33kg 褶纹冠蚌肉和等量水置入 120L 不锈钢反应釜中，加入柠檬酸晶 9.7866kg，在 112℃～118℃下水解 12～16 小时。用食品级石灰约 5.17kg 中和至 pH≥8。用硅藻土过滤机反复过滤，直到液体完全清澈，看不到悬浮颗粒。①用过滤水将液体调至含氮量 0.31～0.33(g/100mL 或 kg/100L)，以备因加配方引起稀释。②用食品级盐酸调节，使液体的 pH 值达到 4.4～4.6，以便去除海产品的腥味。③按上面预计体积产量加入后面配料配方中各组分进行调制。然后用膜孔径为 0.1～0.3μm 的微孔膜进行超滤。④灌装：将灌装器具和瓶子及盖先用臭氧水洗过，灌装成产品。

【实施例 3】

使用 120L 不锈钢反应釜，采用柠檬酸，在 112℃～118℃下水解三角帆蚌肉 37kg。生产三角帆蚌氨基酸液或三角帆蚌人参氨基酸液。三角帆蚌肉含蛋白质 9.42%。

预计产量 $V$(体积)，根据公式(7－15)：

$V$(L)＝原料重量(kg)×原料蛋白质含量×16%×65%(提取率)÷产品含氮量(kg/L)＝37kg×9.42%×16%×65%(提取率)÷0.003kg/L＝120.83L。

三角帆蚌氨基酸液或三角帆蚌人参氨基酸液含氮量0.003kg/L。

装釜：Σ＝水解三角帆蚌肉37kg＋水37kg＋$M_{柠檬酸晶}$。

计算水解用柠檬酸。根据公式(7－4)，选 $CC=2.4$：

$M_{柠檬酸}$＝原料重量×原料蛋白质含量×2.4×0.7316＝37×9.42%×2.4×1.0973＝9.1789(kg)，$M_{柠檬酸晶}=M_{柠檬酸}\div 0.896=10.2443$(kg)。

应扣减原料3%的柠檬酸晶抗蛋白质冷冻变性剂：37×3%＝1.11kg。实加柠檬酸晶10.2443－1.11＝9.1343(kg)。

中和用石灰，根据公式(7－10)：$M_{石灰}=0.59\times M_{柠檬酸}=0.59\times 9.1789=5.4156$(kg)。

将37kg三角帆蚌肉和等量水置入120L不锈钢反应釜中，加入柠檬酸晶9.1343kg，在112℃～118℃下水解12～16小时。用食品级石灰约5.42kg中和至pH≥8。用硅藻土过滤机反复过滤，直到液体完全清澈，看不到悬浮颗粒。①用过滤水将液体调至含氮量0.31～0.33(g/100mL或kg/100L)，以备因加配方引起稀释。②用食品级盐酸调节，使液体的pH值达到4.4～4.6，以便去除海产品的腥味。③按上面预计体积产量加入后面配料配方中各组分进行调制。然后用膜孔径为0.1～0.3μm的微孔膜进行超滤。④灌装：将灌装器具和瓶子及盖先用臭氧水洗过，灌装成产品。

【实施例4】

使用120L不锈钢反应釜，采用柠檬酸，在112℃～118℃下水解牡蛎肉38kg。生产牡蛎氨基酸液或牡蛎人参氨基酸液。牡蛎肉约含蛋白质9.1%。

预计产量 $V$(体积)，根据公式(7－15)：

$V$(L)＝原料重量(kg)×原料蛋白质含量×16%×65%(提取率)÷产品含氮量(kg/L)＝38kg×9.1%×16%×65%(提取率)÷0.003kg/L＝119.88L。

牡蛎氨基酸液或牡蛎人参氨基酸液含氮量0.003kg/L。

装釜：Σ＝牡蛎肉38kg＋水38kg＋$M_{柠檬酸晶}$。

计算水解用柠檬酸。根据公式(7－4)，选 $CC=2.4$：

$M_{柠檬酸}$＝原料重量×原料蛋白质含量×2.4×1.0973＝38×9.1%×2.4×1.0973＝9.1067(kg)，$M_{柠檬酸晶}=M_{柠檬酸}\div 0.896=10.1637$(kg)。

应扣减原料3%的柠檬酸晶抗蛋白质冷冻变性剂：38×3%＝1.14(kg)。实加柠檬酸晶10.1637－1.14＝9.0237(kg)。

中和用石灰，根据公式(7－10)：$M_{石灰}=0.59\times M_{柠檬酸}=0.59\times 9.1067=5.3730$(kg)。

将38 kg牡蛎肉和等量水置入120L不锈钢反应釜中，加入柠檬酸晶9.0237kg，在112℃～118℃下水解12～16小时。用食品级石灰约5.37kg中和至pH≥8。用硅藻土过滤机反复过滤，直到液体完全清澈，看不到悬浮颗粒。①用过滤水将液体调至含氮量0.31～0.33(g/100mL或kg/100L)，以备因加配方引起稀释。②用食品级盐酸调节，使液体的pH值达到4.4～4.6，以便去除海产品的腥味。③按上面预计体积产量加入后面配料配方中各组分进行调制。然后用膜孔径为0.1～0.3μm的微孔膜进行超滤。④灌装：将灌装器具和瓶子及盖先用臭氧水洗过，灌装成产品。

## 二、美鲜扇贝汁生产方法

申请号或专利号：201510571208.3　　　　发文序号：2015120301491380

申请人或专利权人：陈俊豪

发明创造名称：美鲜扇贝汁生产方法

(一)技术领域

本发明涉及利用扇贝裙边生产美鲜扇贝汁的方法，属海鲜调味品生产技术领域。

(二)背景技术

扇贝是我国沿海主要养殖贝类之一，年产量达130万吨。扇贝肉质鲜美，营养丰富，它的闭壳肌干制后即是“干贝”，被列为八珍之一，经济价值很高。

扇贝具有健脑、明目、健脾、和胃、润肠、养颜护肤、通血和抗癌等作用。

扇贝含有大量蛋白质、氨基酸和牛磺酸，其中含大量的甘氨酸、丙氨酸、谷氨酸等呈味氨基酸和人体必需的元素，所以口感特别好，适合生产美鲜扇贝汁。

中国扇贝产量一直居于世界首位，2011年达到世界产量的56.12%。沿海地区每生产1吨湿干贝后就留下约2.5吨扇贝裙边下脚料，全国每年废弃几十万吨的扇贝裙边。扇贝裙边的营养成分和干贝相仿。这么美味的资源，长期以来并没有得到有效的利用，除了少量被用于生产肥料或饲料以外，大部分被作为垃圾扔掉。这样不仅造成资源的严重浪费，而且污染环境。如何科学地开发利用扇贝裙边，提高其经济价值，已成为目前亟待解决的问题。我们首创新技术，生产出“美鲜扇贝汁”。

(三)发明内容

本发明提供一种美鲜扇贝汁的生产方法。柠檬酸水解是我们的独创，用来水解扇贝裙边生产出美鲜扇贝汁，解决了数量巨大的扇贝裙边的利用问题，克服了用盐酸水解产生水解臭、致癌的三氯丙醇和污染环境等问题；首次加入蔗糖作水产品抗蛋白质冷冻变性剂，提高提取率，自动产生酱色；其余发明见本章第四节。

(四)技术方案

采用柠檬酸水解扇贝裙边生产美鲜扇贝汁，包括如下步骤：

1. 原料预处理

每年只有春、秋两季收取干贝时间，趁此时收集扇贝裙边，拣出其中贝壳、沙石，加入原料重量2%～4%的蔗糖作为水产品抗蛋白质冷冻变性剂，在鱼类冷库－20℃以下低温冷冻保存备用，可提高提取率。蔗糖在高温水解时发生美拉德反应，使生产的产品自然具有焦糖色素颜色。

而生产氨基酸液不能有深的颜色，所以不能用蔗糖作为水产品抗蛋白质冷冻变性剂。

2. 水解

水解采用柠檬酸，市售品为一水柠檬酸晶，含柠檬酸89.6%。

装料：$\Sigma = M_{扇贝裙边} + 等量水 + M_{柠檬酸晶}$。

对不同的水解设备：

(1)使用5000mL三角锥瓶，采用柠檬酸，回流水解扇贝裙边。

在三角锥瓶中加入步骤1得到的原料和与原料等量的水，再加入柠檬酸＝原料重量×原料蛋白质含量×2.6×1.0973＝原料重量×原料蛋白质含量×2.853)，见公式(7－4)，选$CC=2.6$。回流水解12～16小时。

(2)使用反应釜水解，采用柠檬酸水解扇贝裙边。

在反应釜中加入步骤1得到的原料和与原料等量的水，再加入柠檬酸 = 原料重量 × 原料蛋白质含量 × 2.4 × 1.0973 = 原料重量 × 原料蛋白质含量 × 2.6335），见公式(7－4)，选 $CC$ = 2.4。在112℃～118℃下水解12～16小时。

3. 中和

将上面液体用水解的柠檬酸重量59%的食品级石灰中和至pH值为8，见公式(7－10)，柠檬酸重量见步骤2。

4. 沉淀

将中和后的液体注入储罐中，沉淀3～4小时。

5. 加食盐和蔗糖

抽取步骤4沉淀后的上清液，按产品美鲜扇贝汁的预计体积产量的百分比重量(g/100mL或kg/100L)，加入18%的食盐，搅拌溶解；再加入3%的蔗糖(扣除已加的作为水产品抗蛋白质冷冻变性剂的蔗糖)，搅拌溶解。美鲜扇贝汁的预计体积产量根据公式(7－15)估算。

6. 硅藻土过滤

将步骤5得到的液体使用硅藻土过滤机反复过滤，直到液体完全清澈，看不到悬浮颗粒。

7. 调制

(1)用经过滤的自来水——过滤水，将步骤6得到的液体调至含氮量0.31～0.32(g/100mL或kg/100 L)，以备因加配方引起稀释。

(2)用食品级盐酸调节，使液体的pH值达到4.4～4.6，以便去除海产品的腥味。

(3)按产品美鲜扇贝汁的预计体积产量[根据公式(7－15)]的百分比重量，加入后面配料配方中各组分进行调制。

8. 微孔膜超滤

将步骤7调制后的液体用膜孔径为0.1～0.3μm的微孔膜进行超滤，去除细菌。

9. 灌装

将步骤8超滤后的液体用250mL瓶灌装。灌装桶、灌装机和灌装瓶、盖都预先用臭氧水洗过。

(五)本发明主要创新点

1. 首创柠檬酸水解提取扇贝裙边，生产出美鲜扇贝汁。解决了数量巨大的扇贝裙边下脚料的利用问题。

2. 其余创新见本章第三节。

(六)具体实施方式

以下结合具体实施例来对本发明作进一步说明。

【实施例1】

使用5000mL三角锥瓶，采用柠檬酸，回流水解扇贝裙边1200g，生产美鲜扇贝汁。扇贝裙边约含蛋白质8.80%。

装料：Σ = 扇贝裙边1200g + 水1200g + $M_{柠檬酸晶}$。

计算水解用柠檬酸。根据公式(7－4)，选用 $CC$ = 2.6：

$M_{柠檬酸}$ = 原料重量 × 原料蛋白质含量 × 2.6 × 1.0973 = 1200 × 8.80% × 2.6 × 1.0973 = 301.2747(g)，$M_{柠檬酸晶} = M_{柠檬酸} \div 0.896 = 336.244$(g)。

用无水食品级石灰中和，根据公式(7－10)：$M_{石灰}=0.59\times M_{柠檬酸}=0.59\times 301.2747=177.7521(g)$。

预计产量 $V$(体积)，根据公式(7－15)：

$V$(mL)＝原料重量(g)×原料蛋白质含量×16%×65%(提取率)÷产品含氮量(g/mL)＝1200g×8.8%×16%×65%(提取率)÷0.003g/mL＝3660.80mL。

美鲜扇贝汁含氮量0.003g/mL。

将1200g扇贝裙边和等量的水置入5000mL三角锥瓶中，加入柠檬酸晶336.244g，回流水解12～16小时。用无水食品级石灰177.7521g中和至pH值为8，沉淀3～4小时。抽取上清液，按预计产量3660.80mL的18%加盐，搅拌溶解；再加3%的蔗糖(扣除已加的作为水产品抗蛋白质冷冻变性剂的蔗糖，1200×3%＝36g)，搅拌溶解。全部液体用硅藻土过滤机反复过滤，去掉柠檬酸盐等沉淀渣，直到液体完全清澈，看不到悬浮颗粒。调制：①用过滤水将液体调至含氮量0.31～0.33(g/100mL或kg/100L)，以备因加配方引起稀释。②用食品级盐酸调节，使液体的pH值达到4.4～4.6，以便去除海产品的腥味。③按上面预计体积产量加入后面配料配方中各组分进行调制。用膜孔径为0.1～0.3μm的微孔膜进行超滤，去除细菌。④灌装250mL瓶。

【实施例2】

使用1000L不锈钢反应釜，采用柠檬酸，在112℃～118℃下水解扇贝裙边370 kg，生产美鲜扇贝汁。扇贝裙边约含蛋白质8.80%。

装釜：$\Sigma$＝扇贝裙边370kg＋水330kg＋$M_{柠檬酸晶}$。

计算水解用柠檬酸。根据公式(7－4)，选用 $CC=2.4$：

$M_{柠檬酸}$＝原料重量×原料蛋白质含量×2.4×1.0973＝370×8.8%×2.4×1.0973＝85.7474(kg)，$M_{柠檬酸晶}=M_{柠檬酸}\div 0.896=95.7002(kg)$。

用石灰中和，根据公式(7－10)：$M_{石灰}=0.59\times M_{柠檬酸}=0.59\times 85.7474=50.5910(kg)$。

预计产量 $V$(体积)，根据公式(7－15)：

$V$(L)＝原料重量(kg)×原料蛋白质含量×16%×65%(提取率)÷产品含氮量(kg/L)＝370kg×8.8%×16%×65%(提取率)÷0.003kg/L＝1128.75L。

美鲜扇贝汁含氮量0.003kg/L。

将370kg扇贝裙边和330kg水置入1000L不锈钢反应釜中，加入柠檬酸晶95.7002kg，在112℃～118℃下水解12～16小时。用无水食品级石灰50.5910kg中和至pH值为8，沉淀3～4小时。抽取上清液，按预计产量1128.75L的18%加盐，搅拌溶解；再加3%的蔗糖(扣除已加的作为水产品抗蛋白质冷冻变性剂的蔗糖，370×3%＝11.1kg)，搅拌溶解。全部液体用硅藻土过滤机反复过滤，去掉柠檬酸盐等沉淀渣，直到液体完全清澈，看不到悬浮颗粒。调制：①用过滤水将液体调至含氮量0.31～0.33%(g/100mL或kg/100L)，以备因加配方引起稀释。②用食品级盐酸调节，使液体pH值达到4.4～4.6，以便去除海产品的腥味。③按上面预计体积产量加入后面配料配方中各组分进行调制。用膜孔径为0.1～0.3μm的微孔膜进行超滤，去除细菌。④灌装250mL瓶。

## 三、虾青素对虾汁的生产方法

申请号或专利号：201510571551.8　　发文序号：2015120901432940

申请人或专利权人：陈贵卿

发明创造名称：虾青素对虾汁的生产方法

(一)技术领域

本发明涉及利用对虾头生产虾青素对虾汁的方法，属海鲜调味品生产技术领域。

(二)背景技术

对虾主要产于我国的渤海、黄海，肉质细嫩，味道鲜美，营养丰富，易消化，对身体虚弱以及病后需要调养的人来说是极好的食物。对虾含有丰富的镁，它能很好地保护心血管系统，减少血液中胆固醇含量，防止动脉硬化，有利于预防高血压及心肌梗死。对虾还含有大量虾青素，具强效抗氧化作用，能有效抗衰老。此外，对虾还含有大量人体必需的元素。

根据2012年的统计，我国生产对虾约170万吨，出口产品以虾仁为主，必须去掉虾头。而虾头约占整虾的30%，每年大约有几十万吨。虾头经我们分解约含50%的肉和50%的壳。因为对虾的壳含有很多须，很难处理，所以还没见到有哪个厂家能够提取虾头肉。这么优质的资源，长期以来并没有得到有效的利用，除了少量被用于生产甲壳素(去掉肉)或当肥料以外，大部分被作为垃圾扔掉。这样不仅造成资源的严重浪费，而且污染环境。如何科学地开发利用虾头，提高其经济价值，已成为目前亟待解决的问题。

许多人一吃虾类，就会不同程度地出现蛋白质过敏反应，大部分表现为身体某些部位(脸部、腿部、胳膊，甚至全身)起疙瘩并伴有瘙痒症状。

(三)发明内容

本发明提供一种虾青素对虾汁的生产方法。柠檬酸水解是我们的独创，用来水解对虾头生产虾青素对虾汁，解决了每年剥取虾仁出口留下对虾头几十万吨的利用问题；克服了用盐酸水解产生水解臭、致癌的三氯丙醇和污染环境等问题；首次加入柠檬酸作水产品抗蛋白质冷冻变性剂，提高提取率；将虾蛋白质水解成氨基酸，解决了虾蛋白质对部分人体的过敏问题；产品含有大量的镁，它能减少血液中胆固醇含量，有利于预防高血压及心肌梗死。还含有大量虾青素，它具强效抗氧化作用，能有效抗衰老；其余发明见本章第四节。

(四)技术方案

采用柠檬酸水解对虾头生产虾青素对虾汁，包括如下步骤：

1. 原料预处理

每年九月、十月是渤海秋汛捕虾的重要季节，趁加工虾仁时收集对虾头，拣出其中杂物和虾头须。原料中加入2% ~4%的柠檬酸作为水产品抗蛋白质冷冻变性剂，在鱼类冷库 -20℃以下低温冷冻保存备用，可提高提取率。生产氨基酸液时，要求柠檬酸在高温水解时不生美拉德反应，使生产的产品具有鲜红颜色。

而生产调味液就要有较深的酱色，所以不能用柠檬酸作为水产品抗蛋白质冷冻变性剂。

2. 水解

水解用柠檬酸，市售品为一水柠檬酸晶，含89.6%的柠檬酸。

对虾头蛋白质含量为9.30%，碳酸钙含量为2.25%。

装料：$\Sigma = M_{对虾头} + 等量水 + M_{柠檬酸晶}$。

对不同的水解设备：

(1)使用5000mL三角锥瓶，采用柠檬酸，回流水解对虾头。在三角锥瓶中加入原料和与原料等量的水。加入的柠檬酸有两部分：

①水解部分。根据公式(7-4)，选 $CC=2.6$：

$^{水解}M_{柠檬酸} = 厚料重量 \times 原料蛋白质含量 \times 2.6 \times 1.0973 = M_{对虾头} \times 9.30\% \times 2.6 \times 1.0973 =$

$M_{对虾头}\times 0.2653g$。

②对虾壳含碳酸钙溶解需消耗柠檬酸：

$$2C_6H_8O_7 + 3CaCO_3 \longrightarrow Ca_3(C_6H_5O_7)_2\downarrow + 3H_2O + 3CO_2\uparrow$$

384.251　　300.267　　　498.443

$^{溶解}M_{柠檬酸} = (384.251 \div 300.267)\times M_{碳酸钙,对虾头} = (384.251 \div 300.267)\times M_{对虾头}\times C_{碳酸钙,对虾头} = 1.2797\times 2.25\%\times M_{对虾头} = M_{对虾头}\times 0.0288$　　(7－1)

对虾头含碳酸钙 $C_{碳酸钙,对虾头} = 2.25\%$。

$^{总}M_{柠檬酸} = {}^{水解}M_{柠檬酸} + {}^{溶解}M_{柠檬酸} = M_{对虾头}\times 0.2653 + M_{对虾头}\times 0.0288 = M_{对虾头}\times 0.2941$，

使用的是一水柠檬酸晶：$^{总}M_{柠檬酸晶} = {}^{总}M_{柠檬酸}\div 0.896 = M_{对虾头}\times 0.3282$。

应扣减已加的原料3%的柠檬酸晶抗冷冻变性剂：$^{已加}M_{柠檬酸晶} = M_{对虾头}\times 3\%$。

现在实际加入柠檬酸晶：$^{实加}M_{柠檬酸晶} = {}^{总}M_{柠檬酸晶} - {}^{已加}M_{柠檬酸晶} = M_{对虾头}\times 0.3282 - M_{对虾头}\times 3\% = M_{对虾头}\times 0.2982$。

回流水解12～16小时。

(2)使用反应釜水解，采用柠檬酸水解对虾头。在反应釜中加入步骤1得到的原料和与原料等量的水。同样加入的柠檬酸有两部分：

①水解部分。根据公式(7－4)，选 $CC = 2.4$：

$^{水解}M_{柠檬酸} = 原料重量\times 原料蛋白质含量\times 2.4\times 1.0973 = M_{对虾头}\times 9.30\%\times 2.4\times 1.0973 = M_{对虾头}\times 0.2449$。

②对虾头含碳酸钙溶解需消耗柠檬酸，同上；$^{溶解}M_{柠檬酸} = M_{对虾头}\times 0.0288$。

$^{总}M_{柠檬酸} = {}^{水解}M_{柠檬酸} + {}^{溶解}M_{柠檬酸} = M_{对虾头}\times 0.2449 + M_{对虾头}\times 0.0288 = M_{对虾头}\times 0.2737$，

使用的是一水柠檬酸晶：$^{总}M_{柠檬酸晶} = {}^{总}M_{柠檬酸}\div 0.896 = M_{对虾头}\times 0.3055$。

应扣减已加的原料3%的柠檬酸晶抗冷冻变性剂：$^{已加}M_{柠檬酸晶} = M_{对虾头}\times 3\%$。

现在实际加入柠檬酸晶：$^{实加}M_{柠檬酸晶} = {}^{总}M_{柠檬酸晶} - {}^{已加}M_{柠檬酸晶} = M_{对虾头}\times 0.3055 - M_{对虾头}\times 3\% = M_{对虾头}\times 0.2755$。

在112℃～118℃下水解12～16小时。

3. 中和

用水解的柠檬酸重量59%的食品级石灰中和至pH值为8，根据公式(7－10)，柠檬酸重量见步骤2。

4. 沉淀

将中和后的液体注入储罐中，沉淀3～4小时。

5. 加食盐和蔗糖

抽取步骤4沉淀后的上清液，按产品虾青素对虾汁的预计体积产量的百分比重量(g/100mL或kg/100L)，加入18%食盐，搅拌溶解；再加入3%蔗糖，搅拌溶解。虾青素对虾汁的预计体积产量根据公式(7－15)估算。

6. 硅藻土过滤

将步骤5得到的液体使用硅藻土过滤机反复过滤，直到液体完全清澈，看不到悬浮颗粒。

7. 调制

(1)用经过滤的自来水——过滤水，将步骤6得到的液体调至含氮量0.31～0.32(g/

100mL 或 kg/100L)。

(2)用食品级盐酸调节，使液体的 pH 值达到 4.4 ~4.6，以便去除海产品的腥味。

(3)按产品虾青素对虾汁的预计体积产量的百分比重量(g/100mL 或 kg/100 L)，加入后面配料配方中各组分进行调制。

8. 微孔膜超滤

将步骤 7 调制后的液体用膜孔径为 0.1 ~0.3μm 的微孔膜进行超滤，去除细菌。

9. 灌装

将步骤 8 超滤后的液体用 250mL 瓶灌装。灌装桶、灌装机和灌装瓶、盖都预先用臭氧水洗过。

(五)本发明主要创新点

(1)首创水解对虾头，生产出虾青素对虾汁，解决了虾头含许多须的壳的处理难题。

产品含有大量的镁，它能很好地保护心血管系统，减少血液中胆固醇的含量，防止动脉硬化，有利于预防高血压及心肌梗死。它还含有大量虾青素，其具强效抗氧化作用，能有效抗衰老。

(2)虾蛋白的脱敏。虾蛋白经水解后分解成氨基酸，不再是蛋白质，不存在过敏问题。我们曾水解花粉，经我校最易花粉过敏的女医师检测，证明已经完全脱敏。

(3)其余创新见本章第三节。

(六)具体实施方式

以下结合具体实施例来对本发明作进一步说明。

【实施例 1】

使用 5000mL 三角锥瓶，采用柠檬酸，回流水解对虾头 1200g，生产虾青素对虾汁。对虾头约含蛋白质 9.30%，含碳酸钙 2.25%。

装料：$\Sigma$ = 对虾头 1200g + 水 1200g + $M_{柠檬酸晶}$。

加入的柠檬酸有两部分：

(1)水解部分。根据公式(7 -4)，选用 $CC = 2.6$：

$^{水解}M_{柠檬酸}$ = 原料重量 × 原料蛋白质含量 ×2.6 ×1.0973 = 1200 ×9.30% ×2.6 ×1.0973 = 318.3926(g)。

(2)溶解消耗部分。根据公式(7 -1)：$^{溶解}M_{柠檬酸} = M_{对虾头} \times 0.0288 = 1200 \times 0.0288 =$ 34.56g。

总共需用柠檬酸：$^{总}M_{柠檬酸} = {}^{水解}M_{柠檬酸} + {}^{溶解}M_{柠檬酸}$ = 318.3926g + 34.56g = 352.9526g，

总共需用柠檬酸晶：$^{总}M_{柠檬酸晶} = {}^{总}M_{柠檬酸} \div 0.896$ = 393.9203g，

扣减已加原料 3% 的柠檬酸晶抗蛋白质冷冻变性剂：1200 ×3% = 36(g)。实加柠檬酸晶 393.9203 - 36 = 357.9203(g)。

用无水食品级石灰中和，只需中和水解酸，根据公式(7 -10)：

$M_{石灰} = {}^{水解}M$ 柠檬酸 ×0.59 = 318.3926 ×0.59 = 187.8516(g)。

预计产量 $V$(体积)，根据公式(7 -15)：

$V$(mL) = 原料重量(g) × 原料蛋白质含量 ×16% ×65%(提取率) ÷ 产品含氮量(g/mL) = 1200 ×9.30% ×16% ×65% ÷0.003 = 3868.8(mL)。虾青素对虾汁含氮量 0.003g/mL。

将 1200g 对虾头和等量的水置入 5000mL 三角锥瓶中，加入柠檬酸晶 357.9203g，回流水解 12～16 小时。用无水食品级石灰 187.8516g 中和至 pH 值为 8。沉淀 3～4 小时。抽取上清液，按预计产量 3868.8 毫升的 18% 加盐，搅拌溶解；再加 3% 的蔗糖，搅拌溶解。全部液体用硅藻土过滤机反复过滤，去掉柠檬酸盐等沉淀渣，直到液体完全清澈，看不到悬浮颗粒。调制：①用过滤水将液体调至含氮量 0.31～0.33(g/100mL 或 kg/100L)，以备因加配方引起稀释。②用食品级盐酸调节，使液体的 pH 值达到 4.4～4.6，以便去除海产品的腥味。③按上面预计体积产量加入后面配料配方中各组分进行调制。用膜孔径为 0.1μm～0.3μm 的微孔膜进行超滤，去除细菌。④灌装 250mL 瓶。

【实施例 2】

使用 1000L 不锈钢反应釜，采用柠檬酸水解对虾头，生产虾青素对虾汁。对虾头约含蛋白质 9.30%，含碳酸钙 2.25%。

装釜：$\Sigma$ = 对虾头 340kg + 水 340kg + $M_{柠檬酸晶}$。

加入的柠檬酸有两部分：

(1)水解部分。根据公式(7－4)，选用 $CC=2.4$：

${}^{水解}M_{柠檬酸}$ = 原料重量 × 原料蛋白质含量 × 2.4 × 1.0973 = 340 × 9.30% × 2.4 × 1.0973 = 83.2719(kg)。

(2)溶解消耗部分。根据公式(7－1)：${}^{溶解}M_{柠檬酸} = M_{对虾头} \times 0.0288 = 340 \times 0.0288 = 9.79$(kg)。

总共需用柠檬酸：${}^{总}M_{柠檬酸} = {}^{水解}M_{柠檬酸} + {}^{溶解}M_{柠檬酸}$ = 83.2719kg + 9.79kg = 93.0619kg，

总共需用柠檬酸晶：${}^{总}M_{柠檬酸晶} = {}^{总}M_{柠檬酸} \div 0.896$ = 103.8637(kg)。

扣减已加原料 3% 的柠檬酸晶抗蛋白质冷冻变性剂：340 × 3% = 10.2(kg)，实加柠檬酸晶 103.8637 － 10.2 = 93.6637(kg)。

用无水食品级石灰中和，只需中和水解酸，根据后面公式(7－10)：

$M_{石灰} = {}^{水解}M_{柠檬酸} \times 0.59 = 83.2719 \times 0.59 = 49.1304$(kg)。

预计产量 $V$(体积)，根据公式(7－15)：

$V$(L) = 原料重量(kg) × 原料蛋白质含量 × 16% × 65%(提取率) ÷ 产品含氮量(kg/L) = 340 × 9.3% × 16% × 65% ÷ 0.003 = 1096.16(L)。

虾青素对虾汁含氮量 0.003kg/L。

将 340kg 对虾头和等量的水置入 1000L 不锈钢反应釜中，加入柠檬酸晶 93.6637kg，在 112℃～118℃下水解 12～16 小时。用无水食品级石灰 49.1304kg 中和至 pH 值为 8。沉淀 3～4 小时。抽取上清液，按预计产量 1096.16L 的 18% 加盐，搅拌溶解；再加 3% 的蔗糖，搅拌溶解。全部液体用硅藻土过滤机反复过滤，去掉柠檬酸盐等沉淀渣，直到液体完全清澈，看不到悬浮颗粒。调制：①用过滤水将液体调至含氮量 0.31～0.33(g/100mL 或 kg/100L)，以备因加配方引起稀释。②用食品级盐酸调节，使液体的 pH 值达到 4.4～4.6，以便去除海产品的腥味。③按上面预计体积产量加入后面配料配方中各组分进行调制。用膜孔径为 0.1～0.3μm 的微孔膜进行超滤，去除细菌。④灌装 250mL 瓶。

## 四、采用柠檬酸水解马氏珍珠贝肉生产调味液

规模生产厂也需要小型设备试产，投产前报批产品用。

通常实验室都采用三角锥瓶、回流管和电炉进行水解，需要流水冷却和调温，石棉瓦隔

热。三角锥瓶和回流管都是易碎的玻璃器皿，操作起来有些麻烦。我们现在采用有机酸水解，可用电磁炉和全不锈钢高压锅取代三角锥瓶和回流管进行水解，水解时间缩短为 8 小时，故加大 $CC$（取 $CC=2.8$）。必须注意防止安全阀的孔被堵塞。

设备：电磁炉和 10L 容量全不锈钢高压锅，高压锅还兼作调制锅、灭菌锅；实验室用过滤器；手工灌装杯；烧杯；食品塑料容器若干个；精密试纸等。

每套电磁炉和高压锅日产 6L 产品，灌装 24 瓶。采用 10 套，就可日产 60L 产品，灌装 240 瓶。但是电磁炉会产生一些辐射，要注意防辐射和通风，不宜用太多套。

如果用 1～2 套设备试产，使用煤气炉加热也很方便。但煤气炉多了就有危险。

（1）水解。

装锅 $\Sigma=$ 马氏珍珠贝肉 2kg + 水（3.5kg + 3.5kg）+ $M_{柠晶}$。马氏珍珠贝含蛋白质 12.03%，选 $CC=2.8$。

根据后面公式（7－4），$M_{柠檬酸}=$ 原料重量 × 原料蛋白质含量 × 2.8 × × 1.0973 = 2 × 12.03% × 2.8 × 1.0973 = 0.7392（kg），$M_{柠檬酸晶}=M_{柠檬酸}\div 89.6\%=0.8250$（kg）。

预计产量 $V$（体积），根据公式（7－15）：

$V$（L）= 原料重量（kg）× 原料蛋白质含量 × 16% × 65%（提取率）÷ 产品含氮量（kg/L）= 2kg × 12.03% × 16% × 65%（提取率）÷ 0.003kg/L = 8.34L。

产品含氮量 0.003kg/L。

用两层纯棉纱布袋装好马氏珍珠贝肉 2kg 和柠檬酸晶 0.8250kg，扎紧袋口以防水解时渣滓堵塞安全出汽口。高压锅水蒸发很厉害。沸腾水解 8 小时。先加 3.5kg 水，用中高档通电加热至冒汽后，在高压锅的冒汽口压上小顶盖，改为低档加热保持沸腾状态进行水解。高压锅不要装太满，不超过 7 成。千万注意别把锅里的水烧干。夏日炎热，为了防止高压锅冒汽使锅里水分迅速减少，最低档加热如果还是冒汽很大，只好时而关电，时而通电了。水解 4 小时，关电停止加热后一会儿，放汽开盖，再加 3.5kg 水；查看布袋有无破损，必要时进行更换，并清理渣滓，特别是安全阀周围的；继续水解 4 小时。小心水烧干，加水量可根据情况适当调整，谨慎使用。

（2）中和。水解完成后断电，拿掉小顶盖放一会儿汽，打开高压锅，用食品级石灰中和。

根据公式（7－4）：$M_{石灰}=M_{柠檬酸}\times 0.59=0.7392\times 0.59=0.4361$（kg）。

将石灰用过滤水调成糊状再进行中和。同时不断进行搅拌，待中和一半后开始用精密试纸测 pH 值，中和至 pH≥8。

（3）沉淀。集中 10 锅水解液，沉淀 3～4 小时，吸出上清液。加适量水洗渣，沉淀，吸出上清水，去渣。

（4）滤纸过滤。将上清液和上清水合并，使用滤纸过滤。

（5）调制。按后面调味液配方调制。

（6）精滤。

（7）灌装。使用 250mL 瓶灌装，封盖。

（8）灭菌。100℃下灭菌 30 分钟。

## 五、草酸水解海红（贻贝）

草酸晶含98%草酸，草酸为二元酸，$K\alpha_1 = 5.9 \times 10^{-2}$，$K\alpha_2 = 1.7 \times 10^{-5}$。

（1）反应釜水解。反应釜1000L，允许装料满700L。

装釜 $\Sigma = M_{海红体}280kg + 水 280kg + M_{草酸}$。海红含蛋白质10.8%，选 $CC = 2.2$。

水解用草酸，根据公式（7-5）：

$M_{草酸}$ = 原料重量 × 原料蛋白质含量 × 2.2 × 0.5142 = 280 × 10.8% × 2.2 × 0.5142 = 34.2087（kg），

草酸晶含98%草酸，$M_{草酸晶} = M_{草酸} \div 0.98 = 34.9068$（kg）。总体酸浓度：$C_{草酸,总} = 34.2087 \div (560 + 34.9068) = 5.75$（%）。

在116℃下水解12小时。

装釜 $\Sigma = M_{海红体}280kg + 水 280kg + 草酸晶 34.9068kg = 594.9068kg$，$V$（体积）= 594.9068 ÷ 1.15 = 517.31（L），小于反应釜允许容积，可以用。

预计产量 $V$（体积），根据公式（7-15）：

$V$（L）= 原料重量（kg）× 原料蛋白质含量 × 16% × 65%（提取率）÷ 产品含氮量（kg/L）= 280kg × 10.8% × 16% × 65%（提取率）÷ 0.003kg/L = 1048.32L。

产品含氮0.003（kg/L）。

（2）中和

如采用纯碱中和，会形成可溶性草酸钠，是危险品，不可用。还是采用石灰中和较好。为防止残余草酸，必须中和至pH值在8以上使之充分沉淀以便滤掉。

根据公式（7-12）：

$M_{石灰} = M_{草酸} \times 0.8397 = 34.2087 \times 0.8397 = 28.7250$（kg）。

中和至pH值在8以上，产生草酸钙沉淀。

（3）其余工序同前，按前面调味液配方或珍珠贝氨基酸液配方调制。

## 六、盐酸水解研究

1. 盐酸水解扇贝裙边生产调味液

使用原料的3%的蔗糖作水产品抗蛋白质冷冻变性剂。采用搪玻璃反应釜1000L，实际容积1200L。装釜容量不得超过反应釜容积的70%，即不大于700L。盐酸水解尽可能采用搪玻璃反应釜。日产1000L产品。

注意：采用盐酸水解必须将酸气经过水吸收后排出的装置以防污染环境。

（1）水解。

装釜 $\Sigma = M_{扇贝裙边}340kg + M_{盐酸31\%}$。扇贝裙边含蛋白质8.80%，选 $CC = 1.8$。根据公式（7-3）：

$M_{HCl}$ = 原料重量 × 原料蛋白质含量 × 1.8 × 0.4165 = 340 × 8.80% × 1.8 × 0.4165 = 22.4310（kg）。

$M_{盐酸31\%} = M_{HCl} \div 31\% = 72.3580$（kg）。$V_{盐酸31\%} = M_{盐酸31\%} \div d = 72.3580 \div 1.1543 = 62.69$（L）。

总体酸浓度：$C_{HCl、总体}=22.4310\div(340+62.69)=5.57\%$。

在116℃下水解12小时。

装釜：$\Sigma=M_{扇贝裙边}340kg+M_{盐酸31\%}72.36kg=412.36(kg)$，

假设此时液体密度为1.15g/mL，$V$(体积) $=412.36\div1.15=358.57L<700L$，允许。

预计产量$V$(体积)，从公式(7－15)：

$V(L)$ = 原料重量(kg)×原料蛋白质含量×16%×65%(提取率)÷产品含氮量(kg/L) = 340kg×8.8%×16%×65%÷0.003kg/L = 1037.23L。

产品含基态氮0.003kg/L。

反应釜温度最高只能用2kg压力、116℃，温度高了会产生焦煳味。

(2)食用碱中和。根据公式(7－8)：

$M_{纯碱}=M_{HCl}\times1.4832=22.4310\times1.4832=33.2696kg$。从该处反应式得：

从水解产生食盐：$M_{食盐}=(116.88554\div72.922)\times M_{HCl}=1.6029\times22.43=35.95kg$。

只要中和pH值至4.4～4.6即可，因为已到突跃范围，中和碱只有少量剩余，产生的食盐也略少。调制时，记得扣除这部分食盐，还要扣减已加原料3%的蔗糖抗蛋白质冷冻变性剂。

(3)其余工序同前，按后面美鲜扇贝汁配方调制成扇贝调味液。

2. 盐酸水解对虾头6.8kg

使用电加热316全不锈钢反应釜20L，选$CC=1.8$。

(1)溶解对虾头壳碳酸钙。

使用原料的3%的蔗糖作抗蛋白质冷冻变性剂。对虾头壳含碳酸钙消耗酸。对虾头含壳和肉各50%，据中山大学有关报道，虾头的壳含甲壳素和碳酸钙各4.5%，即对虾头含碳酸钙 $C_{碳酸钙,对虾头}=2.25\%$，需消耗酸。

根据公式(6－1)，损耗仍按10%计：

${}^{溶解}M_{HCl}=(6.8\times2.25\%)\times0.8014=0.1226(kg)$。从反应式得(不可用盐酸计算，因为多加10%)：

产生的氯化钙：$M_{CaCl_2}=(110.99\div100.089)\times(6.8\times2.25\%)=0.1697(kg)$。

对虾头含甲壳素6.8×2.25%＝0.153(kg)，溶解在酸性液体中，它也是有益的。以上是水解前产生的$CaCl_2$。

(2)水解。水解用盐酸(HCl)(36.461)。查食品含量手册，对虾肉含蛋白质$C_{蛋白,对虾肉}=18.6\%$，头部经分解约含肉和壳各50%，这样头部含蛋白质$C_{蛋白.对虾头}=18.6\%\times50\%=9.3\%$。

根据公式(7－3)：

${}^{水解}M_{HCl}$ = 原料重量×原料蛋白质含量×1.8×0.4165 = 6.8×9.3%×1.8×0.4165 = 0.4741(kg)。

${}^{溶解}M_{HCl}+{}^{水解}M_{HCl}=总M_{HCl}=0.1226kg+0.4741kg=0.5967kg$，食品级盐酸含31%的盐酸：

$M_{盐酸31\%}=总M_{HCl}\div0.31=0.5967kg\div0.31=1.9248kg$，体积$V_{盐酸31\%}=M_{盐酸31\%}\div1.1543=1.9248\div1.1543=1.6675(L)$。

装釜：Σ＝对虾头6.8kg＋水5kg＋31%盐酸液1.6675L。

在116℃下水解12小时。

预计产量 $V$(体积)，根据公式(7-15)：

$V$(L) = 原料重量(kg) × 原料蛋白质含量 × 16% × 65%(提取率) ÷ 产品含氮量(kg/L) = 6.8kg × 9.3% × 16% × 65%(提取率) ÷ 0.003kg/L = 21.92L。

产品含氮 0.003kg/L。

(3)食用碱中和。如果用石灰中和，还会产生更多的 $CaCl_2$ 从而使口感变涩，因此不可以使用。

采用食用碱中和较合适，但产生大量食盐，适合生产调味液。

只中和水解酸，根据公式(7-8)：

$^1M_{纯碱} = M_{HCl} \times 1.4832 = 0.4741 \times 1.4832 = 0.7032$(kg)。从该处反应式得：

从水解产生第一份食盐：$^1M_{食盐} = (116.88554 \div 72.922) \times M_{HCl} = (116.88554 \div 72.922) \times 0.4741 = 0.7599$(kg)。

溶解虾头壳产生的 $CaCl_2$ 还得用食用碱中和：

$Na_2CO_3 + CaCl_2 \longrightarrow CaCO_3\downarrow + 2NaCl$

105.9887 110.99 100.089 116.88554

$^2M_{纯碱} = (105.9887 \div 110.99) \times M_{CaCl_2} \div 0.98 = M_{CaCl_2} \times 0.9744 = 0.1697 \times 0.9744 = 0.1654$ kg。

产生第二份食盐：$^2M_{食盐} = (116.88554 \div 110.99) \times M_{CaCl_2} = M_{CaCl_2} \times 1.0531 = 0.1697 \times 1.0531 = 0.1787$(kg)。

中和总共需要纯碱：$^{总}M_{纯碱} = {}^1M_{纯碱} + {}^2M_{纯碱} = 0.7032 + 0.1654 = 0.8686$(kg)。

产生总食盐：$^{总}M_{食盐} = {}^1M_{食盐} + {}^2M_{食盐} = 0.7599 + 0.1787 = 0.9385$kg，调制时需扣除这部分食盐。

溶解虾头壳的酸已消耗殆尽，只中和水解酸就够。要求 pH≥8。

(4)加食盐和蔗糖。抽取上清液，按预计产量的 18%(扣除上述产生的食盐)加食盐，搅拌溶解；再加 3% 的蔗糖(扣减已加原料 3% 的蔗糖)，搅拌溶解。

(5)硅藻土过滤。先在塑料桶中用水解液调硅藻土，使硅藻土过滤机形成滤饼，初滤液返回原容器，待稳定后过滤液才移至新容器，反复过滤，直到液体完全清澈，看不到悬浮颗粒。硅藻土过滤机是不容易掌握的，必须耐心反复练习硅藻土的添加和使用技巧。

(6)调制。①用过滤水将液体调至含氮量 0.31～0.33(g/100mL 或 kg/100 L)，以备因加配方引起稀释。②用食品级盐酸调节，使液体的 pH 值达到 4.4～4.6，以便去除海产品的腥味。③按预计体积产量的百分比重量(g/100mL 或 kg/100 L)，加入后面虾青素对虾汁配方调制成对虾汁。

(7)微孔膜超滤。用膜孔径为 0.1～0.3μm 的微孔膜进行超滤，去除细菌。

(8)灌装。使用 250mL 瓶灌装，灌装桶、灌装机和灌装瓶、盖都预先用臭氧水洗过。

## 第三节　珍珠贝氨基酸液、美鲜扇贝汁和虾青素对虾汁主要创新点

(1)发现柠檬酸水解的特别优势。解决了使用盐酸水解生产氨基酸的难题。水解后的柠檬酸用石灰中和后产生柠檬酸钙沉淀，很容易通过过滤分离，这是用盐酸水解所无法做到的。而且柠檬酸钙就是最好的补钙剂，还克服了用盐酸水解产生水解臭、致癌的三氯丙醇和污染环境等问题。水解完全，无水解不完全所产生的肽对部分人体的不良过敏反应。工艺简单，生产效率高。

(2)抗冷冻变性剂。水产品原料冷冻久存蛋白质会变性影响提取率，为此，在生产氨基酸时，我们率先加入原料 2% ~4% 的柠檬酸作水产品抗蛋白质冷冻变性剂，可提高提取率，并使产品呈现较浅色调。

虾青素对虾汁，希望获得鲜红颜色，也是采用柠檬酸作蛋白质抗冷冻变性剂。

对调味液如美鲜扇贝汁等，则加入蔗糖作水产品抗蛋白质冷冻变性剂，蔗糖在高温水解时发生美拉德反应而使产品变黑，自动产生酱色。

(3)独创水解用酸量原理和公式。

(4)解决了海(淡)水产品的腥味问题。将海(淡)水产品调制到 pH 值为 4. 4 ~4. 6，可去除海(淡)水产品的腥味。

(5)独特的配方。

(6)推导出产品预计产量的计算公式。

(7)解决了产品的过滤难题。在过滤前加了一道工序——沉淀 3 ~4 小时，然后抽取上清液过滤的工艺，解决了过滤难题。

(8)解决了产品的沉淀难题。将水解、中和至 pH 值为 8 后的液体注入储罐中，沉淀 3 ~4 小时。让液体中存在的柠檬酸的酸式盐：柠檬酸四氢钙[$CaH_4(C_6H_5O_7)_2$]和柠檬酸氢钙($CaHC_6H_5O_7$)，在碱性条件向正盐[$Ca_3(C_6H_5O_7)_2$]转变沉淀出来，再过滤去掉，杜绝了柠檬酸四氢钙和柠檬酸氢钙久置沉淀问题。我们于 2003 年 9 月 19 日制成的对虾头水解液产品“红色对虾汁”，至今清澈透亮，毫无沉淀。

(9)技术飞跃。实现了从实验室的回流水解技术进入工业化的反应釜水解技术的飞跃。有许多新技术就是缺少这个飞跃，始终停留在实验室，无法推广。

## 第四节　珍珠贝氨基酸液、美鲜扇贝汁和虾青素对虾汁引用研究内容

### 一、采用水产品抗蛋白质冷冻变性剂

水产品抗蛋白质冷冻变性剂简称抗冷冻变性剂。蛋白质变性是指蛋白质在某些物理和化

学因素作用下其特定的空间构象被改变，从而导致其理化性质的改变和生物活性的丧失，这种现象称为蛋白质变性。将海产品低温冷冻保存，时间久了就会产生蛋白质永久变性，大大减少了氨基酸的提取率，必须加抗蛋白质冷冻变性剂。一般分成以下几类：糖类、氨基酸类、羧酸、EDTA 等。

## 二、酸水解关键难题的探讨和水解酸用量公式的推导

1. 水解酸用量公式的推导

酸水解方法关键难题是用酸量的计算问题。水解能力只和水解酸分子中的 $H^+$ 离子有关。对多($Y$)元酸，一个酸分子有 $Y$ 个 H 原子可能电离成 $H^+$ 离子，所以水解效果与水解酸当量数有关。水解的目的是将原料中的氮分子多肽链断开成游离氨基酸，原料氮分子数越多，需要的水解酸当量数越多，这是个正比关系，写成等式为：

水解酸当量数 = 原料氮分子量数 × $CC$……①，比例系数 $CC$ 姑称为“双陈水解强化系数”，简称“水解强化系数”。

水解酸当量数 = 水解酸分子量数 × $Y$，∵ 水解酸分子量数 = 水解酸重量/水解酸分子量，

水解酸当量数 = 水解酸分子量数 × $Y$ = (水解酸重量 × $Y$)/水解酸分子量……②，

原料氮分子量数 = 原料含氮量 ÷ 氮分子量 14.0067……③。

将②式和③式代入①式：

(水解酸重量 × $Y$)/水解酸分子量 = (原料含氮量 ÷ 14.0067) × $CC$。

∴ 水解酸重量 = (水解酸分子量 ÷ 14.0067) × 原料含氮量 × $CC$ ÷ $Y$ = (水解酸分子量 ÷ 14.0067) × (原料重量 × 原料蛋白质含量 × 16%) × $CC$ ÷ $Y$　　(7－2)

原料含氮量 = 原料重量 × 原料蛋白质含量 × 16%。

一般肉、禽、蛋、鱼、贝的蛋白质含氮量为 16%，珍珠设想也类似。

其中各种原料蛋白质含量可从食品成分表或互联网查到。

水解强化系数 $CC$ 选用的大小与所用水解酸的催化系数有关，也与水解对象所含蛋白质数量和类型有关。强酸的催化系数一般高于弱酸。催化系数 $\alpha$ 大致排列顺序是：碘酸、溴酸、盐酸、硫酸、磷酸、草酸、亚硫酸、柠檬酸、乳酸、醋酸。若采用催化系数大的酸，$CC$ 可用小些；若采用催化系数小的酸，$CC$ 可用大些。硬蛋白组成骨、软骨、腱、角、毛发、丝等，不易水解，$CC$ 可用大些。水解效果在一般常用范围内与水解温度 $T$、时间 $t$ 成正相关，还与气温高低和容器散热有关，但影响较小，这些可以作适当调整。例如，回流水解，温度较低，$CC$ 可用大一些；反应釜水解，温度较高，$CC$ 可用小一些。水解时间 $t$ 短一些，$CC$ 可用大一些；水解时间 $t$ 长一些，$CC$ 可用小一些。关于水解强化系数 $CC$ 值的选择，我们参考各种酸的催化系数并从经验出发提出以下数据(如表 7－3 所示)，仅供参考，希望读者在实践中进一步确定和改进。

表 7－3　双陈水解强化系数 $CC$ 的一些参考值(据陈贵卿、陈俊豪，2002)

| 水解设备 | 水解酸 | 鱼类、贝类、虾肉、肉类 | 珍珠、花粉 |
|---|---|---|---|
| 回流水解 | 盐酸(单元酸) | 2.0 | 4.0 |
| | 草酸(二元酸) | 2.4 | 5.2 |
| | 柠檬酸(三元酸)、乳酸(单元酸) | 2.6 | 5.6 |
| 反应釜水解 | 盐酸(单元酸) | 1.8 | 3.6 |
| | 草酸(二元酸) | 2.2 | 4.8 |
| | 柠檬酸(三元酸)、乳酸(单元酸) | 2.4 | 5.2 |

虾壳含碳酸钙，溶解需消耗酸。

2. 酸水解使用探讨

强酸全是无机酸。碘酸盐和溴酸盐是危险品或致癌物质；硝酸太刺激，会爆炸；磷酸水解后中和后反应十分缓慢，沉淀粘在容器壁难除，产品呈焦味。这些酸都不可用来进行水解。

最通用的是盐酸，它的催化系数 α 大，可电解海水获得食品级盐酸，价廉物美。盐酸是人体胃酸的成分，水解后的酸可通过纯碱($Na_2CO_3$)中和成食盐，很适合作调味品，口感不错。日本人在第二次世界大战期间用盐酸水解大豆发明了化学酱油。但盐酸水解如用量过多会产生水解臭，我们在山东某食品厂见过，好难闻！他们由于用了过量的盐酸，甚至将一台 3000L 的不锈钢反应釜也烧穿了。这是盐酸水解处理不当产生的第一个问题。

1992 年前后，我国生产的某些酱油中的致癌物——氯丙醇含量超标，为此．欧盟限制中国酱油出口到欧洲市场。在氯丙醇中三氯丙醇对人体的危害最大，它是大豆脂肪在强酸下断裂水解而成甘油，而丙三醇(甘油)在强酸或高温条件下发生反应，盐酸取代醇羟基而生成氯丙醇，以 3－氯－1、2－丙二醇为主。

为什么会出现这个问题？这是由于酿造酱油生产效率很低，出口的酱油大多是掺有盐酸水解豆粕的配制酱油。这是盐酸水解处理不当出现的第二个问题。

利用盐酸水解也会对空气造成严重污染。山东某食品厂用盐酸水解生产海鲜酱油时，上千平方米的车间都弥漫着盐酸的臭味，十分难闻。这是盐酸水解不当出现的第三个问题。

盐酸水解生产氨基酸后还会面临如何去除留下的酸或盐的问题。盐酸水解后必须采用离子交换树脂等方法除酸或食盐，十分麻烦。书上说可以敞开盖加热除酸是不对的，我们烧干了盐酸两次也除不了多少酸，中和产生这么多食盐只能用来生产调味液，但作为氨基酸液却是太咸了，去除食盐也很难，成本很高。

硫酸的催化系数较大，又是二元强酸，能够螯合去除产品的重金属。浙江海底有一种类似海参的海地瓜，营养成分类似海参，但毒性大，含重金属，当地渔民不敢吃。我们曾用硫酸将它水解成海地瓜水解液。经广州分析测试中心检验其中重金属含量(mg/L)：As 0.009；Cd 0.052；Hg $7.8\times10^{-4}$；Pb 0.18，全部达到国家的食品标准。细菌总数、大肠菌群、致病菌等经广东省食品卫生监督检验所检验全部达到标准。氨基酸和牛磺酸总和达到 12815mg/100g，与我们的牡蛎水解液的 14892.44mg/100g 相接近。可见海地瓜还是有开发价值的。但硫酸酸性太强，一不小心就伤人毁物，再说口感也不太好，亚硫酸也如此，因此尽量不用。

有机酸能刺激人体消化腺的分泌，增进食欲，有利于食物的消化；另外，有机酸能使食物保持一定的酸度，对维生素 C 的稳定性具有保护作用。但有机酸只有次强酸以下，催化系数 α 较低，价格稍高。

水解生产氨基酸的方法是用有机酸水解蛋白质，然后用碱中和，希望生成难溶的有机酸盐和氨基酸，再过滤分离去掉有机酸盐，获得氨基酸。

用钠碱和钾碱中和形成的有机酸盐全是可溶于水的，无法过滤分离去除；只能用钙碱中和使其产生沉淀。

从表 6－1 中可看出苹果酸钙（饱和溶解度为 0.80g/100mL）和酒石酸钙（饱和溶解度为 0.38g/100mL）的溶解度不大，可酒石酸太刺激，所以苹果酸可以考虑，但它的催化系数 α 较小，价钱也高，不大合适。乳酸钙（饱和溶解度为 4.539g/100mL）和葡萄糖酸钙（饱和溶解度为 4.012g/100mL）的溶解度略大，不好用。醋（乙）酸钙（饱和溶解度为 34g/100mL）、丙酸钙（饱和溶解度为 28.3g/100mL）和维 C 钙（可溶）的溶解度太大，无法过滤分离去除，所以醋（乙）酸、丙酸和维 C 不可用。甲酸钙（饱和溶解度为 16.725g/100mL）的溶解度太大，无法过滤分离去除，而且有刺激气味，有腐蚀性，不可用。柠檬酸钙（饱和溶解度为 0.0825g/100mL）、草酸钙（饱和溶解度为 0.00067g/100mL）和碳酸钙（饱和溶解度为 0.00062g/100mL）的溶解度很低，很容易通过过滤分离去除。所以柠檬酸、草酸和碳酸可以选用，但碳酸（$H_2CO_3$）是一种二元弱酸，电离常数很小，很难用来作水解酸。草酸、柠檬酸催化系数 α 较大，价钱也低，所以我们选用柠檬酸和草酸作为生产氨基酸的水解用酸。

3. 盐酸、柠檬酸、草酸和乳酸水解

（1）盐酸水解，为单元强酸。

盐酸水解是最古老的方法。利用盐酸水解水产品下脚料生产调味液是不错的选择，因为水产品下脚料所含的脂肪不多，不会产生致癌的三氯丙醇；水产品下脚料所含的蛋白质不到豆粕蛋白质含量的三分之一，因此，水解用盐酸量也不到水解豆粕生产酱油的三分之一，精确计算用酸量，不会产生水解臭，车间臭味也不太大；中和形成的盐正好作调味的盐。但最好将排出的废气经过水吸收盐酸，以免污染环境。

根据公式（7－1），$Y=1$：

$M_{HCl}=(36.461\div14.0067)\times$（原料重量×原料蛋白质含量×16%）$\times CC\div1=$ 原料重量×原料蛋白质含量 $\times CC\times0.4165$ （7－3）

（2）柠檬酸水解，为三元弱酸。电离常数 $K\alpha_1=7.4\times10^{-4}$，$K\alpha_2=1.7\times10^{-5}$，$K\alpha_3=4.0\times10^{-7}$。但第三元酸太弱不起作用，只能当二元酸用，$Y=2$。

柠檬酸和草酸水解是我们首创的，它们的催化系数稍低，价钱比盐酸高，但它不污染环境，水解后的酸可以用石灰或珍珠层粉中和成柠檬酸钙，过滤去掉，所以成品不含食盐，可以生产氨基酸液，这是最大优点。

在反应釜中加入原料和与原料等量的水，以及以下柠檬酸量，根据公式（7－2），$Y=2$：

$M_{柠檬酸}=(192.125\div14.0067)\times$（原料重量×原料蛋白质含量×16%）$\times CC\div2=$ 原料重量×原料蛋白质含量 $\times CC\times1.0973$ （7－4）

在 112℃～118℃下水解 12～16 小时。

如使用柠檬酸作水产品抗蛋白质冷冻变性剂，使用柠檬酸水解时记得扣除这部分用量。

（3）草酸（$H_2C_2O_4$）（90.036）水解，为二元次强酸。电离常数 $K\alpha_1=5.9\times10^{-2}$，$K\alpha_2=6.4\times10^{-5}$。在反应釜中加入原料和与原料等量的水，以及以下草酸量，根据公式（7－2），$Y=2$：

$M_{草酸}$ = (90.036 ÷ 14.0067) × (原料重量 × 原料蛋白质含量 × 16%) × $CC$ ÷ 2 = 原料重量 × 原料蛋白质含量 × $CC$ × 0.5142　(7-5)

在112℃～118℃下水解12～16小时。

草酸在医药工业用于制造金霉素、土霉素、四环素、链霉素、麻黄素。但草酸对人体有害，会使人体内的酸碱度失去平衡，影响儿童的发育；草酸还能与人体的钙形成草酸钙沉淀引起肾或输尿管结石，十分痛苦；草酸能与许多金属形成溶于水的络合物。因此使用草酸必须十分谨慎，水解完毕必须用石灰中和完全成草酸钙，过滤去除干净。所有容器必须用不锈钢或玻璃容器，以免与一些金属形成溶于水的络合物。

(4)乳酸($H_6C_3O_3$)(90.08)水解，为一元弱酸。电离常数 $K\alpha = 1.4 \times 10^{-4}$。在反应釜中加入原料和与原料等量的水，以及以下乳酸量，根据公式(7-2)：$Y=1$：

$M_{乳酸}$ = (90.08 ÷ 14.0067) × (原料重量 × 原料蛋白质含量 × 16%) × $CC$ ÷ 1 = 原料重量 × 原料蛋白质含量 × $CC$ × 1.029　(7-6)

在112℃～118℃下水解12～16小时。

水解后用食用碱中和，则成可溶性的乳酸钠；用石灰中和，则成乳酸钙，它在25℃时于水中的饱和溶解度为4.54g/100mL。它们都无法与水解后的氨基酸相分离，这是用乳酸水解的缺点。

## 三、中和

水解过程酸只起催化作用，为简化计算损耗就忽略不计，如果结果中和不够可添加碱用量。

生产氨基酸时，用钠碱和钾碱中和形成的有机酸盐全是可溶于水的，无法过滤去除，因此用烧碱($NaOH$)、食用碱($Na_2CO_3$)、小苏打($NaHCO_3$)、氢氧化钾($KOH$)、碳酸钾($K_2CO_3$)、碳酸氢钾($KHCO_3$)中和都不可用，因为形成的柠檬酸钠($Na_3C_6H_5O_7$)、柠檬酸钾($K_3C_6H_5O_7$)、草酸钠($Na_2C_2O_4$)和草酸钾($K_2C_2O_4$)都是可溶于水的无法过滤去除。只有用钙碱中和柠檬酸形成的柠檬酸钙、中和草酸形成草酸钙才难溶于水可以过滤去除。但必须中和至中性以上，如果中和不够形成柠檬酸氢钙或柠檬酸四氢钙就不行，过滤后还会不断产生沉淀；同样，对于草酸中和不够也会形成草酸氢钙，过滤后久置会产生草酸钙沉淀。然而钙碱的碳酸钙含碳酸根，中和产生大量的二氧化碳气泡有些麻烦，再说碳酸钙碱性很弱不容易电离，中和效率低下会有好些剩余，只有在不影响结果的情况下，例如生产补钙剂(柠檬酸钙)时才使用，所以一般应该采用食品级石灰来中和。

(1)珍珠层粉中和盐酸。珍珠层粉含92%碳酸钙。

$2HCl + CaCO_3 \longrightarrow CaCl_2 + H_2O + CO_2\uparrow$

72.922　100.089　110.99

$M_{CaCO_3} = (100.089 \div 72.922) \times M_{HCl} = M_{HCl} \times 1.3725$。

$M_{层粉} = M_{CaCO_3} \div 0.92 = M_{HCl} \times 1.3725 \div 0.92 = M_{HCl} \times 1.4918$　(7-7)

(2)食用碱中和盐酸。食用碱纯度98%。

$2HCl + Na_2CO_3 \longrightarrow 2NaCl + H_2O + CO_2\uparrow$

72.922　105.9887　116.88554

$M_{Na_2CO_3} = (105.9887 \div 72.922) \times M_{HCl} = M_{HCl} \times 1.4535$

$M_{纯碱} = M_{Na_2CO_3} \div 0.98 = M_{HCl} \times 1.4535 \div 0.98 = M_{HCl} \times 1.4832$　(7-8)

$M_{食盐} = (116.88554 \div 72.922) \times M_{HCl} = 1.6029 \times M_{HCl}$

(3)食品级石灰中和盐酸。食品级石灰含氢氧化钙 98%。

$2HCl + Ca(OH)_2 \longrightarrow CaCl_2 + 2H_2O$

72.922　74.09468　110.99

$M_{Ca(OH)_2} = (74.09468 \div 72.922) \times M_{HCl} = M_{HCl} \times 1.0161$。

$$M_{石灰} = M_{Ca(OH)_2} \div 0.98 = M_{HCl} \times 1.0161 \div 0.98 = M_{HCl} \times 1.0368 \quad (7-9)$$

产生：$M_{CaCl_2} = (110.99 \div 72.922) \times M_{HCl} = M_{HCl} \times 1.522$。

(4)食品级石灰中和柠檬酸。食品级石灰含氢氧化钙 98%。

$2C_6H_8O_7 + 3Ca(OH)_2 \longrightarrow Ca_3(C_6H_5O_7)_2 \downarrow + 6H_2O$

384.251　222.284　498.443

$M_{氢氧化钙} = (222.284 \div 384.251) \times M_{柠檬酸} = M_{柠檬酸} \times 0.5785$。

$$M_{石灰} = M_{氢氧化钙} \div 0.98 = M_{柠檬酸} \times 0.5785 \div 0.98 = M_{柠檬酸} \times 0.59 \quad (7-10)$$

(5)珍珠层粉中和柠檬酸。珍珠层粉含碳酸钙 92%。

$2C_6H_8O_7 + 3CaCO_3 \longrightarrow Ca_3(C_6H_5O_7)_2 \downarrow + 3H_2O + 3CO_2 \uparrow$

384.251　300.2676　498.443

$M_{CaCO_3} = (300.2676 \div 384.251) \times M_{柠檬酸} = M_{柠檬酸} \times 0.7814$。

$$M_{珍珠层粉} = M_{CaCO_3} \div 0.92 = M_{柠檬酸} \times 0.7814 \div 0.92 = M_{柠檬酸} \times 0.8493 \quad (7-11)$$

(6)食品级石灰中和草酸。食品级石灰含氢氧化钙 98%。为防止残余草酸，必须中和至 pH≥8 使之充分沉淀以便滤掉。

$C_2H_2O_4 + Ca(OH)_2 \longrightarrow CaC_2O_4 \downarrow + 2H_2O$

90.036　74.09468　128.10012

$M_{Ca(OH)_2} = (74.09468 \div 90.036) \times M_{草酸} = M_{草酸} \times 0.8229$。

$$M_{石灰} = M_{Ca(OH)_2} \div 0.98 = M_{草酸} \times 0.88229 \div 0.98 = M_{草酸} \times 0.8397 \quad (7-12)$$

(7)食品级石灰中和乳酸。食品级石灰含氢氧化钙 98%。

$2C_3H_6O_3 + Ca(OH)_2 \longrightarrow Ca(C_3H_5O_3)_2 \downarrow + 2H_2O$

180.16　74.09468　218.22

$M_{Ca(OH)_2} = (74.09468 \div 180.16) \times M_{乳酸} = M_{乳酸} \times 0.4113$。

$$M_{石灰} = M_{Ca(OH)_2} \div 0.98 = M_{乳酸} \times 0.4113 \div 0.98 = M_{乳酸} \times 0.4197 \quad (7-13)$$

(8)食用碱中和乳酸。食用碱纯度 98%。

$2C_3H_6O_3 + Na_2CO_3 \longrightarrow 2NaC_3H_5O_3 \downarrow + H_2O + CO_2 \uparrow$

180.16　105.9887　224.12

$M_{Na_2CO_3} = (105.9887 \div 180.16) \times M_{乳酸} = M_{乳酸} \times 0.5883$。

$$M_{纯碱} = M_{Na_2CO_3} \div 0.98 = M_{乳酸} \times 0.5883 \div 0.98 = M_{乳酸} \times 0.6003 \quad (7-14)$$

乳酸钠($NaC_3H_5O_3$)在冷水中可以任意比例溶解。

## 四、海产品去腥味和 pH 值的调节

海产品最怕的是腥味，其实这很容易解决。我们发现，当调味液的 pH 值为4.4～4.6 时口感最好，没有腥味，防腐效果也好，到 6 以后就逐渐出现腥味，到了 7～8 以后就很不好吃了，这在中和过程就可以嗅到。

pH 值的调节：我们在起初调节时，多次加碱(酸)pH 值变化不大，突然就调过头了，

只好再加酸(碱)调回去。几次之后才发现 pH 值有个突跃范围，有关参考资料如表 7-4 所示。

表 7-4 用 0.1N 的 NaOH 滴定 20mL 的 0.1N 的 HCl(据化学教科书，2002)

| 加入 NaOH(mL) | 中和% | 剩余 HCl(mL) | 过量 NaOH(mL) | [H+](N 克分子浓度) | pH |
|---|---|---|---|---|---|
| 0.00 | 0.00 | 20.00 | | $1.00\times10^{-1}$ | 1.00 |
| 18.00 | 90.00 | 2.00 | | $5.26\times10^{-3}$ | 2.28 |
| 19.80 | 99.00 | 0.20 | | $5.02\times10^{-4}$ | 3.30 |
| 19.96 | 99.80 | 0.04 | | $1.00\times10^{-4}$ | 4.00 |
| 19.98 | 99.90 | 0.02 | | $5.00\times10^{-5}$ | 4.30 突跃范围 |
| 20.00 | 100.00 | 0.00 | | $1.00\times10^{-7}$ | 7.00 突跃范围 |
| 20.02 | 100.10 | | 0.02 | $2.00\times10^{-10}$ | 9.70 突跃范围 |
| 20.04 | 100.20 | | 0.04 | $1.00\times10^{-10}$ | 10.00 |
| 21.20 | 106.00 | | 1.20 | $2.00\times10^{-11}$ | 10.70 |
| 22.00 | 110.00 | | 2.00 | $2.10\times10^{-12}$ | 11.70 |
| 40.00 | 200.00 | | 20.00 | $3.00\times10^{-13}$ | 12.52 |

从 pH1→pH4.3，需要加入 19.98mL 0.1N 的 NaOH，而从 pH4.3→pH7，只需要加入 0.02mL 0.1N 的 NaOH，而从 pH7→pH9.7，只需要加入 0.02mL 0.1N 的 NaOH，可见在此范围 pH 值突跃很快，必须小心慢慢加。对于其他酸碱类的中和也有类似情况。

为防止产品中含钙化物引起沉淀，最好用食用盐酸调节 pH 值。

## 五、产品配方(据陈贵卿、陈俊豪，2010)

1. 珍珠液和珍珠人参液配方

珍珠液配方 1：

pH4.4~4.6，含氨基态氮 0.2%~0.21%，色氨酸 0.08%~0.09%，食盐 0.5%~1%，味精 0.05%~0.1%，(I+G)0.001%~0.002%，蜂蜜 1%~2%，脱氢醋酸钠 0.07%~0.1%。

珍珠液配方 2：

pH4.4~4.6，含氨基态氮 0.2%~0.21%，色氨酸 0.08%~0.09%，蜂蜜 1%~3%，蔗糖 5%~7%，脱氢醋酸钠 0.07~1%。

珍珠人参液配方 1：

pH4.4~4.6，含氨基态氮 0.2%~0.21%，色氨酸 0.08%~0.09%，食盐 0.5%~1%，味精 0.05%~0.1%，(I+G)0.001%~0.002%，蜂蜜 1%~2%，人参提取液 1.8%~2.2%(含人参皂甙 54~66mg 或 54~66g)，脱氢醋酸钠 0.07%~0.1%。

珍珠人参液配方 2：

pH4.4~4.6，含氨基态氮 0.2%~0.21%，色氨酸 0.08%~0.09%，蜂蜜 1%~3%，蔗糖 5%~7%，人参提取液 1.8%~2.2%(含人参皂甙 54~66mg 或 54~66g)，脱氢醋酸钠 0.07%~1%。

这里的%仍指 g/100mL 或 kg/100L，下同。

酸水解破坏了色氨酸，需要另外添加，下同。

2. 珍珠贝氨基酸液和珍珠贝人参氨基酸液配方

珍珠贝氨基酸液配方1：

pH4.4～4.6，含氨基态氮0.28%～0.3%，色氨酸0.11%～0.13%，食盐0.5%～1%，味精0.05%～0.1%，(I+G)0.001%～0.002%，蜂蜜1%～2%，脱氢醋酸钠0.07%～0.1%。

珍珠贝氨基酸液配方2：

pH4.4～4.6，含氨基态氮0.28%～0.3%，色氨酸0.11%～0.13%，蜂蜜1%～3%，蔗糖5%～7%，脱氢醋酸钠0.07%～1%。

珍珠贝人参氨基酸液配方1：

pH4.4～4.6，含氨基态氮0.28%～0.3%，色氨酸0.11%～0.13%，食盐0.5%～1%，味精0.05%～0.1%，(I+G)0.001%～0.002%，蜂蜜1%～2%，人参提取液1.8%～2.2%(含人参皂甙54～66mg或54～66g)，脱氢醋酸钠0.07%～0.1%。

珍珠贝人参氨基酸液配方2：

pH4.4～4.6，含氨基态氮0.28%～0.3%，色氨酸0.11%～0.13%，蜂蜜1%～3%，蔗糖5%～7%，人参提取液1.8%～2.2%(含人参皂甙54～66mg或54～66g)，脱氢醋酸钠0.07%～1%。

3. 美鲜扇贝汁和虾青素对虾汁配方

pH4.4～4.6，氨基态氮0.28%～0.3%，食盐18%，蔗糖3%，味精1.8%，鸟苷酸GMP 0.05%(或I+G：肌苷酸和鸟苷酸各半IMP+GMP：0.06%)，琥珀酸钠0.04%，柠檬酸钠0.16%，料酒1%，山西老醋1%，脱氢醋酸钠0.05%～0.1%。

蔗糖使产品具有甘甜味，对于糖尿病患者，可用0.005%的蔗糖素代替，蔗糖素甜度为蔗糖的600倍。鸟苷酸GMP具鲜味和蘑菇味，并可抑制异味使味道柔和，I+G也类似。琥珀酸钠具贝类鲜味，多了味浊。山西老醋具有特殊的香味，料酒也是。脱氢醋酸钠是新开发的一种广谱类抑菌力极强的食品防腐剂。

配料的加入要小心，我们曾发现调制后锅底留下大量贵重的鸟苷酸GMP或I+G沉淀，造成浪费。所以它们不能直接放入锅里溶解，会形成沉淀损耗。需另用烧杯加过滤水，加热，搅拌溶解。脱氢醋酸钠也需另外用过滤水溶解加入。味精、琥珀酸钠、柠檬酸钠、料酒、食醋可直接加入，搅拌均匀。

## 六、预计产量$V$(体积)

按定义，提取率$\gamma$=产品含氮量÷原料含氮量=[产品体积$V$(mL)×产品含氮量(g/mL)]÷[原料重量(g)×原料含氮量]

∴产品体积$V$(mL)=[原料重量(g)×原料含氮量×$\gamma$]÷产品含氮量(g/mL)

∵原料含氮量=原料蛋白质含量×16%。肉、鱼类的蛋白质含氮量为16%。

∴$V$(mL)=原料重量(g)×原料蛋白质含量×16%×提取率$\gamma$÷产品含氮量(g/mL)　(7－15)

通过产品体积$V$、产品含氮量(g/mL)、原料重量(g)和食品成分表可获取原料的蛋白质含量或含氮量的信息，就可以计算出提取率$\gamma$，一般在60%～65%。

可将式中单位(g，mL，g/mL)改成(kg，L，kg/L)。

## 七、产品的过滤问题

产品要清澈透亮不沉淀首先要解决过滤问题。我国的食品加工机械全是改革开放以来引进的，历史不长，有些设备性能连生产厂家也不清楚。我们的水解液较黏难以过滤。当我们第一次将水解液注入厂家推荐的双联过滤机过滤时，内里的过滤筛板全被压扁。原来是渣太多滤不过去，压力太大引起的。请教该食品机械厂厂长，他说可用离心过滤机过滤。当买来离心过滤机，一开机液体全被甩出去，还是渣太多的缘故。使用硅藻土过滤机过滤也不行。后来我们在过滤前加上一道沉淀 3 ~ 4 小时的工序，抽取上清液，接着用硅藻土过滤机过滤。当时精滤采用沙芯过滤，一下就堵住了沙芯，再次请教食品机械厂厂长如何恢复沙芯功能，他说将沙芯用水煮过就行了。我们一煮沙芯就掉下来了，因为沙芯是用胶黏的，一煮就掉，不能用。最后发现是硅藻土过滤没有滤好，需要反复过滤，直到液体完全清澈，看不到悬浮颗粒。按产品配方调制后，又将沙芯精滤改用微孔膜超滤，将细菌也滤掉。这才彻底解决过滤问题，也解决了灭菌问题。

## 八、产品的沉淀问题

为了改善产品口感，将其 pH 值调为 4. 4 ~ 4. 6 时口感最好，这样产品很自然只中和到此为止，此时处于偏酸状态，导致产品不断发生沉淀。几个月后重滤，过几个月又发生沉淀，这样何时了结？用超滤也不成。改变工艺、配方，产品还是陆续沉淀，请教了我校（暨南大学化学系）的有关教授都没有结果。这个问题困扰了我们好多年，最后才悟到逆向思维，产品不是陆续沉淀吗？我们不是怕沉淀吗？那就反其道而行之，让它沉淀个够，将水解后的液体中和到 pH≥8，让它处于碱性状态，使柠檬酸的酸式盐有充分时间转变成正盐沉淀，过滤去掉所有的柠檬酸正盐，这才解决沉淀问题。再用食品级盐酸将 pH 值调到 4. 4 ~ 4. 6，解决口感问题。

从原理上说，用柠檬酸水解，用石灰中和到 pH 值为 4. 4 ~4. 6 时，处于偏酸性条件下，必然存在大量柠檬酸的酸式盐柠檬酸四氢钙[$CaH_4(C_6H_5O_7)_2$]和柠檬酸氢钙（$CaHC_6H_5O_7$），久置形成柠檬酸钙[$Ca_3(C_6H_5O_7)_2$]沉淀和柠檬酸，如下面的反应式。这是个可逆平衡过程，溶液中既存在式子左边的柠檬酸四氢钙或柠檬酸氢钙，也存在式子右边的柠檬酸钙沉淀和柠檬酸。如果我们通过过滤将式子右边沉淀的柠檬酸钙去除，马上就会有式子左边的柠檬酸四氢钙或柠檬酸氢钙重新形成式子右边的柠檬酸钙和柠檬酸，即继续产生沉淀，这样不断过滤→沉淀→过滤→沉淀→过滤→难以休止，这就是我们以往遇到的情况。如果我们将液体的 pH 值中和至≥8，柠檬酸四氢钙或柠檬酸氢钙通通成为柠檬酸钙，经过滤去掉，即中和掉所有的柠檬酸，就彻底解决了沉淀问题。反应需要有足够的时间。

对于虾类等甲壳类的水解液，还会有大量甲壳素溶解在酸性溶液里，它们在碱性条件下经长时间置放也会沉淀出来，要通过过滤去除。

$$3CaH_4(C_6H_5O_7)_2 \rightleftharpoons Ca_3(C_6H_5O_7)_2\downarrow + 4C_6H_8O_7$$

$$3CaHC_6H_5O_7 \rightleftharpoons Ca_3(C_6H_5O_7)_2\downarrow + C_6H_8O_7$$

1996 年我们在烟台用盐酸水解扇贝裙边生产扇贝调味王时，用食用碱 $Na_2CO_3$ 中和 pH 值至 7，然后用柠檬酸将 pH 值调至 4. 4 ~4. 6 以改善口感，结果产品产生大量沉淀，过滤后还是发生沉淀，屡次过滤，屡次沉淀，无法解决。后来发现是因为扇贝裙边带有未检净的贝壳，经盐酸水解成氯化钙，用柠檬酸将 pH 值调到 4. 4 ~4. 6，就形成了酸式盐柠檬酸四氢钙和柠檬酸氢钙，以致发生上述的不断过滤、不断沉淀的现象。反应式如下面3式。这个教训使我们懂得采用盐酸水解时，不可以为改善口感而使用柠檬酸来调节pH值，只能用食品级盐酸来调节pH值。

$$2HCl + CaCO_3 \longrightarrow CaCl_2 + H_2O + CO_2 \uparrow$$

$$CaCl_2 + 2C_6H_8O_7 \longrightarrow CaH_4(C_6H_5O_7)_2 + 2HCl$$

$$CaCl_2 + C_6H_8O_7 \longrightarrow CaHC_6H_5O_7 + 2HCl$$

# 第五节　规模化生产的探讨

这么大量的资源要好好利用迫切需要设计大规模生产厂，既需要解决生产设备和厂房设置问题，还需要解决产品的口感、过滤、沉淀和灭菌问题。我们根据两次建厂经验归纳成以下内容，供读者参考。

## 一、中型厂①的厂房、设备和生产流程

1. 厂房布置

| | | | | | | | | | | | |
|---|---|---|---|---|---|---|---|---|---|---|---|
| | | | | | | | | | | | |
| | 反应釜<br>1000L | | 储罐1<br>1100L | | 储罐2<br>100L | | 灌装机 | 输送带<br>3M | | 封盖机 | |
| | | | | 硅藻土<br>过滤机 | | 微孔膜<br>过滤机 | | | | | |
| | 可倾锅<br>100L | | | | | 贴标签 | 装箱 | 临封<br>仓车 | 临时<br>仓库 | 临时<br>仓库 | |

图7-1　设备布置，大致面积80m×8m，灰色为无菌室（据陈贵卿、陈俊豪，1998）

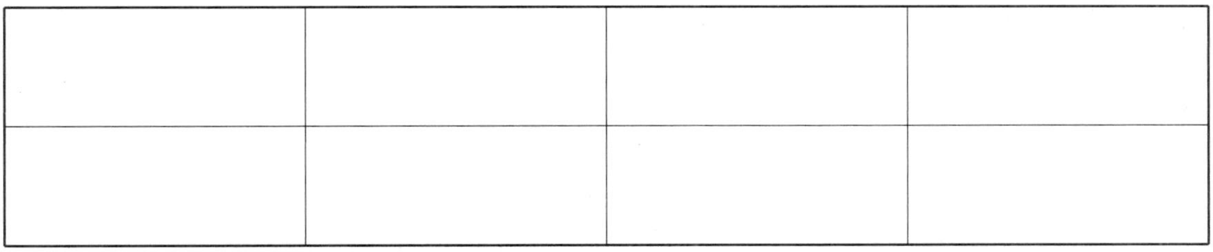

图7-2　厂房排水沟：均匀分布，上盖铁栅以便行车，地面适度倾斜以免积水（据陈贵卿、陈俊豪，1998）

2. 设备及注意事项

(1)天然气蒸汽发生器500kg/hr一台。

(2)反应釜。

①316全不锈钢电加热反应釜1000L，48kW。

①日产1000L产品，年产100万瓶。

②釜盖上安装：温度计，注意校正温度，灌满导热油以免出错；安全阀、放汽阀、入水口水表；搅拌器必须改用锚式搅拌器，注意改进搅拌器密封材料，以免漏汽。

③加大出料口使达 $\phi$20cm 以上，出料管弯曲度不要太小，以免影响出料。

④出料阀离釜体尽量近，最好采用顶式阀门以保证底部物料反应温度。

⑤反应釜出料口约比立式储罐 1 顶部高 30cm，使连接槽倾度有利于水解液流畅出料。

⑥出料管长度尽量短、口径要大、好拆，以利于出料通畅。

⑦备件：视玻璃易碎，备用 2 套，温度计 2 套，密封材料若干。

(3)全不锈钢电加热可倾锅 200L 1 个，18kW。作为不时之需。

(4)全不锈钢立式储罐 1100L 2 个，储罐高 1.2m，底面离地(脚高)30cm，钢材厚度 $\delta \geq$ 2.5 ~ 3mm。

①顶部装可折盖。

②立式储罐底部中间设出料口和阀。

③立式储罐 1 和立式储罐 2 的底部使用硬连接，两储罐高度要严格一致，两储罐间连接 4 通十字阀，开关是 90 度的，每次只打开相邻两个口，例如：东—北，东—南，西—北，西—南，如图 7 - 3 所示。

④在出口处上面做个可插和拔的盖子，在加食盐时盖住，以防食盐未溶解时掉入未能溶解掉；待食盐溶解后再拔出。

⑤制备 2 个木浆，作为搅拌用途。

(5)硅藻土过滤机 5t/hr，过滤面积 3.4$m^3$。入料口增装一个三通和阀门作排出口；并让厂家在机舱底部中间加装阀门以便打开时回收液体。准备 2 套过滤圆盘、4 套过滤布袋。

(6)滤芯式过滤器微滤，过滤孔径 0.1$\mu$m，3t/hr，滤掉细菌。

(7)臭氧水发生器，高浓度臭氧水一体机，每小时生产 10 ~ 15ppm 高浓度臭氧水 200 ~ 3000L，用来冲洗成品容器和灌装机等。

(8)冲洗瓶机。用高浓度臭氧水冲洗瓶和盖。

(9)灌装机。用自动或半自动灌装机。

①自动灌装机、半自动灌装机灌装头在 6 个以内。加大灌装桶容量。

②灌装桶出料口一般比较高，留余料太多，要改设计，以便于出料和清洗，少留余液。

③灌装下滴液收集盘要加大，以免浪费。

(10)输送带。输送带开关装在开始端和封盖机旁，以便由灌装者和封盖者分别控制输送带运行。

(11)封盖机。

(12)不锈钢卫生泵 5t/hr 4 个，扶手上装控制开关。

(13)化验室设备。凯氏测氮仪、pH 酸度计、过滤水和化验室常用设备。

(14)备件：三通、四通、管件等若干件，十字阀，管配件，食品塑料桶 200L 2 个，排气扇，工作台。

(15)全套设备先在设备生产厂组装，以便配齐组件。

(16)车间要求：

①反应釜所在之处厂房需要 6m 的高度。

②车间需要通风降温和照明。

③地面保持适当坡度以利排水，安排几条排水地沟。

④总共用电约80kW。

＊特别提醒：厂家生产的食品加工机械很多是改革开放以来从国外引进的产品，有些设备生产厂家既没用过也不清楚，使用者一定要深入了解，以免受骗上当。

3. 生产流程

(1)水解。按前面的计算加入原料、水、水解酸，密封反应釜，通电加热反应釜，开动搅拌机搅拌20分钟，在110°C～116°C下保温12小时进行水解(争取在午夜0时前完成，提前20分钟停止蒸汽加热)，每隔一段时间开动搅拌机一次。注意反应釜不要装太满，有7成即可。完成水解后打开反应釜放汽阀放汽。必要时可调整投料量以满足生产1000L产品要求。

(2)中和。打开反应釜，按前面的中和公式计算，将纯碱或石灰用水调成糊状缓慢投入进行中和，同时不断进行搅拌，注意防止泡沫溢出，待投入一大半后开始用精密试纸测量pH值，至完全中和为止。采用盐酸水解、纯碱中和生产调味液时，只需要中和至pH值为4.4～4.6即可。采用柠檬酸水解、石灰中和生产调味液或氨基酸时，必须中和至pH值达8以上，以免形成酸式盐，致使久置后向正盐(中性盐)转变成柠檬酸钙沉淀出来。采用草酸水解、石灰中和时，也必须中和至pH值在8以上，以便完全消除草酸钙防范肾结石。中和后多余的石灰溶解度才0.12%左右，多余石灰沉淀可被过滤掉。

(3)沉淀，澄清，洗渣，加入食盐和蔗糖，过滤。

放出反应釜物料流入储罐1，沉淀、澄清4小时。将水解上清液注入储罐2。用300L水洗釜后注入储罐1洗渣，搅拌，沉淀1小时，用泵1(这是可移动连接)抽洗渣上清水加入反应釜以备下批使用。在储罐2加入调味品配方的食盐，搅拌溶解后，再加蔗糖，搅拌溶解，硅藻土过滤两遍。

硅藻土过滤一定要滤好，否则精滤无法进行。硅藻土过滤需多准备2套滤盘、布袋，以便需要时立即换上节省时间，并注意打开过滤机时回收残液利用。有的厂家使用板框压滤机，一开动空压机泡沫到处流窜，既无法消除，又造成大量浪费。

未加硅藻土前的沉淀渣可以作饲料添加剂。

(4)调制1：生产调味液时可将其配方的味精、增鲜剂和防腐剂，注入储罐2与上述过滤液合并，定容，用食品级盐酸将pH值调至4.4～4.6。调整氨基态氮含量以满足产品要求。此时残余0.12%石灰成为氯化钙补钙剂，量很少不影响口感。

调制2：生产氨基酸液可将珍珠贝氨基酸液配方的配料，注入储罐2与上述过滤液合并，定容，用食品级盐酸pH值调成4.4～4.6。调整氨基态氮含量以满足产品要求。

(5)精滤。打开泵3，开动8英寸卷式超滤器进行精滤，将产品注满灌装机后停机。

(6)灌装。

(7)进入输送带。

(8)封盖。

(9)入库。

(10)产品贴标签，装箱，出厂检验，附有合格证后方可出厂。

注意：每次用完储罐后都要仔细清洗储罐和管道。灌装机、灌装瓶和盖，都要用臭氧水进行消毒。

水解中和后的生产流程：沉淀→1.抽上清液→2.加盐、汤 3、4.→硅藻土过滤 2 遍→5.加味精、增鲜剂等→6. 微孔膜过滤→7.灌装→8.输送→9.封盖→10.入库

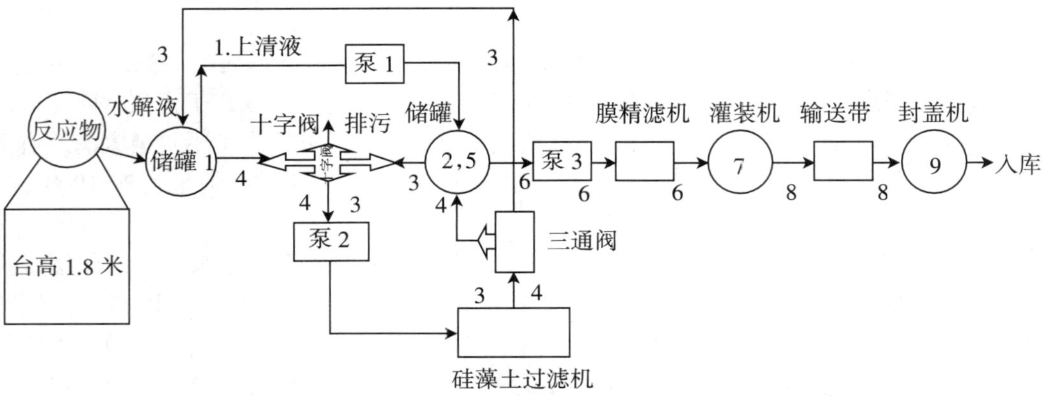


图 7－3 生产流程（据陈贵卿、陈俊豪，1998）

## 二、大型厂

(1)采用 3 套 1000L 反应釜和相应设备，将产量扩大到日产 3000L，年产 300 万瓶。

(1)采用 2 套 5000L 反应釜和相应设备，将产量扩大到日产 10000L，年产 1000 万瓶。

但千万记得温度计的导热油要充满，否则反应釜的温度很难由空气传导给温度计；反应釜越大，实际温度比温度计显示的越高，产品就越容易出问题。

# 参考文献


[1]（明）李时珍. 本草纲目：第四册. 北京：人民卫生出版社，1982.

[2]（明）宋应星. 天工开物. 上海：商务印书馆，1954.

[3]（明）刘文泰，等. 本草品汇精要. 北京：人民卫生出版社，1982.

[4]何作霖. 结晶体构造学. 北京：地质出版社，1955.

[5]张玺，齐钟彦. 贝类学纲要. 北京：科学出版社，1961.

[6]张玺，齐钟彦，等. 中国经济动物志·海产软体动物. 北京：科学出版社，1962.

[7]张玺，张福绥. 珠母贝及珍珠的形成. 生物学通报，1962(1).

[8]中国科学院南海海洋研究所海洋生物研究室. 南海海洋药用生物. 北京：科学出版社，1978.

[9]中国科学院贵阳地球化学研究所《矿物X射线粉晶鉴定手册》编著组. 矿物X射线粉晶鉴定手册. 北京：科学出版社，1978.

[10]周公度. 晶体结构测定. 北京：科学出版社，1981.

[11]齐钟彦，马绣同，谢玉坎，林碧萍. 海南岛沿海软体动物名录//中国科学院南海海洋研究所南海实验站. 热带海洋研究——热带海洋环境与海洋实验生物学. 北京：海洋出版社，1984.

[12]谢玉坎. 南海养殖珍珠的研究//中国科学院南海海洋研究所南海实验站. 热带海洋研究——热带海洋环境与海洋实验生物学. 北京：海洋出版社，1984.

[13]刘承松，等. 大珠母贝贝壳的化学成分研究. 动物学杂志，1984(4).

[14]陈俊豪，陈贵卿，张秀军. 牡蛎壳的晶体结构. 暨南大学学报，1984(3).

[15]王顺年，张洪亮，汪慧. 合浦珠母贝有效成分研究. 海洋药物杂志，1985，4(1).

[16]陈贵卿，陈俊豪，张秀军. 大珠母贝壳、珠母贝壳、黑珠母贝壳和合浦珠母贝壳的晶体结构. 海洋药物，1985(1).

[17]陈贵卿，陈俊豪，张秀军. 近江牡蛎壳的X－射线衍射研究. 海洋药物，1985(3).

[18]江苏新医学院编. 中药大词典. 上海：上海科技出版社，1985.

[19]陈俊豪，陈贵卿. 企鹅珍珠贝壳、长耳珠母贝壳、紫江瑶壳和翡翠贻贝壳的晶体结构. 海洋药物，1986(1).

[20]陈贵卿，陈俊豪，陈飘. 马氏珍珠贝的天然珍珠及其贝壳的研究. 海洋药物，1986(3).

[21]陈俊豪，陈贵卿. 药用珍珠和珍珠层粉的鉴别. 海洋药物，1986(4).

[22]陈俊豪，陈贵卿，刘盛芳. 南海珍珠及珍珠贝贝壳的晶体和显微结构观察. 南海海洋科学集刊，1987(8).

[23]陈贵卿，陈俊豪. 几种天然珍珠和珍珠核的结构. 海洋药物，1987(2).

[24]陈贵卿，陈俊豪. 珍珠及若干有关贝类贝壳的晶体结构. 海洋学报，1987(6).

[25]刘福玲，戴行钧. 食品物理与化学分析方法. 北京：北京轻工业出版社，1987.

[26]陈贵卿，陈俊豪. 贝壳的晶体结构类型研究. 中国海洋药物，1988(1－2).

[27] CHEN J H, CHENG Q. The crystal structure of pearls and related shellfish's shells. Acta oceanologica sinica, 1989(1).
[28] 陈贵卿，陈俊豪．珍珠类化妆品的鉴别．中国海洋药物，1990(2).
[29] 陈俊豪，陈贵卿．珍珠的物理签别．中国海洋药物，1990(3).
[30] 陈贵卿，陈俊豪，陈飘．珍珠的水解研究．中国海洋湖沼学会药物学会第一届理事会及学术讨论会，1990.
[31] 陈贵卿，陈俊豪，陈思晔．碳酸钙类药材的结构成分和加温处理研究．中国海洋药物，1992(4).
[32] 中国预防医学科学院营养与食品卫生研究所．食物成分表．北京：人民卫生出版社，1992.
[33] 陈贵卿，陈俊豪，陈思晔．珍珠药用古今加工方法的比较研究．中国海洋药物，1993(1).
[34] 陈伟平，麦燕霞，朱志强．三角帆蚌珍珠和珍珠层水解氨基酸的分析．中药材，1993，16(4).
[35] 李桂萍．不同品种珍珠母中氨基酸的含量测定．北京中医药大学学报，1994，17(1).
[36] 陈贵卿，陈俊豪，陈思晔．贝类氨基酸液的研究．第四次中国海洋湖沼药物学术开发研讨会论文集上册，1994.
[37] 陈贵卿，陈俊豪，陈思晔．新一代可溶性钙的开发研究．第四次中国海洋湖沼药物学术开发研讨会论文集上册，1994.
[38] 陈贵卿，陈俊豪，陈飘．淡水珍珠和珍珠蚌壳的晶体结构及其无机成分含量//中国贝类学会．贝类学论文集第四辑．青岛：青岛海洋大学出版社，1993.
[39] 李来好，刁石强等．南海珍珠贝肉的营养成分分析与评价．水产学报，1999，23(4).
[40] 金凤明，冯学伟，李桂贞．珍珠角壳蛋白中氨基酸的高效液相色谱分析．华东理工大学学报，2001，27(1).
[41] 张辉，张蓓莉．中国的养殖珍珠资源及市场．宝石和宝石学杂志，2004，6(4).
[42] 林其溪，林江．药用海水无核珍珠的检测及鉴定方法研究．广西中医药，2010，33(3).
[43] 张缓，姜启兴．采珠后河蚌副产物的营养成分分析及评价．食品工业科技，2012，19.
[44] 林江，黄愈雄，林湧，等．海水药用无核珍珠产业化养殖关键技术及珍珠水解新工艺的研究与应用．2013 年中华中医药学会学术年会．
[45] 马红艳．珍珠学．北京：科学出版社，2014.
[46] 陈贵卿，陈俊豪．珍珠液、珍珠人参液和人体易吸收珍珠粉加工方法．申请号：201510571470. 8.
[47] 陈俊豪，陈贵卿．珍珠贝氨基酸液和珍珠贝人参氨基酸液的生产方法．申请号：201510571300. x.
[48] 陈俊豪，陈贵卿．美鲜扇贝汁生产方法．申请号：201510571208. 3.
[49] 陈贵卿，陈俊豪．虾青素对虾汁的生产方法．申请号：201510571551. 8.
[50] 陈贵卿，陈俊豪．珍珠和贝壳的晶体结构新结论．应用海洋学报，2017，36(4).
[51] Я. С. 乌孟斯基，等．X 射线学．方正知，译．北京：高等教育出版社，1957.
[52] 和田浩尔．介壳构造の电子显微镜的观察Ⅱ，真珠层表面のAragonite Crystals 观察．国立真珠研究所报告，1957(2).
[53] 松井佳一．真珠の事典．北隆馆，1965.

# 致　谢

我们的工作得到研究员谢玉坎、林碧萍伉俪的悉心指导、大力支持和鼓励，他们教我们认识了许多贝类，并提供了样品，在此表示感谢！

研究本课题需要大量的化学知识，我们只学过一年普通化学，这是远远不够的。好在我二哥的地下党老战友陈道章研究员专程到广州，传授我们有关化学实验室技术达三个月之久，真是受益良多。珍珠的漂白和染色更是在他的指导下完成的！

暨南大学科研处在我们申报国家自然科学基金时给了我们很大的帮助！学校给我们提供了良好的工作条件，使我们能够顺利完成研究工作，无意中我们成为我国第一对应用结晶学探索珍珠与贝类的物理学伴侣！

现代社会科技发展日新月异，我们也想赶上时代步伐，但年逾古稀，只能抓住现代化的一条尾巴——学习计算机技术！2003 年我们以 71 岁的年龄开始学习计算机，后来遇见烟台东方电子集团公司原研究所所长申政高工，承蒙他热心指导，得以稍入门槛。本书就是用计算机写成的，否则我们是无法完成本书的。申政高工功不可没！

王佩璇教授是我的同学，她是结晶学方面的教授，感谢她为我们写序言和推荐信！

最后感谢中科院南海海洋研究所生物标本馆馆长谭烨辉研究员和陈志云博士的大力支持！

非生物学科班出身的我们，存在许多欠缺，只能从物理结晶学和化学的角度来对珍珠和贝类进行一些探索，本书内容主要是我们做过的工作，就权作珍珠科学的一点补充吧！

恩师魏荣爵院士（前中），恩师冯端院士（前左）

恩师余瑞煌院士

陈道章夫妇与作者

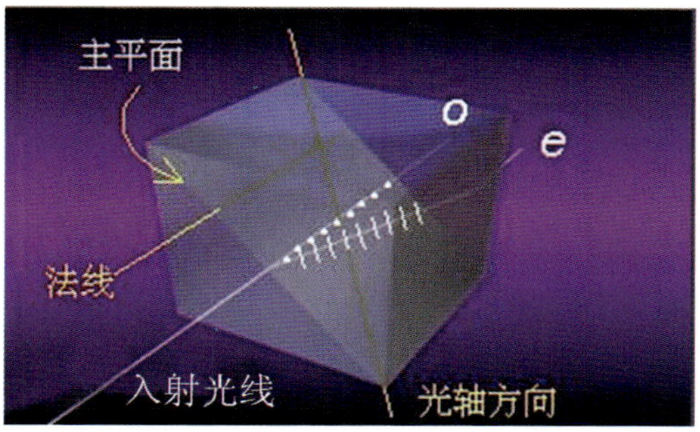


图1　双折射效应（来自百度文库，2012）

图2　磨光马氏珍珠贝壳（仿陈贵卿、陈俊豪，2015）

图3　三角帆蚌（来自百度文库，2015）

图4　褶纹冠蚌（来自百度文库，2015）

图5　背角无齿蚌（来自百度文库，2015）

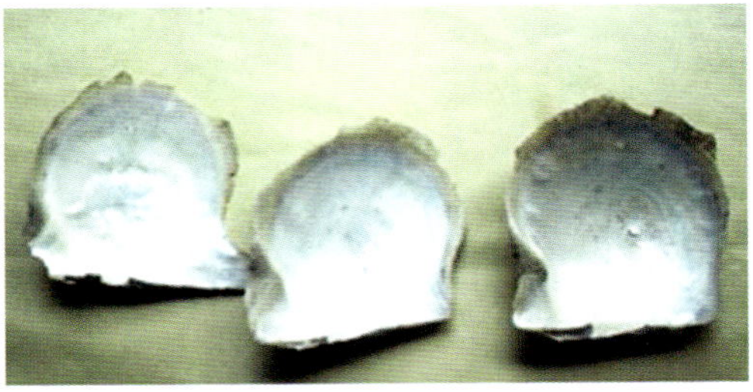

图6　马氏珍珠贝壳（仿陈贵卿、陈俊豪，2015）

图7　白蝶贝壳（仿陈贵卿、陈俊豪，2015）

图8　企鹅珍珠贝

图9　企鹅珍珠（来自百度文库，2015）

图10　像形珍珠（仿陈贵卿，1989）

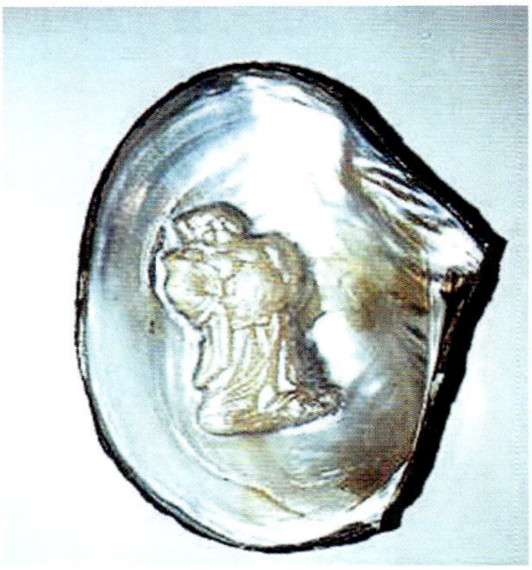

图11　像形珍珠（仿陈贵卿，1989）

图12　像形珍珠（仿陈贵卿，1989）

图13　像形珍珠（仿陈贵卿，1989）

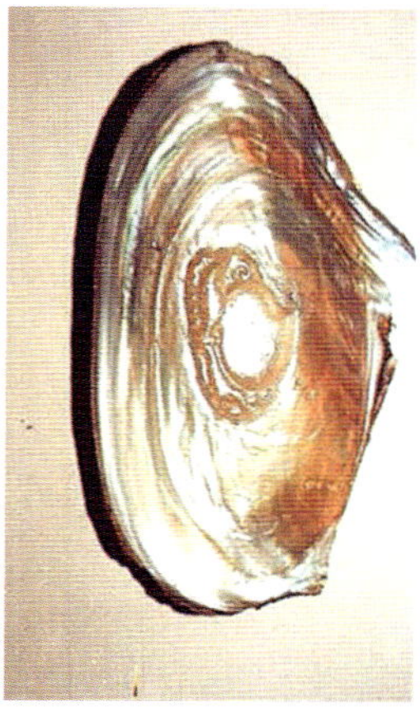

图14　像形珍珠（仿陈贵卿，1989）

图15　像形珍珠（仿陈贵卿，1989）

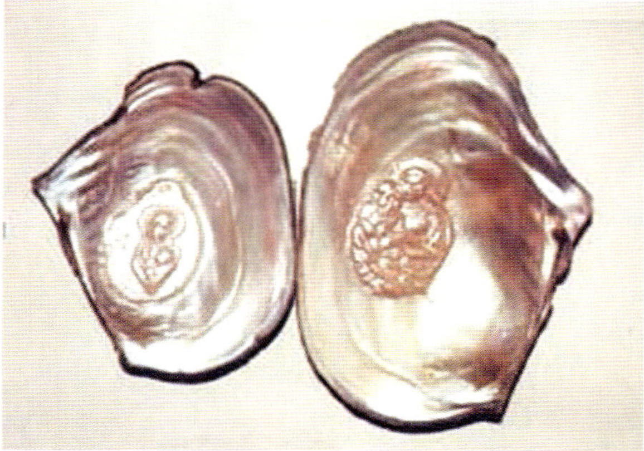

图16　像形珍珠（仿陈贵卿、陈俊豪，1989）

图17　像形珍洙（仿陈贵卿、陈俊豪，1989）

图18　像形珍珠（仿陈贵卿、陈俊豪，1989）

图19　我们的扇贝汁（仿陈贵卿，1998）

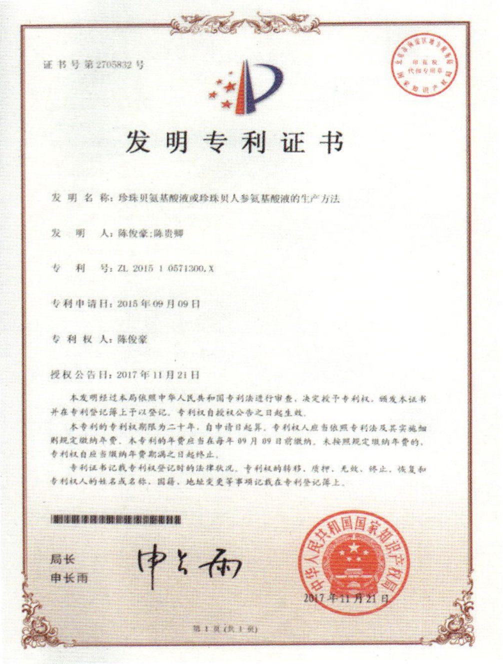

证书号第2705832号

发明专利证书

发 明 名 称：珍珠贝氨基酸液或珍珠贝人参氨基酸液的生产方法

发 明 人：陈俊豪;陈贵卿

专 利 号：ZL 2015 1 0571300.X

专利申请日：2015年09月09日

专 利 权 人：陈俊豪

授权公告日：2017年11月21日

本发明经过本局依照中华人民共和国专利法进行审查，决定授予专利权，颁发本证书并在专利登记簿上予以登记。专利权自授权公告之日起生效。

本专利的专利权期限为二十年，自申请日起算。专利权人应当依照专利法及其实施细则规定缴纳年费。本专利的年费应当在每年09月09日前缴纳。未按照规定缴纳年费的，专利权自应当缴纳年费期满之日起终止。

专利证书记载专利权登记时的法律状况。专利权的转移、质押、无效、终止、恢复和专利权人的姓名或名称、国籍、地址变更等事项记载在专利登记簿上。

局长
申长雨

2017年11月21日

第1页(共1页)

图20　珍珠贝氨基酸液或珍珠贝人参氨基酸液的生产方法发明专利证书

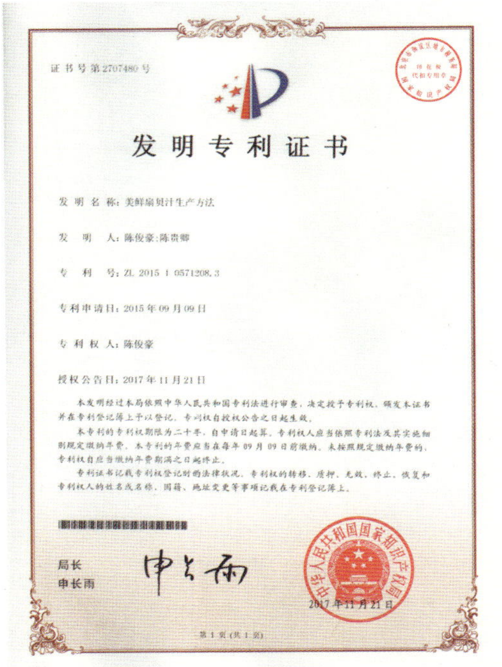

证书号第2707480号

发明专利证书

发 明 名 称：美鲜扇贝汁生产方法

发 明 人：陈俊豪;陈贵卿

专 利 号：ZL 2015 1 0571208.3

专利申请日：2015年09月09日

专 利 权 人：陈俊豪

授权公告日：2017年11月21日

本发明经过本局依照中华人民共和国专利法进行审查，决定授予专利权，颁发本证书并在专利登记簿上予以登记。专利权自授权公告之日起生效。

本专利的专利权期限为二十年，自申请日起算。专利权人应当依照专利法及其实施细则规定缴纳年费。本专利的年费应当在每年09月09日前缴纳。未按照规定缴纳年费的，专利权自应当缴纳年费期满之日起终止。

专利证书记载专利权登记时的法律状况。专利权的转移、质押、无效、终止、恢复和专利权人的姓名或名称、国籍、地址变更等事项记载在专利登记簿上。

局长
申长雨

2017年11月21日

第1页(共1页)

图21　美鲜扇贝汁生产方法发明专利证书

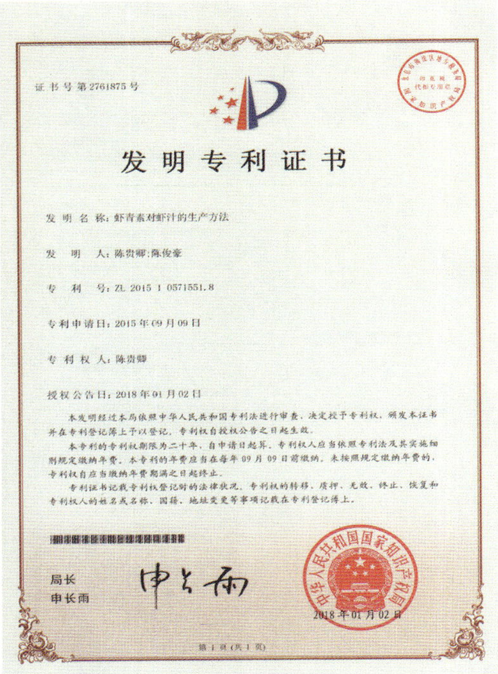

证书号第2761875号

发明专利证书

发 明 名 称：虾青素对虾汁的生产方法

发 明 人：陈贵卿;陈俊豪

专 利 号：ZL 2015 1 0571551.8

专利申请日：2015年09月09日

专 利 权 人：陈贵卿

授权公告日：2018年01月02日

本发明经过本局依照中华人民共和国专利法进行审查，决定授予专利权，颁发本证书并在专利登记簿上予以登记。专利权自授权公告之日起生效。

本专利的专利权期限为二十年，自申请日起算。专利权人应当依照专利法及其实施细则规定缴纳年费。本专利的年费应当在每年09月09日前缴纳。未按照规定缴纳年费的，专利权自应当缴纳年费期满之日起终止。

专利证书记载专利权登记时的法律状况。专利权的转移、质押、无效、终止、恢复和专利权人的姓名或名称、国籍、地址变更等事项记载在专利登记簿上。

局长
申长雨

2018年01月02日

第1页(共1页)

图22　虾青素对虾汁的生产方法发明专利证书